T0062904

تأملات في

الفيزياء الحديثة

العلم ـ الفلسفة ـ الأيديولوجيا

علي الشوك

تأملات في الفيزياء الحديثة

العلم ـ الفلسفة ـ الأيديولوجيا

دار الفارابي

الكتاب: تأملات في الفيزياء الحديثة
العلم ـ الفلسفة ـ الأيديولوجيا
تأليف: علي الشوك
الغلاف: فارس غصوب

الناشر: دار الفارابي ـ بيروت ـ لبنان
ت: 301461(01) ـ فاكس: 307775(01)
ص.ب: 3181/ 11 ـ الرمز البريدي: 2130 1107
e-mail: info@dar-alfarabi.com
www.dar-alfarabi.com

الطبعة الأولى 2012
ISBN: 978-9953-71-691-6

© جميع الحقوق محفوظة

الفصل الأول

العلم بين الفلسفة والأيديولوجيا

من مفارقات عصرنا[1]، الذي يواجه تحديات كبيرة على كافة الأصعدة، أن الفلسفة أخذت تلهث وراء التقدم العلمي والتكنولوجي الهائل، في الوقت الذي بات البشر اليوم بأمسّ الحاجة إليها. ففي الماضي وحتى عصر التنوير، بل وحتى بداية القرن العشرين، كان الفلاسفة يعتبرون المعرفة البشرية، بكل فروعها، بما في ذلك العلوم، واقعة ضمن اختصاصهم أو اهتمامهم. أما الآن فيبدو للوهلة الأولى أن الفلسفة باتت عاجزة عن اللحاق بالتقدم الذي حققه العلم. ذلك أن اتساع آفاق العلم، وتسارع المكتشفات الحديثة في الفيزياء والفلك والرياضيات وعلم الأحياء. . . إلخ، ترك الكلمة للمعادلات الرياضية والنظريات العلمية والتجارب المختبرية، ولم يعد

---

(1) نشر هذا الفصل أول مرة في مجلتي «**الطريق**» و «**النهج**» في وقت معاً في العام 2001.

بمقدور أي إنسان الخوض في المسائل العلمية العويصة أو مناقشتها من دون أن يلم بلغة العلم هذه. فإذا كان الفيلسوف في زمن نيوتن بحاجة إلى معادلة واحدة لفهم نظريته في الجاذبية، فإن الأمر يقتضيه أن يحل عشر معادلات متشابكة ومعقدة لتفسير نظرية النسبية العامة حول سلوك الأجسام عندما تكون سرعتها مقاربة لسرعة الضوء، ولوصف حالة المادة في مناطق هائلة الجاذبية، كأن تكون أقرب إلى جاذبية الثقوب السود، كما يزعم القائلون بوجود هذه الثقوب السود في الكون. وماذا سيكون موقف الفلسفة حين يزعم بعض علماء الفيزياء أن «الطبيعي هو اللاطبيعي»، وأن «الفوضى التامة قد تكون هي القانون الحقيقي الوحيد في الكون»، وأن «النظرة المنطقية والميكانيكية عن كون تحكمه قوانين العلة والمعلول الجامدة، انهارت وعفى عليها الزمن، وحل محلها عالم ملغز من المفارقة والسريالية»؟ وأن الالكترون يمكن أن يكون هنا وهناك في آن واحد. وأن تياراً يمكن أن يجري في آن واحد باتجاه عقرب الساعة وبعكس اتجاه عقرب الساعة؟

وبين يوم وآخر تطالعنا بعض المجلات العلمية بعناوين ما أنزل اللّه بها من سلطان. وتحلّق مخيلة بعض العلماء بعيداً في دنيا الفانتازيا، فيتحول الفضاء إلى زمان، والزمان إلى فضاء، وتتحرك الجزيئات أو الجسيمات داخل ما يشبه دورة زمانية ـ وليس مكانية أو فضائية ـ مجوفة، بما يعني أن هناك زماناً أنبوبياً (؟)، أو حين يزعم أحد العلماء أن الكون أصله

إلكترون واحد (الإلكترون هو أحد مكونات الذرة)، إلخ، إلخ.

من جهة أخرى، نستطيع أن ندرك صعوبة التعامل مع العلوم المتطورة في عصرنا هذا، بعد أن لاحظنا تورط فلاسفة ومفكرين لامعين في التعاطي مع بعض المصطلحات العلمية والمعادلات الرياضية العالية وحتى غير العالية، واستعمالها في غير محلها أو بصورة يعوزها الفهم الصحيح أو الدقيق، على نحو ما كشف النقاب عنه ألن سوكال وجان بريكمون في كتابهما «دجالون مثقفون»[2]. وربما لأجل هذا يرى العالم الفيزيائي ـ الفلكي ستيفن هوكنغ أن زمن الفلاسفة ولّى، ولم يعد لهم موطىء قدم في الساحة العلمية، مستشهداً بقول الفيلسوف الوضعي فتغنشتاين: «إن المهمة الوحيدة المتبقية أمام الفلسفة هي تحليل اللغة».

لكن الأمر ليس كذلك في واقع الحال. فالعلم لم يتخلَّ عن الفلسفة في أي وقت من الأوقات، ولن يتخلى عنها. وهو ما أكد عليه عالم فيزيائي ـ فلكي آخر (مايكل هوكنز) في قوله: «لقد كان العلم وسيبقى دائماً فرعاً من الفلسفة،

---

(2) من بين هؤلاء الفلاسفة المولعين بالرطانة بلغة المعادلات الرياضية بما يشي أحياناً بتعالم لا موجب له، ورغبة في إبهار وإرهاب القارىء بـ «حقائق» علمية أسيء إستعمالها: جيل دولوز، جاك دريدا، فيلكس غواتاري، لوس إريغاري، جاك لاكان، برونو لاتور، جان ـ فرانسوا ليوتار، ميشيل سير، جوليا كريستيفا، وآخرون.

رغم أن العديد من العلماء البارزين يشعرون بأنه تجاوز مرحلة عبوديته لها. لذلك لم يعد يشبه الفلسفة». بل أنه يذهب أبعد من ذلك في قوله: «ليس وضع العلماء أفضل من الفلاسفة واللاهوتيين في تحديد الحقيقة المطلقة». وبهذا الصدد أيضاً قال آينشتاين: «العلم من دون نظرية معرفة (epistemology) يبقى... بدائياً ومشوشاً». ولسوف نرى كيف أن صراع الآراء في الساحة العلمية اتكأ على الفلسفة، ولاسيما في مناهج البحث. وقد لا نفاجأ إذا علمنا أن النظريات المتصارعة في علم الفيزياء وعلم الفلك وعلم الأحياء، تعكس خلفيات فلسفية، بل وأيديولوجية، مختلفة. وخير مثال على ذلك: نظريتا الانفجار الكبير، والحالة الثابتة، الكونيتان. فهما تعكسان موقفين فلسفيين مختلفين: الإقرار أو الاعتراف بلحظة معينة لنشوء الكون، بما يخدم فكرة الخلق، أم خلافها. وسنعود إلى هذه النقطة عند حديثنا عن علم الفلك. لكننا في البدء نود التوقف عند مسألة العلاقة بين العلم والفلسفة، وكيف أن هذه الأخيرة لا تزال تلعب دوراً كبيراً في هذا الصدد، أعني تأثيرها على المسيرة العلمية.

ينقسم العلماء في عصرنا، وفي كل عصر، إلى نظريين مثل آينشتاين وستيفن هوكنغ، إلخ، وتجريبيين، كأي عالم يعمل في المختبر. وتكمن بؤرة الخلاف هنا في الوسيلة التي يتوسلها العالم عند التصدي للحقائق العلمية، وهي امتداد

لفلسفتي أفلاطون وأرسطو. أفلاطون ألقى بثقله على العقل والمخيلة بدل الأدلة المادية. كان يقول: إن الحقيقة المطلقة تمثل مستوى من الكمال والنظام لا نستطيع سوى أن نتصوره لأن العالم المادي الذي نعيش فيه مشوش، وغير كامل، ولا يقيني. من هنا تعتبر الفلسفة الأفلاطونية مثالية في جوهرها. أما أرسطو، فكان يذهب إلى أننا إنما نرسم صورة عن الحقيقة من خلال الملاحظة، والتجربة، والأدلة الأخرى. هذه النظرة الاستقرائية الأرسطية هي أساس التجريبية. وحتى يومنا هذا لا يزال العلماء ينطلقون في فهمهم وتفسيرهم الحقائق العلمية من إحدى هاتين الفلسفتين. وبهذا الصدد يقول مايكل هوكنز: «يرى فتغنشتاين ودوكنز (الدارويني الجديد) أن الأفلاطونية تقود إلى الميتافيزيقا»، أما واينبرغ ومثقفون براهمانيون آخرون من أمثال ستيفن هوكنغ فيعتبرون المنهج الأرسطي ليس فقط خانقاً ويفتقر إلى المخيلة، بل مسؤولاً أيضاً عن «الهراء العلمي مثل لاحتمية ميكانيك الكم». ويمكن اعتبار الفيلسوف المعاصر كارل بوبر من أتباع الخط الأفلاطوني. فطبقاً لفلسفته، إن النظرية المستنبطة ذهنياً هي أشبه بالملك. أما المعلومات التي يتم الوصول إليها عن طريق الملاحظة (أو الرصد)، والأدلة التي يتم التوصل إليها من التجربة فأشبه بالوزراء العنيدين، الذين يسعون دائماً إلى الإطاحة بحاكمهم. عند بوبر أن النظرية تصاغ ثم تعتبر علمية إذا كانت قابلة للاختبار بواسطة التجربة والمشاهدة. وبصرف

النظر عن المرات التي يتم التثبت من صحتها، فهناك دائماً احتمالية ممكنة لتفنيدها. لذلك لا وجود لنظرية علمية، حسب رأي بوبر، من شأنها أن تمثل الحقيقة. بمعنى آخر، أن الحقيقة لا وجود لها (بصورة مطلقة): حتى الفرضية القائلة بشروق الشمس دائماً في الصباح، لا يمكن اعتبارها حقيقة، وعلمية بحتة، بل أن كل المقولات عن الحقائق والوجود ليست سوى حقائق وقتية أو شرطية، وأن الزمن والمثابرة كفيلان بالبرهنة على بطلانها. وصفوة القول: إن دور الأدلة من منظور بوبر للعلم ليس في إثبات الحقيقة، بل في الحصول على دعم مؤقت لأية فكرة تستنبط عقلياً، أو لتوفير الأدلة لإثبات بطلانها في آخر المطاف. ترجع فلسفة بوبر حول المنطق الاستقرائي بصفته غير القاطعة هذه في استناده إلى الحقائق التجريبية، إلى جذور أقدم. فقد تساءل الفيلسوف الأسكوتلندي ديفيد هيوم (1711 ـ 1776) في كتابه «رسالة حول الطبيعة البشرية»: «وفق أي منطق يستطيع المرء أن يفترض أن مشاهدات المستقبل ستشبه مشاهدات الأمس؟ على سبيل المثال لماذا ينبغي أن تشرق الشمس صباح غد، لمجرد أنها كانت تشرق دائماً في الماضي؟ وبناء على ذلك، على أي أساس نتقبل، بلا نقاش، «قوانين الطبيعة»، تلك التي تم استقراؤها من الوقائع المرصودة فقط؟».

وقد دافع برتراند رسل دفاعاً مستميتاً عن الاستقرائية. ففي

مسعى لنقض اعتراض هيوم، صاغ «مبدأ الاستقراء»، مؤكداً أنه كلما ازداد رصد ظاهرة ما جنباً إلى جنب مع ظاهرة أخرى، فمن المرجح أن بينهما صلة سببية بصورة من الصور. وإذا ترجمنا هذه الحقيقة إلى نظرية حول العلاقة بين النظريات العلمية وعملية الرصد، فإنها تصبح: كلما تعززت نظرية ما بالرصد، فمن المرجح أن تكون صحيحة.

لكن كارل بوبر رفض قاعدة رسل هذه، في مثاله ـ أي بوبر ـ الشهير عن البجع: كيف يسعنا أن نقول إن كل البجع أبيض لمجرد أننا لم نرَ أي بجعة سوداء؟ فقد تكون البجعة التالية سوداء. فمهما ازداد عدد مشاهداتنا للبجع الأبيض فلا ينبغي أن يدعونا هذا إلى الاستنتاج بأن البجعة التالية ستكون بيضاء أيضاً. ثانياً، يقول بوبر: مع أن نظرية نيوتن تعززت في كثير من الأحيان بالمشاهدات، فإن نظرية آينشتاين حول النسبية العامة أظهرت أنها غير صحيحة بصورة أساسية. من هنا فإن للإستقراء نقاط ضعفه.

إن التشديد على عامل الدحض (في مقابل التحقق من صحة الشيء) ينطوي، بمقتضى بوبر، على لا تناظر صارخ: فالمرء لا يستطيع مطلقاً البرهنة على أن نظرية ما صحيحة، لأنها تنطوي، على العموم، على عدد لانهائي من التنبؤات التجريبية، يمكن اختبار عدد محدود منها فقط، لكن المرء مع ذلك يستطيع البرهنة على أن نظرية ما خاطئة، لأن حالة واحدة فقط (موثوقاً منها) تناقض النظرية، تعتبر وافية

بالغرض. على أن آلن سوكال وجان بريكمون يؤكدان أن مبدأ بوبر ـ حول عامل الدحض ـ ليس سيئاً، إذا أُخذ مع حبة ملح. لكن صعوبات جمة ستنهض عندما يحاول المرء تطبيق مبدأ الدحض حرفياً. فقد يبدو مغرياً التخلي عن لايقينية التحقق من صحة الشيء لصالح يقينية الدحض. لكن هذا المقترب يخلق مشكلتين: إذا تخلى المرء عن التحقق من صحة الشيء، فإنه سيدفع ثمناً غالياً، كما أن المرء سيفشل في التوصل إلى ما هو مُرتجى، لأن الدحض أقل أملاً بالنجاح بكثير مما يبدو.

إن الصعوبة الأولى لها علاقة بمبدأ الاستقراء العلمي. فعندما تصمد نظرية أمام محاولة لدحضها، فإن رجل العلم والحالة هذه سيعتبر أن النظرية تم التحقق منها جزئياً وسيمحضها أرجحية أكبر أو احتمالية ذاتية أعلى. وأن درجة الأرجحية تتوقف على الظروف، بالطبع: نوعية التجربة، عدم توقع النتيجة. . . إلخ. بيد أن بوبر لن يكون لديه شيء من ذلك، طوال حياته كان خصماً عنيداً لأية فكرة بشأن «التأكد من صواب» نظرية ما، أو حتى «احتماليتها».

واضح أن كل استقراء هو استنتاج من الشيء المشاهَد إلى غير المشاهَد، ولا يمكن أن يسوَّغ استنتاج يعتمد فقط على المنطق الاستدلالي. لكن هذه الحجة، كما لاحظنا، إذا حُملت على محمل الجد ـ إذا كانت العقلانية تستند إلى

المنطق الاستدلالي فقط ـ فإنها ستعني أيضاً أنه ليس هناك مبرر قوي يدعونا للاعتقاد بأن الشمس ستشرق غداً، ومع ذلك لا أحد يتوقع حقاً أن الشمس لن تشرق.

يؤكد لنا تاريخ العلم أن النظريات العلمية لم يتم قبولها إلا بسبب نجاحها في المقام الأول. على سبيل المثال، في ضوء ميكانيك نيوتن، أصبح بمستطاع علماء الفيزياء استنتاج عدد كبير من الحركات الفلكية والأرضية، التي تتفق تماماً مع المشاهدات. كما أن مصداقية ميكانيك نيوتن تعززت من خلال التنبؤات الصحيحة، مثل عودة مذنّب هالي في العام 1759، والاكتشافات المذهلة الأخرى، من قبيل اكتشاف كوكب نبتون في العام 1846 بعد أن تنبأ به لوفرييه وآدامز قبل ذلك. وبصدد مذنّب هالي كتب لابلاس: «لقد انتظرت الأوساط المتعلمة بصبر فارغ هذه العودة التي كان من شأنها أن تؤكد على واحد من أعظم المكتشفات التي تم إنجازها في العلوم...».

والصعوبة الأخرى مع ابيستمولوجية بوبر هي أن عامل الدحض هو أكثر تعقيداً بكثير مما يبدو. ولإيضاح ذلك، لنأخذ مرة أخرى مثالاً من ميكانيك نيوتن: قانون الحركة، الذي يفيد بأن القوة تساوي الكتلة مضروبة في التسارع، وقانون الجاذبية العام، الذي بمقتضاه تكون قوة الجذب بين جسمين متناسبة طردياً مع حاصل ضرب كتلتيهما وعكسياً مع

مربع المسافة بينهما. بأي معيار يمكن اعتبار هذه النظرية قابلة للدحض[3]؟

لكننا إذا أسلسنا قيادنا تماماً لدعوى القائلين بمبدأ الدحض، فإننا سنعلن على الفور أن ميكانيك نيوتن كان قد تم دحضه في منتصف القرن التاسع عشر من خلال سلوك كوكب عطارد الشاذ حول مداره. وهناك على الدوام تجارب أو مشاهدات لا يمكن تفسيرها بصورة كاملة، أو حتى قد تخالف النظرية. لكن، سيكون من غير المعقول رفض ميكانيك نيوتن، بعد نجاحه الباهر في العديد من الحالات، لمجرد وجود حالة دُحضت (ظاهرياً) بواسطة المشاهدة. إن العلم مشروع عقلاني، لكن يصعب تقنينه. (بالمناسبة، تم تفسير سلوك عطارد الشاذ في العام 1915 في ضوء نظرية النسبية العامة. وهذا يأتي دليلاً على مدى قوة وأفضلية البارادايم المتأخر على الأسبق).

لا شك أن ابيستمولوجية بوبر تنطوي على شيء من التبصّر الصحيح: إن التشديد على مبدأ الدحض وكون النظريات قابلة للدحض شيء حسن، على أن لا يُبالغ فيه (على سبيل المثال، الرفض الكلي لمبدأ الاستقراء)[4].

ومبالغة بوبر في إلحاحه على مبدأ الدحض واحتماليته (في

---

(3) Alan Sokal and Jean Bricmont, *Intellectual Impostures* (Profile Books. 1998).

(4) Ibid. p. 65.

مثال شروق الشمس مثلاً) يذكرنا بقول الشاعر العربي القديم:

وليس يصح في الإفهام شيء
إذا احتاج النهار إلى دليل

بين الحدس والاستقراء

بيد أن الرد على بوبر يأتي من كون أن البشر توصلوا دائماً تقريباً إلى أن الطبيعة لها خصائص معينة، ومن هذه الخصائص يمكن فهمها من خلال نظريات يتوصلون إليها عن طريق الجمع بين الحدس والاستقراء. وكل نظرية هي أفضل من سابقتها، إلى حد أن كلاً من هذه النظريات ينطوي على جانب من الحقيقة خيراً من السابق. كما أن كل نظرية جديدة هي خاطئة أيضاً، لأنها ليست نظرية تامة. من هنا فإن نظرية نيوتن عن الجاذبية هي صحيحة تقريباً، وخاطئة في الوقت نفسه. ولا شك أن هذا يسري أيضاً على نظرية آينشتاين حول النسبية العامة. أما بشأن البجع في العالم، فإننا نتوقع البياض لأننا توصلنا إلى التعميم من المشاهدة المتكررة للبجع الأبيض، ونستنتج بأن البياض سيكون القاعدة وذلك من خلال معرفتنا بنظرية التطور والجينات[5].

وفي كتابه القيّم «عقلانية العلم» يضع دبليو. أتش. نيوتن

(5) John Jillot and Manjit Kumar, *Science and the Retreat from Reason* (Monthly Review Press, 1997).

ـ سميث إصبعه على خطأ بوبر. فالتخلي عن الاستقراء، كما فعل بوبر، يعني نسف «الدعوى القائلة بتنامي المعرفة العلمية وأن العلم هو فعالية عقلانية». أما بوبر فيعمد إلى الجمع بين نقيضين: إنه يقر بأن العلم مسعى عقلاني من أجل الحقيقة، لكنه في الوقت نفسه، يرى أن «التوصل إلى الحقيقة لا يمكن إدراكه». من هنا فإن نيوتن ـ سميث كان على صواب في وصف بوبر بأنه «عقلاني لا عقلاني»، كما يقول جون جيلوت ومانجيت كومار في كتابهما «العلم والتراجع عن العقل».

والحديث عن الحقيقة العلمية يذكرنا بمفهوم البارادايم (النموذج)، الذي طرحه توماس كُون في كتابه الشهير «بنية الثورات العلمية» (سنة 1962)، الذي أحدث ما يرقى إلى الثورة في الوسط الثقافي العلمي. فقد جاء كُون بنظرية جديدة تماماً في دراسة التغيرات العلمية التاريخية، أطلق عليها اسم «البارادايم». وفحوى فكرته هذه أنه حين نشعر بأن البارادايم لم يعد صالحاً أو قادراً على تفسير ظواهر مهمة، وإذا بدا لنا أنه لم تعد هناك وسيلة لحلها، فستحصل أزمة تقتضي نشوء بارادايم جديد. ومخطط كون للثورات العلمية هو: ما قبل العلم ـ العلم النمطي ـ أزمة ـ ثورة ـ علم نمطي جديد ـ أزمة جديدة.

ويسمي كُون العلم الخاضع إلى بارادايم ما علماً نمطياً أو

معيارياً، فإذا بقي جميع العلماء نمطيين، فسيخضع العلم إلى باراديم واحد ولن يتقدم بعد هذا البارادايم. وكل باراديم يفسر العالم من زاوية فهمه له، أي للعالم، من خلال أدواته العلمية في تلك المرحلة. فباراديم أرسطو رأى الكون منقسماً إلى عالمين متميزين: منطقة ما فوق القمر الثابتة وغير القابلة للفساد، والمنطقة الأرضية (التي تأتي تحت القمر) المتغيرة والقابلة للفساد.

وبمقتضى الفهم الكيمياوي لأرسطو، أن المنطقة الأرضية تتكون من أربعة عناصر أساسية، هي: النار والهواء والماء والتراب. ثم سارت البارادايمات التالية لزمن أرسطو - في القرون الوسطى، وحتى في عالمنا الإسلامي - على غرار ذلك. كما ذهبت كيمياء ما قبل لافوازييه (1743 _ 1794) إلى أن العالم يحتوي على مادة تدعى الفلوجستون، كتفسير لعملية الاشتعال، فلم يكن الأوكسجين معروفاً، وبالتالي لم يعرف دوره في عملية الاشتعال.

وقد شبه كُون انتقال العلماء من باراديم إلى آخر بـ «تغير غشتالتي»[6] أو «اعتناق دين جديد». وحسب رأيه، ليس هناك

---

(6) الجشتالت: بنية أو صورة من الظواهر الطبيعية أو البيولوجية أو السيكولوجية متكاملة بحيث تؤلف وحدة وظيفية ذات خصائص لا يمكن إستمدادها من أجزائها بمجرد ضم بعضها إلى بعض - عن قاموس المورد.

تفسير منطقي من شأنه أن يؤكد تفوق باراديم على آخر ويجبر العالِم العقلاني على أن يعمد إلى التغيير.

يمكن استنتاج نقطتين من أطروحة كُون. أولاهما، أنه لا توجد قاعدة مطلقة للمعرفة. إن أية حقيقة هي صحيحة نسبياً في إطار الباراديم الذي تنتمي إليه. ثانياً، ليس هناك ما يبرر القول: إن باراديماً ما أفضل من سواه. فليس من الضروري أن تكون كل نظرية علمية متقدمة على سابقتها. من هنا يمكن القول إن التقدم في المعرفة البشرية لا بداية له. وكان كُون يدرك أن الإيمان بذلك ينطوي على تناقض واضح. فنظرية النسبية لآينشتاين تتضمن وتفسر أشياء جاء بها باراديم نيوتن السابق. وفي الوقت نفسه أثبتت نظرية آينشتاين في حالات عديدة أنها أكثر تطوراً من نظرية نيوتن في تفسير «العالم الحقيقي». ثم أن كُون نفسه أكد أيضاً «أن النظريات العلمية الأخيرة أفضل من سابقاتها في حل الألغاز في البيئات المختلفة التي تطبق فيها»[7].

هذا، في حين أنه يؤكد في موضع آخر: «. . . عندما تدخل باراديمات، كما يجب أن تفعل، في مباراة حول الخيار البارادیمي، سيصبح دورها دائرياً. ذلك أن كل مجموعة ستستعمل باراديمها الخاص بها في الدفاع عن باراديمها». وهذا ينسحب على فهمه، مثلاً، لفيزياء أرسطو

(7) J. Jillott and M. Kumar, p. 20.

(في كتابه الطبيعة): كانت فيزياء أرسطو، إذا فُهمت في إطارها الخاص بها، ببساطة تختلف عن فيزياء نيوتن، وليست أدنى منها مستوى. في ضوء هذا يبدو كأن كُون لم يكن واثقاً حتى من فكرة التطور في العلم، كما يقول جون جيلوت ومانجيت كومار، وكذلك جون هورغان. هذا، في حين أن بوبر كان يؤكد أن النظريات العلمية يمكن أن تتحرك إلى أمام، لكنه استبعد مثل هذا الشيء على الصعيد الاجتماعي. لكن كون يؤكد أن البارادايمات تتغير، بين مرحلة وأخرى، عندما يدخل العلم في أزمة، أو مرحلة «ثورية». على سبيل المثال، أن ولادة الفيزياء الحديثة مع غاليليو ونيوتن أحدثت قطيعة مع أرسطو. وعلى غرار ذلك، قلبت نظرية النسبية وميكانيك الكم، في القرن العشرين، باراديم نيوتن. وقد حدثت مثل هذه الثورات في عالم الأحياء، بالانتقال من الحالة الثابتة للأجناس إلى نظرية التطور، أو من نظرية لامارك حول الصفات المكتسبة إلى علم الجينات الحديث. أي أن الإشكالية تنهض عندما نواجه حالة من اللاقياسية في البارادايم.

مع ذلك، يبقى توماس كُون محيراً بصورة تدعو إلى الدهشة، كما يقول ألن تشالمرز، بشأن موضوع التقدم العلمي. فبعد صدور كتابه «بنية الثورات العلمية»، أتُهم بأنه كان يدعو إلى نظرة «نسبانية» في تقدم العلم. بمعنى أنه لم يؤكد على عنصر التقدم الموضوعي لكل باراديم يحل محل

آخر أسبق منه، بل ترك تحديد عامل التقدم إلى الأشخاص أو الجماعات، أي أنه أخضعه إلى حكم ذاتي، كما يؤكد تشالمرز. لكن كُون لم يكن مرتاحاً لهذه الطعون، فأضاف ملحقاً إلى طبعته الثانية للكتاب حاول فيه أن ينأى بنفسه عن النسبانية، في قوله: «إن النظريات العلمية التالية أفضل من سابقاتها لأنها تحل الألغاز في ظروف مختلفة تماماً عن التي وجدت فيها».

لكن هذا يورث إشكالاً لأن الكتاب يشتمل على نصوص تؤكد أن اللغز وحله مستقلان عن الباراديم. ويبقى الكتاب يضج بالتناقضات بين النظرة اللانسبانية للتقدم العلمي والعبارات العديدة ـ في الكتاب ـ التي تؤكد الموقف النسباني، بل وحتى إنكار وجود معيار عقلاني للتقدم العلمي بالمرة[8].

والنسبانية موقف فلسفي لا يعترف بإمكانية وجود حقيقة موضوعية مستقلة عن المحتوى الاجتماعي أو التاريخي أو الإطار المفاهيمي. وهي، الآن، إحدى مسلمات ما بعد الحداثة، وإن كانت جذورها ترجع إلى الرومانسيين نزولاً إلى هايدغر. لكن الفلسفة النسبانية، بقدر ما تنطوي على بعد ديموقراطي في إيمانها بلا أفضلية رأي، أو موقف على آخر،

---

(8) A. F. Chalmers, *What is this thing called Science* (Open University Press, Buckingham, 2000).

فهي تضبب الحقيقة، وتكرس الشكوكية المطلقة. وبوسعنا أن نضرب مثلاً على ذلك في الخبر الآتي، أو الحوار الذي جرى في 20 كانون الأول (ديسمبر) 1996 بين جريدة بلجيكية والبروفسور إيف فِنكن من جامعة لييج، حول حوادث اختطاف وقتل عدد من الأطفال في بلجيكا في العام نفسه. وقد عرض التلفزيون البلجيكي تحقيقاً مع شاهدين في هذه القضية، أحدهما ضابط شرطة والآخر قاضٍ، بشأن ملف مهم له صلة بالقضية. وقد أقسم الضابط على أنه أرسل الملف إلى القاضي، بينما أنكر القاضي استلامه إياه. وفي ما يلي جانب من الحوار بين الجريدة البلجيكية «لو سوار» والبروفسور:

سؤال: لقد تصاعدت المواجهة (بين الضابط والقاضي) إلى البحث المطلق تقريباً عن الحقيقة. هل توجد حقيقة؟

جواب: ... على أية حال، انثروبولوجياً، لا توجد سوى حقيقة جزئية، يؤمن بها عدد أكبر أو أصغر من الناس: جماعة، عائلة، مؤسسة. ليس هناك حقيقة متعالية. لذا، لست أظن أن القاضي دوترويف أو الضابط لوساج يخفي شيئاً: كل منهما يقول الحقيقة... ثم يقول في الختام، مستدركاً: «بعد الذي قلته، أعتقد أن لجنة التحقيق، في إطار المسؤولية المناطة بها، لا تستطيع سوى أن تواصل العمل كما تفعل».

ويعقب ألن سوكال وجان بريكمون في كتابهما «دجالون مثقفون» الذي نقلنا هذا الخبر عنه، قائلين: «تعكس هذه الإجابة، بصورة رهيبة، البلبلة التي وقعت في حبائلها بعض قطاعات العلوم الاجتماعية من خلال استعمالها المفردات النسبانية». فالمسألة لا تقتضي كل هذا التفلسف الفارغ بقدر ما يتعلق الأمر بالحقيقة. «فالملف يحتمل أحد أمرين، إما أنه أرسل من الضابط إلى القاضي، أو لم يرسل. وهنا لا بد أن يكون أحدهما كاذباً. ولحسن الحظ أن نظام المحاكم لا يأخذ بالفلسفة النسبانية، وإلا اختلط الحابل بالنابل، وضاعت الحقيقة، وساد حكم الغاب!...» والظاهر أن من حق المثقف أن يتفلسف ما شاء له التفلسف، حتى لو نطق هجراً. أما إذا قال إنسان اعتيادي الشيء نفسه فسيوصم بالجنون. وهذا يذكرنا بما جاء على لسان ليونهار أويلر (العام 1761) بهذا الصدد:

«عندما يوقظ ذهني فيّ الإحساس بشجرة أو منزل، أعلن، بلا تردد، بأن شجرة، أو منزلاً يوجد حقاً خارجاً عني، وأحدد مكانه، وحجمه، ومواصفاته الأخرى. وفقاً لذلك، لا نجد أنسيّاً أو حيواناً يضع هذه الحقيقة موضع تساؤل. وإذا دخل في روع فلاح أن يشك في ذلك، وقال، مثلاً، إنه يعتقد بأن وكيل المزرعة لا وجود له، مع أنه واقف أمامه، سيُنظر إليه كمجنون، ولا شك، أما إذا صدر ذلك عن

فيلسوف، فإنه يتوقع أن نعجب بمعرفته وحكمته، التي تفوق إلى حد كبير مدارك الفلاح»[9].

ومن منطلق نسباني أيضاً يدعو بول فيرابند، الفيلسوف الأميركي من أصل نمساوي، إلى ما يدعوه بـ «أبيستمولوجية فوضوية». وهو لا يؤمن بشيء يدعى «منهجاً علمياً». وقد طرح فيرابند أفكاره التي تساوي بين العلم والدين والميثولوجيا وحتى الشعر في كتابه الشهير «ضد المنهج: موجز لنظرية فوضوية عن المعرفة»، الذي صدر في العام 1975، وترجم إلى 16 لغة. في هذا الكتاب أكد فيرابند أن الفلسفة لا تستطيع وضع منهج أو أساس منطقي للعلم، وذلك لعدم وجود أساس منطقي أصلاً. وساوى بين العلم والسحر، والعرافة، والتنجيم، في قوله: «في حين يستطيع والدا الطفل ذي الأعوام الستة توجيهه بتعاليم البروتستانتية، أو اليهودية، أو يمتنعون عن توجيهه الديني بالمرة، فإنهم لا يتمتعون بحرية مماثلة في ميدان العلم. ذلك أن الفيزياء والفلك والتاريخ يجب أن تُدرس. لا يمكن استبدالها بالسحر أو التنجيم أو دراسة الأساطير». ودافع عن حق الأصوليات الدينية ـ وكأنها مظلومة في هذا الإطار ـ في تدريس فكرتها عن الخلق إلى جانب نظرية داروين في المدارس. وفي العام 1987 أصدر

---

(9) A. Sokal and J. Bricmont, p. 77.

كتاباً بعنوان «وداعاً للعقل»، أكد فيه فلسفته النسبانية إلى حد قوله «كل المناهج لها حدودها، وأن القاعدة الوحيدة التي تبقى هي (كل شيء يصح)». ولئن كان قلة من فلاسفة العلم يشاطرون فيرابند آراءه حول العلم، كما يقول روبن دنبار، إلا أن الكثيرين يعترفون بقوة بعض حججه. على سبيل المثال: زعمه بأن معرفتنا عن العالم تتحسن عندما تواجه تحديات مباشرة من النظريات الجديدة، وهي فكرة منطقية، ومن طبيعة الأشياء.

مع ذلك لا يحسن بنا أن نتسرع بالحكم ضد فيرابند لأنه يؤمن بالحرية المطلقة إلى حد الفوضوية التي تجسدت في شعاره «كل شيء يصح». ففي حين يدعو إلى مساواة العلم باللاعلم، فهو يعترف، مثلاً، بأن نظرية التطور معقولة أكثر بكثير من أية أسطورة حول نشوء الحياة. ويمكن فهم موقفه أيضاً مما جاء في مقدمته للطبعة الصينية لكتابه «ضد المنهج»: «إن علم العالم الأول (يقصد العالم المتقدم) هو واحد من بين عدة علوم... لقد كان هدفي الرئيسي من تأليف الكتاب إنسانياً، وليس ثقافياً. أردت أن أكون في ناصر الجماهير، لا أن أطوّر المعرفة». هذا بالرغم من أننا لا نميل إلى مشاطرته رأيه حول وجود عدة علوم، لأننا نؤمن بأن العلم واحد. أما إذا كان يرمي من وراء ذلك إلى لامركزية العلم، فنحن نتفق معه بالطبع.

العلم بين الموضوعية والذاتية

منذ القديم وحتى القرن التاسع عشر كان الإنسان يتعامل مع الأشياء الكبيرة والظاهرة في الكون والطبيعة: الأجرام السماوية، والأرض وما عليها. فكانت هذه الكيانات موجودة ـ هناك ـ خارج وعي الإنسان. ومع ذلك كان هناك من يشك في وجودها خارج الوعي، مثل اللاهوتي والفيلسوف البريطاني بيركلي. وليس الغرض من هذه الدراسة الحديث عن مفهومي الحقيقة الموضوعية والذاتية، في الفلسفة، بل التطرق إلى المنهج الفكري أو الفلسفي الذي يستند إلى هذا المفهوم أو ذاك في تفسير الحقائق العلمية.

كان الإنسان حتى قرن من الزمن أو أكثر بقليل يجهل الكثير عن العالم الصغير. وإذا كان ديموقريطس أكد أن الذرة هي أصغر شيء في المادة، وباليونانية (تعني الشيء الذي لا يجزأ)، فلم يكن في وسعه أو في وسع أي من البشر على مدى أكثر من ألفي سنة التثبت من صحة ذلك، لأن الإنسان لم يكن يملك الأدوات والأجهزة التي تمكنه من سبر غور العالم الصغير. لذلك بقي هناك من يرفض الاعتراف بالنظرية الذرية، مثل الفيلسوف والعالِم ماخ، الذي كانت للينين جولات فلسفية معه في كتابه «المادية والنقد التجريبي».

لكن ما إن بدأ العلم يقف على بعض أسرار العالم الصغير، عالم الذرة، حتى اكتشف الإنسان أن الذرة ليست

أصغر مكونات المادة، بل هي عالم كبير آخر، تماماً كما قال شاعرنا العباسي:

أتـحـسـب أنـك جـرم صـغـيـر
وفـيـك انـطـوى الـعـالـم الأكـبـر؟

ولعل أغرب ما في الأمر أن هذا العالم الصغير له سلوك ومنطق يبدوان مختلفين عن منطق الأشياء في العالم الكبير. وقد وجد هذا الاختلاف تعبيره في فيزياء العالم الصغير، أو ما بات يدعى بميكانيك الكم (مقارنة بالميكانيك الكلاسيكي، ميكانيك غاليليو ونيوتن). فما هو ميكانيك الكم؟

يُعتبر ميكانيك الكم إنجازاً ثورياً مهماً جداً في تاريخ الفيزياء والتكنولوجيا، وينظر إليه كباراديم جديد بكل معنى الكلمة، لأن منطقه يختلف تماماً عن المنطق الكلاسيكي أو التقليدي أو المألوف (ليس المقصود هنا منطق أرسطو، بل منطق الفكر الحديث المنعكس في لغتنا اليومية وفي منطق جورج بُول[10] الرياضي). وسيستعمل التفسير الرسمي أو الأورثوذوكسي لميكانيك الكم منطقاً مختلفاً عن منطق بُول، القائم على مبدأ «واو العطف» و «إما أو» (علماً بأن هذا الأخير هو نفس المنطق الذي ينبني عليه نظام الكومبيوتر).

(10) جورج بُول (1815 ـ 1864): رياضي إنكليزي بيّن في «التحليل الرياضي للمنطق» لأول مرة كيف أن القوانين الجبرية يمكن استخدامها في التعبير عن العلاقات المنطقية.

بمقتضى التفسير «الرسمي» لميكانيك الكم يصبح المنطق تجريبياً وذاتياً، لا موضوعياً، أو «ما بعد المنطق الموضوعي». ففي السنوات 1965 ـ 1967 نشر أرنست سبْكر وسايمون كوتشن سلسلة من الأوراق عالجت موضوع استحالة استعمال المنطق الكلاسيكي ونظرية القياس الكلاسيكية في النظرية الكمية. ففي حين تفترض نظرة القياس الكلاسيكية وجود حقيقة موضوعية في العالم حتى لو لم نشاهدها، فإن كوتشن وسبْكر يؤكدان أنه إذا كان ميكانيك الكم صحيحاً فعلينا أن نتخلى إما عن استعمال منطق بُول في عالم الكم، أو عن افتراض وجود الموضوعية.

ميكانيك الكم ومبدأ اللاحتمية

من المفارقة أن القرن العشرين شهد تقدماً هائلاً في العلوم وتراجعاً في التفكير العقلاني (ولاسيما بعد إنهيار المنظومة الاشتراكية). ولا شك أن اندلاع حربين عالميتين، وقصف هيروشيما وناغازاكي بالقنابل الذرية، فضلاً عن سباق التسلح في الحرب الباردة، لعب دوراً كبيراً في إهتزاز الثقة بالعلم. فحتى ونستون تشرشل، الذي أنقذ الرادار بلاده، أعرب عن جزعه بعد ضرب اليابان بالقنبلة الذرية من أن العصر الحجري قد يعود «على أجنحة العلم البراقة». ومن سخريات القدر أن الرئيس الأميركي هاري ترومان عندما سمع بأن هيروشيما

سويت بالأرض في صبيحة يوم 6 آب/أغسطس العام 1945 اعتبر ذلك «أعظم حدث في التاريخ».

من جهة أخرى عمّق تقدم ميكانيك الكم وتوكيده على مبدأ اللاحتمية أو اللايقين، أزمة الفيزياء منذ العام 1925، مع أن عوامل أخرى، غير علمية، لعبت دوراً في استفحال الأزمة. لكن الأزمة الحقيقية في العلم جاءت من داخله، كما يقول جون بيلامي فوستر، متمثلة في النظريات الثلاث الآتية: ميكانيك الكم، ونظرية الفوضى، ونظرية التعقيد. يتعامل ميكانيك الكم (أو نظرية الكم، أو فيزياء الكم) مع عالم الذرة وأجزائها، أو العالم الصغير، بالمقارنة مع عالم الأشياء المنظورة، أو العالم الكبير. ومثلما أحدثت نظرية النسبية ثورة في الفيزياء الكلاسيكية (فيزياء نيوتن وغاليليو)، وفي فهمنا للكون، فقد أحدث ميكانيك الكم انقلاباً كبيراً في عالم الفيزياء الذرية، ربما فاق إنجاز النسبية، ليس فقط في النتائج العملية المذهلة التي حققها، بل وفي الأفكار التي تمخضت عنها هذه النظرية. ومع ذلك كله تعتبر نظرية الكم أكبر لغز محير في تاريخ العلم كله، حتى برأي عدد من العاملين في حقلها، ولا تزال كذلك رغم مرور زهاء قرن من الزمن عليها. مع ذلك تعتبر نظرية الكم إحدى أكثر النظريات العلمية نجاحاً على الصعيد التطبيقي. فقد أسهمت في إماطة اللثام عن سر بنية الذرة، وتفسير طبيعة العلاقات الكيمياوية، وخلق وإفناء الجسيمات الأولية للمادة، وتنبأت بوجود المادة

المضادة، والنجوم المنطفئة، وغير ذلك كثير. بل أن التقدم التكنولوجي كله تقريباً، في أيامنا هذه، تحقق بفضلها. فلولا ميكانيك الكم لما تم اختراع التلفزيون، ولا الليزر (ومشتقاته)، ولا الكومبيوتر، والراديو، والترانزستور، والميكروسكوب الإلكتروني (الذي كان بحد ذاته ثورة مجهرية). وعندما يصبح بالإمكان تذليل «النيوترينو»[11]، الجُسيم الشبحي، الذي تنبأ به العالِم وولفغانغ باولي، في العام 1931، وفق حسابات نظرية بحتة، وتم التثبت من وجوده في العام 1953 في واحدة من أعقد التجارب التي اشتملت على دراسة للإشعاع الهائل الصادر عن مفاعل نووي، فقد يكون بالوسع (؟) استعماله لأغراض عملية. ولعل أكثر هذه الأفكار طموحاً محاولة بناء تلسكوب نيوتريني. فبوسع مثل هذا التلسكوب سبر مئات الأميال من الصخور، الأمر الذي يساعد على اكتشاف مكامن النفط والمعادن النادرة. وباختراق قشرة الأرض الخارجية سيكون بالوسع اكتشاف أسباب الزلازل وإمكانية التنبؤ بها. لكن دون ذلك خرط القتاد، على ما يبدو. لأنك لا تستطيع إيقاف

---

(11) تنبأ به باولي، وفيما بعد أطلق عليه هذا الإسم أنريكو فيرمي. ومعنى «نيوترينو»: المحايد الصغير. وشحنته صفر، وكان يُظن أن كتلته عند الاستقرار تساوي صفراً، بيد أن فريقاً سوفياتياً توصل في العام 1985 إلى أن له وزناً. وكانت كتلته صغيرة إلى حد كبير، وهي أصغر من كتلة الألكترون بعشرة آلاف مرة.

النيوترينو بسهولة، أو رصده حتى في فيلم فوتوغرافي، إذا علمنا أنه قادر على اختراق كتلة من الصخور أو حتى الرصاص سمكها ملايين الأميال! فكيف يمكن الإمساك به؟

وحقق ميكانيك الكم ما يشبه المعجزات في بعض تحليلاته وتفسيراته العلمية، مثل ثنائية الجُسيم/ الموجة (أي أن الجُسيم يمكن أن يُعتبر جُسيماً أو موجة، وذلك حسب وضعه) في الوقت الذي كان الجُسيم جُسيماً، والموجة موجة، في الفيزياء الكلاسيكية. أو بعبارة أخرى، كما قال إيان مارشال ودانار زوهار في كتابهما «من يخاف من قطة شرودنغر»: «يرى ميكانيك الكم العالم مكوناً من أشياء ليست محددة مع إمكانية التصرف كأمواج في بعض الأحيان وكجسيمات في حالات أخرى. . . وأن الوجود الكمي هو كِلا إمكانيتيه في التعبير عن نفسه كموجة، وعند ذاك يكون له زخم، وفي التعبير عن نفسه كجُسيم له موضع. ولن يكون بوسعنا معرفة موضع وزخم هذا الكيان في آن واحد». وهذا ما عرف بقانون هايزنبرغ في اللاحتمية.

ويقدم ميكانيك الكم معادلة رياضية تتيح لنا أن نتعرف من خلالها على عالمي الذرة والنواة بدقة مذهلة. فقد اتضح أن بعض توقعات هذه النظرية صحيحة إلى أكثر من 12 منزلة عشرية. ومع ذلك لا يزال التفسير الفيزيائي للعمليات الرياضية الدقيقة هذه التي لم يسبق لها مثيل غامضاً وموضوع

جدل منذ صيغت النظرية (في الربع الأول من القرن العشرين).

لكن ميكانيك الكم، رغم الثورة التكنولوجية المذهلة التي حققها، أحدث بلبلة لم يسبق لها مثيل على الصعيدين العلمي والفلسفي، وكان نذيراً بعصر الشك واللايقين. فهذه النظرية عطلت فيزياء نيوتن الكلاسيكية، وأحدثت صدمة في الساحة العلمية، ببدائلها المتمثلة باللاحتمية، والاحتمالية، والتفسير الإحصائي، وطعنت بمبدأ السببية (أي العلة والمعلول)، وحتى بالمقولة الحتمية لميكانيك الكم لما قبل عام 1925، وللعلم بصورة عامة. وأهم من ذلك أنها جعلت الواقعية، القائلة بأن الطبيعة لها كيان موضوعي مستقل عن الوعي البشري، موضع تساؤل.

واليوم يتعامل عدد كبير من علماء الفيزياء المحترفين مع ميكانيك الكم بثقة تامة. ومع ذلك كله تجدر الإشارة إلى أن هذا الصرح العظيم مبني على مفارقة غريبة دعت بعض علماء الفيزياء إلى القول: إن النظرية لا معنى لها بتاتاً... لكن ما هو ميكانيك الكم، قبل كل شيء؟

تعود جذور ميكانيك الكم إلى أبحاث العالم الألماني ماكس بلانك (1858 ـ 1947) في أواخر القرن التاسع عشر وأوائل القرن العشرين، لإيجاد تفسير لظاهرة الإشعاع الصادر عن الجسم الأسود عندما يتعرض إلى الحرارة. فما هو إشعاع الجسم الأسود؟ إذا أخذنا قضيباً معدنياً ووضعناه في

غرفة معتمة معزولة تماماً عن الضوء، فإن القضيب المعدني سيصبح جسماً أسود، أي أننا لا نراه. ثم إذا سخناه على نار إلى درجة حرارة عالية وعدنا به إلى الغرفة المعتمة، فإنه سيكف عن أن يكون أسود، ويتوهج بلون أحمر قانٍ كالفحم المشتعل. ثم إذا سخناه إلى درجة حرارة أعلى، فإن توهج المعدن سيصبح أبيض. وهذه الظاهرة غريبة على الفيزياء الكلاسيكية (فيزياء غاليليو ونيوتن)، لأنها تتعارض مع فكرة المتصلية. ففي الفيزياء الكلاسيكية، تتغير درجة حرارة جسم ما بصورة متدرجة ومتواصلة. ليس هناك قفزة مفاجئة من درجة حرارة إلى أخرى دون المرور بكل الدرجات الواقعة في الوسط. أما هنا، في حالة الجسم الأسود، فقد لاحظ ماكس بلانك أن التغير في درجة الحرارة يحصل على شكل قفزات أو «كمّات» منفصلة (وتعني: كمية منفصلة، أو حزمة). وفي العام 1900 توصل كرلباوم وروبنز إلى قياسات بالغة الدقة حول طيف الجسم الأسود. فكانت نتائجهما مدعاة اهتمام ماكس بلانك، الذي توصل إلى تفسير لهذه الظاهرة بعلاقة رياضية. وتفسيره لهذه الظاهرة أن الطاقة هنا تُبعث وتُمتص على هيئة «كمّات» غير قابلة للتجزئة، وليست كتيار مستمر. وهذا التفسير يختلف تماماً عن مفاهيم الفيزياء الكلاسيكية، كما أسلفنا. ويقال إن بلانك حدّث إبنه ذات يوم عندما كانا يتجولان في غابة قريبة من برلين بأنه توصل

إلى اكتشاف من الطراز الأول، ربما يعادل في أهميته اكتشافات إسحاق نيوتن.

وهكذا، ولد لأول مرة مفهوم التكمية في انبعاث أو امتصاص الطاقة. لقد فسر بلانك الطاقة على أساس حُبيبي، وهو الكم. وقد استطاع حساب المقدار الأساسي المتعلق بامتصاص وانبعاث الطاقة، وهو أحد الثوابت الفيزيائية[12].

فيزياء أم ميتافيزياء؟

يوفر ميكانيك الكم، أو تفسيره الأورثوذكسي بكلمة أدق، الفرص لإطلاق العنان للأفكار الميتافيزيقية وحتى الغيبية.

في هذا الإطار، مثلاً: نقف على أفكار عند عالم مثل جون ويلر، وهو أحد أعمدة ميكانيك الكم، ترقى إلى الفانتازيا. فهو يرى أن على العلم أن يأخذ في الحسبان ليس فقط ظاهرة «الاتصال» الجُسيمي (بين جُسيمين متباعدين) عن طريق سرعة تفوق سرعة الضوء، بل كذلك السببية الارتجاعية للأحداث «الماضية» التي ظهرت إلى الوجود بواسطة قياساتنا الحالية. وفوق ذلك، أن مثل هذه الوقائع يمكن أن تحدث

---

(12) د. محمد عاكف جمال: الفيزياء فكر وفلسفة (تطور نظرة الإنسان إلى الطبيعة)، ص 69 ـ 70، مطبعة الرافدين، الإمارات العربية المتحدة، سنة 1987.

عبر مسافات هائلة من الفضاء ـ الزمن، كما يحدث في أرصادنا بواسطة التلسكوبات اللاسلكية التي ترصد صوراً لأجرام سماوية تأتينا من زمن يرقى إلى بلايين السنين الضوئية الماضية (أي أن ما نشاهده الآن من هذه الأجرام السماوية البعيدة جداً عنا يعني أن صورتها الملتقطة هذه قد ترقى إلى بلايين السنين في الماضي). وحسب ويلر أن هذه المنظومة الفيزيائية الفلكية ـ من الكويزرات (الأجرام الأكثر إشعاعاً في الكون)، والمجرات والتلسكوب اللاسلكي + الراصد ـ ينبغي أن ينظر إليها كشيء أشبه بما يحدث على صعيد المختبر عندما يرصد العلماء التفاعل اللاموضعي (أي عن بعد) بين الجُسيمات المتباعدة. وهنا أيضاً سيكون للراصد أو الرصد دوره في تحديد وجود هذه الأشياء من عدم وجودها[13].

فحسب ويلر «نحن قادرون على التأثير في الماضي حتى على صعيد زمني يمكن مقارنته بعمر الكون»[14]. ويقول أيضاً: «من الخطأ أن نفكر في الماضي كشيء «كان قد وُجد» في كافة التفاصيل... إن ما يحق لنا قوله في (الفضاء ـ الزمن) الماضي، والأحداث الماضية، تَقرّر بالخيارات ـ بأية قياسات اتخذت ـ التي تمّت في الماضي القريب والآن. إن

---

(13) Christopher Norris, *Quantum Theory and the Flight from Realism,* p. 206 (Rutledge, London & N. Y. 2000).

(14) Ibid, p. 206.

الظواهر التي استوجدتها هذه القرارات ترجع إلى الوراء في الزمن بالتالي. . . إلى الوراء حتى إلى أقدم أيام الكون. إن أجهزة التسجيل العاملة في الهنا والآن لها دور لا ينكر في استحداث ما يبدو أنه قد حدث. إذا كان من المفيد القول في أي ظرف من الظروف أن العالم يوجد «هناك» بصورة مستقلة عنا، فإن ذلك لم يعد يؤخذ بعين الاعتبار. هناك إحساس غريب بأن هذا هو «كون مشاركة»[15].

ولا بد أنه يقصد أن الذاتي هنا يلعب دوراً في وجود الموضوعي. بمعنى أن الحقيقة الموضوعية لا وجود لها بلا خلفية ذاتية (عنصر المشاهدة). وهذا يعني، مثلاً، أن القمر لا وجود له إن لم نره.

يُعلّق كريستوفر نوريس على كلام جون ويلر قائلاً: «هناك كثير من المفاهيم المرتبكة في هذا المقطع، ليس أقلها تزحلق ويلر غير الملحوظ من دعواه (الأنطولوجية) الأكثر تطرفاً بأن أحداث الماضي قد «تم استيجادها» أو «استحداثها» عن طريق أدوات الرصد إلى دعواه (الأبيستمولوجية) الأقل تطرفاً بأن «ما يبدو قد حدث» سيتوقف دائماً على وسائل الرصد التي نستطيع استعمالها أو «أجهزة التسجيل» التي تكون في متناول أيدينا»[16].

---

(15) Ibid, p. 207.

(16) Ibid, p. 207.

إذن، يتوقف وقوع الأحداث حتى في الماضي السحيق، من عدم وقوعها، علينا، نحن المحدثين، على مشاهداتنا. إذا رصدنا الماضي في تلسكوباتنا فهو حادث، وإن لم نرصده فهو لم يحدث. وهذا التفسير الذاتي قد يفضي إلى تفسير سايكولوجي، وإلى تفسير روحي، أو غيبي. وبالفعل أصبح ميكانيك الكم جواز مرور إلى بعض الأفكار الغيبية، كما أسلفنا. فاللاموضعية يمكن التعكز عليها عند «تفسير» المدارك ما فوق الحسية وكل تلك الظواهر «ما فوق الطبيعية»، كما يقول أليستر راي. لكنه يؤكد أيضاً: «ويبدو لي إذن، أن المحاولات المبذولة لتفسير العمليات الذهنية من منطلق ميكانيك الكم التقليدي مكتوب لها الفشل؛ وأن الفكرة الذاهبة أحياناً إلى الموازاة بين فيزياء الكم والسايكولوجيا هي في أفضل الأحوال سطحية. إننا لا نزال في أول الطريق لفهم السلوك الكمي لكوننا العشوائي. ونعتقد أن مزيداً من الدراسة في هذا الحقل سيفتح آفاقاً وإمكانات جديدة للاختبار التجريبي وسيبقى التمييز بين الوهم والحقيقة من مهمة العلماء والفلاسفة»[17].

ويربط بول فورمان بين ظهور ميكانيك الكم، ولاسيما تفسير كوبنهاغن، والحركة الواسعة الانتشار ضد العقلانية

---

(17) Alastair Rae, *Quantum Physics: Illusion or Reality?* p. 117-118 (Cambridge, 1986).

والفلسفات الواقعية ـ السببية في العلم التي صُوّرت في وقتها على أنها عمقت إلى حد ما أزمة الهوية القومية الأوروبية (وبالتحديد الألمانية). ويرى كوشينغ أن الجو الثقافي في ألمانيا بعد الحرب العالمية الأولى، كان مسؤولاً عن ظهور تفسيرات ميتافيزيقية لميكانيك الكم، بعد أن صار يُنظر إلى العلوم الفيزيائية بمزيد من الشك أو العداء لأنها كانت حصيلة النزعة الوضعية، تلك النزعة التي تحاول إخضاع كل شيء، في الطبيعة والعلوم الإنسانية على حد سواء، إلى المنطق الذرائعي[18]، مما أفضى إلى مأزق الحضارة الأوروبية. وهكذا كان تشخيص ماكس فيبر الشهير، الذي أعيدت صياغته الفلسفية بصور مختلفة في كتاب هُوسرل «أزمة العلوم الأوروبية»، وفي كتاب أدورنو وهوركهايمر «ديالكتيك التنوير». فقد ذهب هؤلاء المفكرون إلى أن مشروع العقل التنويري في خدمة القيم التحررية تحول إلى «عقلانية القفص الحديدي» التي استبعدت كل علاقة بالقيم الأخلاقية الإنسانية والمصالح الاجتما ـ سياسية (أنظر يورغن هابرماس: المعرفة والمصالح البشرية)[19].

وبالفعل، كان ميكانيك الكم في تفسيره الأورثوذكسي

---

(18) مذهب يقول إن الفكرات وسائل للعمل وإن فائدتها هي التي تقرر قيمتها ـ قاموس المورد.

(19) Christopher Norris, p. 144.

(بور/ هايزنبرغ) مرتبطاً جداً بمنهج الوضعية المنطقية، الذي اعتبره المنظّرون الهرمنطقيون ـ في إثر هايدغر ـ كفصل أخير في تاريخ الفكر المسدود (نوريس، ص 196).

وهناك حقيقة موثقة حول انشداد نيلز بور المبكر إلى كتابات كيركغارد وتعرضه إلى التيارات اللاعقلانية المختلفة في الفكر، التي كانت تتجاوب مع أزمة ما بعد العام 1918 حول الثقة في العلم والتقدم التكنولوجي. وهناك انسجام روحي بين هايزنبرغ وهايدغر. فقد أهدى هذا الأخير أحد مؤلفاته إلى هايزنبرغ، وكتب أيضاً بإعجاب عن هايزنبرغ وبور بصدد رغبتهما في «الصمود في ما هو موضع تساؤل»، أي تبنيهما اللايقين وشجاعتهما في تجاوز ثنائية الميتافيزيقا ـ التقنية الغربية المتوارثة. (نوريس، 196).

لكن دون أن يمنعنا هذا من أن نثمن عالياً إنجازات كل من بور وهايزنبرغ العلمية العظيمة، ومواقفهما الإنسانية أيضاً. فقد ألح نيلز بور على تشرتشل في بداية الشروع بصنع القنبلة الذرية بأن يُكشف سرها للاتحاد السوفياتي، لكن تشرشل علق قائلاً: «أخرجوا هذا الأحمق من هنا». وفشل بور أيضاً في إقناع الرئيس روزفلت بكشف هذه المعلومات للسوفيات.

عندما قال آينشتاين «إن الصعوبة الحقيقية تكمن في أن الفيزياء هي ضرب من الميتافيزياء»، لعله كان يقصد أن العلوم الطبيعية لم تتخلص من تأثير علم اللاهوت، إذا علمنا أن هذا العلم كان هو السائد في القرون الوسطى، وأن بقية

العلوم كانت فروعاً منه. ورغم أن العلوم الطبيعية تحررت من تبعيتها للاهوت منذ عصر التنوير، وحققت تقدماً كبيراً على الصعيدين التطبيقي والنظري (أو المعرفي)، إلا أن تأثير اللاهوت بقي قوياً، بهذه الدرجة أو تلك، ولاسيما في ميادين علم الفلك والفيزياء والأحياء، ولا تخفى الحساسية الشديدة من نظرية التطور التي سنتطرق إليها. أما عِلما الفيزياء والفلك فلم يتحررا كثيراً من اللاهوت، كما رأينا، وكما سنرى أيضاً. وتشهد العقود الأخيرة «صحوة» لاهوتية أخذت تترك بصماتها بقوة في شتى ميادين العلم. ولعل من أهم الأسباب التي كان لها دور في استعادة اللاهوت عافيته، «فشل» المشروع التنويري في تحقيق أهدافه على الصورة المرجوّة. ونتيجة لذلك اهتز مفهوم «التقدم» التاريخي، ولاسيما بعد انتكاس التجربة الاشتراكية وتراجع حلم اليوتوبيا (الأرضية)، الذي كانت تبشر به الأفكار التنويرية والاشتراكية، وبروز مشاكل ومآزق جدية نتيجة للتقدم العلمي، كإنتاج الأسلحة النووية والبايولوجية والكيمياوية الفتاكة، وإزدياد تلوث الأرض... إلخ. وهذه كلها أدت إلى اهتزاز الثقة في العلم، وأعطت دفعاً للفكر اللاهوتي. كما ينبغي أن لا ننسى أن العلم لا يزال عاجزاً أو قاصراً عن منافسة اللاهوت في إيجاد حل لأكبر هَمّ من هموم الإنسان، نعني به مشكلة الموت والفناء. وإذا كانت نظرية التطور لم تعد توفر فرصاً سانحة للطعن بها، كما سنرى، فإن علمي

الفيزياء والفلك أقل منعة في هذا الصدد، إلى حد أن كثيرين باتوا يرون أن الفيزياء النظرية اليوم أصبحت «فرعاً من اللاهوت». هذا لأن الطريق بات شبه مسدود، أو مؤجلاً، أمام الفيزياء المختبرية في التجارب الأكثر تعقيداً وكلفة. فبناء هذه المختبرات العلمية الجبارة، التي تتطلبها الفيزياء الحديثة، فيزياء ما بعد ميكانيك الكم، وما بعد نظرية النسبية، مثل بناء مصادمات جبارة تحت الأرض (أعلى كفاءة من المصادم الأوروبي في جنيف)، بات يكلف بلايين الدولارات، ويُقعد حتى أكبر دولة في العالم، كالولايات المتحدة، عن تنفيذها. وحيث يتلكأ الفعل، ستبقى الكلمة للنظرية وحدها تقريباً، للرياضيات، والمخيلة، وحتى الفانتازيا. فالنظريات الكلامية لا تكلف مالاً. وبالوسع اجتراح معادلات رياضية قد تكون بحد ذاتها مشروعاً واعداً أو جميلاً، لكنها تبقى ضرباً من الرجم بالغيب ما لم يتم التثبت من صحتها مختبرياً.

وهكذا، صرنا نقف في عالم الفيزياء النظرية على آراء ونظريات ما أنزل اللّه بها من سلطان. في هذا الإطار يحدثنا العالم الفيزيائي ميتشيو كاكو قائلاً: «منذ عدة سنوات وعلماء الفيزياء يتساءلون، ليس بغير اندهاش، حول إمكانية نشوء أو تحول الكون كمياً من لا شيء أو من العدم (مجرد فضاء ـ زمن، بلا مادة أو طاقة)». وقد روى عالم الفيزياء جورج غاموف في سيرة حياته كيف أنه طرح هذه النظرية على

آينشتاين، عندما كانا يقطعان أحد شوارع مدينة برنستون، وتطرق غاموف إلى فكرة طرحها العالم الفيزيائي باسكوال جوردان، مفادها: أن نجمة ما، بحكم كتلتها، لا بد أن تكون لها طاقة. ومع ذلك، إذا قمنا بقياس الطاقة المحفوظة ضمن حقلها الجاذبي، فسنجد أنها سالبة. وفي واقع الحال، أن مجموع طاقة الكون قد يساوي صفراً. هنا تساءل جوردان: ما الذي سيمنع حدوث تحول كمي من الفراغ إلى نجمة تامة التكوين؟ إذا كانت النجمة تحتوي على طاقة مقدارها صفر، فليس هناك خرق لقانون حفظ الطاقة إذا نشأت من العدم... ويقول غاموف أنه عندما تطرق إلى هذه الإمكانية توقف آينشتاين في منتصف الشارع، واضطرت عدة سيارات إلى استعمال مكابحها تجنباً لوقوع حادث!

وفي العام 1973، طرح إد تريون من هنتر كوليج في نيويورك، بصورة مستقلة عن هذه النظريات، فكرة تذهب إلى احتمال نشوء الكون برمته من مجرد الفضاء ـ الزمن. ومرة أخرى، انطلاقاً من أن الطاقة الكلية للكون قريبة من الصفر. وتساءل إد تريون فيما إذا كان الكون برمته نشأ من «تموّج الفراغ»، كقفزة كمية عفوية من الفراغ إلى كون جاهز بالتمام والكمال؟

أما العالِم جون ويلر فيبدو أنه لا يستطيع أن يهضم نشوء كون، ببلايين المجرات المتكونة كل منها من بلايين النجوم

(علماً بأن شمسنا الهائلة تعتبر نجمة متوسطة الحجم)، من لا شيء. فارتأى أن الكون برمته مكوّن من إلكترون واحد (الإلكترون هو أحد مكونات الذرة). أما كيف كان ذلك، كما قال كليلة لدمنة، فهو لأن جميع الإلكترونات في الكون متشابهة. (هنا يعلق ميتشيو كاكو مؤيداً ومؤكداً: بالطبع، إن تلاميذ الكيمياء في مشارق الأرض ومغاربها يعلمون أن الإلكترونات متشابهة كلها، أي أنه ليس هناك إلكترون بدين، وآخر أخضر، أو طويل، أو قصير، إلخ)[20]. وحسب رأي جون ويلر أن الإلكترونات متشابهة لأنها، في واقع الحال، إلكترون واحد (!).

هنا، سيتعين علينا أن نتصور أن الانفجار الكبير - الذي سنتطرق إليه بتفصيل أكثر بعد قليل - تمخض من عمائه وجحيمه عن إلكترون واحد فقط. وهذا الإلكترون يتحرك إلى الأمام زمنياً على مدى بلايين وبلايين السنين إلى أن يصل إلى حالة «قيامية» أخرى، وأن هذه العملية الرهيبة، في دورها، ستغير اتجاه الإلكترون وتعيده إلى الوراء زمنياً. وعندما يصل هذا الإلكترون نفسه، عائداً إلى لحظة الانفجار الكبير، فإن اتجاهه سينعكس مرة أخرى. ولعلمنا أن هذا

Michio Kaku and Jennifer Thompson, *Beyond Einstein,* p. 182 (20) (Oxford University Press, 1997).

الإلكترون لا ينقسم إلى عدة إلكترونات، بل هو نفس الإلكترون يروح ويجيء (بحركة زيك زاك) مثل كرة البينغ بونغ بين الانفجار الكبير والقيامة (قيامة الساعة). لكن كل فانٍ من أبناء القرن العشرين (كما يقول ميتشيو كاكو)، ممن قيّض لهم العيش بين الانفجار الكبير والقيامة، سيرى أن هناك عدداً كبيراً من الإلكترونات والإلكترونات المضادة. كلا، في واقع الحال، بوسعنا أن نفترض أن الإلكترون رحل إلى الوراء والأمام عدداً كافياً من المرات لينتج هذا العدد الكلي من الإلكترونات في الكون.

لئن صحت هذه النظرية العجيبة، فإن ذلك يعني أن الإلكترونات في أجسامنا هي نفس الإلكترون، مع فارق هو أن إلكتروناتي، كما يقول ميتشيو كاكو، أكبر سناً، مثلاً، من إلكتروناتك ببلايين من السنين.

فهل سيكون بوسع كَوْن جون ويلر ذي الإلكترون الواحد أن يقدم تفسيراً لوجود مادة الكون كلها؟ هل بوسع المادة أن ترجع إلى الوراء في الزمن وتصبح مادة مضادة؟ (هذا أكثر غرابة من الفانتازيا) الجواب على هذين السؤالين هو نعم، شكلياً. أو نظرياً (؟) بيد أن من المتعذر القيام بتجربة تميز المادة الراجعة إلى الوراء زمنياً من المضادة الذاهبة إلى الأمام زمنياً. لذلك لا توجد معلومات قابلة للاستعمال يمكن إرسالها إلى الوراء زمنياً، من شأنها أن تلغي إمكانية الرحيل

الزمني. وإذا شاهدنا مادة مضادة عائمة في الفضاء الخارجي، فلعلها وصلتنا من المستقبل (؟) لكننا لا نستطيع استعمالها لإرسال إشارات إلى الماضي![21].

وقد لا تقل نظرية الانفجار الكبير عن هذه فانتازية، ولاسيما في ما يسمى بلحظة الفرادة، أي عند حدوث الانفجار. ونظرية الانفجار الكبير هي النظرية المعتمدة الآن في الأوساط العلمية الرسمية لتفسير نشوء الكون.

العلم والأيديولوجيا

يُزعم أن أصل نظرية الانفجار الكبير يرجع إلى خطأ ارتكبه آينشتاين في العام 1917، وصفه هو في ما بعد بأنه «أكبر غلطة» في حياته. فبعد مرور عامين على كتابة نظرية النسبية العامة، انتبه آينشتاين إلى أنه عند حل معادلاته، فإنه يجد أن الكون ينبغي أن يتمدد. وكان هذا مخالفاً للعرف السائد يومئذ، القائل بأن الكون أبدي وثابت. ولأن فكرة تمدد الكون لم تكن مقبولة أو لا يمكن أن تخطر على البال، فقد اعتبر آينشتاين معادلاته غير كاملة، وحاول القيام بعملية «غش» لأجل ترميم معادلاته. لكن العالِم السوفياتي ألكساندر فريدمان أوجد في العام 1922 حلاً أو تفسيراً بسيطاً

---

(21) Ibid, p. 183.

لمعادلات آينشتاين، لكي تنسجم مع كون متمدد وليس ثابتاً. لكن أحداً لم يأخذ هذا التفسير مأخذ الجد، إلى أن أعلن العالِم الفلكي الأميركي أدوين هَبُلْ في العام 1929 نتائج أرصاده في تلسكوب مونت ولسون، التي أكدت - في حينها - أن هناك زهاء ثلاثة ملايين مجرة في الفضاء أبعد كثيراً من مجرتنا (درب التبانة). وأكدت أرصاده أيضاً أن المجرات تُظهر انزياحاً نحو اللون الأحمر في الطيف الضوئي، عند رصدها. فاستنتج بعض العلماء أن المجرات تبتعد عنا، أي أن الكون في حالة تمدد مستمرة، وذلك بالاستناد إلى ظاهرة دوبلر، التي تؤكد أن الجسم المضيء يعطي انزياحاً نحو اللون الأحمر عند ابتعاده عنا، وانزياحاً نحو الأزرق عند اقترابه منا. لكننا سنكتشف (في فصل آخر) أن هَبُل كان حذراً جداً في استنتاجاته، ولم يقل بتمدد الكون. بيد أن الجالية العلمية الرسمية فسرت الانزياح نحو الأحمر على أن الكون متمدد، واجترحت نظرية الانفجار الكبير، التي تزعم أن الكون كان في الأصل بحجم هباءة ثم انفجر (قبل زهاء خمسة عشر بليون سنة) وأخذ في التمدد إلى أن أصبح على ما هو عليه الآن.

ومن سخريات القدر أن صاحب هذه التسمية هو فريد هويل المخالف العنيد لهذه النظرية، وقد أطلق هذه التسمية «الانفجار الكبير» من باب السخرية. ولهذه النظرية إيجابياتها وسلبياتها. ومن بين إيجابياتها أنها تقدم تفسيراً لظاهرة تمدد

الكون. وهناك أدلة أخرى تأتي في ناصرها لا نريد الدخول في تفاصيلها الآن. لكن من أكبر عيوبها أنها لا تقدم تفسيراً «مقنعاً» للحظة الانفجار. فهي تفترض أن الكون نشأ نتيجة لانفجار هائل عن نقطة مادية ذات كثافة لانهائية وحجم مساوٍ للصفر (أي أن كل مادة الكون الحالية كان حجمها في لحظة الانفجار أو لحظة الفرادة صفراً!) وسوف نرى أن هذه النظرية تنسجم في الإطار العام مع نظرية الخلق التوراتية، لذلك تم تبنيها والتبشير بها.

ومن عيوب هذه النظرية، الأخرى، أنها لا تحدثنا عما حدث قبل الانفجار الكبير. وحسب قول بول ديڤز، وآخرين، إن نشوء الكون قد حصل فجأة. وقبل ذلك لم يكن هناك لا فضاء ولا زمن. بل أن الزمن وُجد مع الكون منذ لحظة الانفجار الكبير. وهو هنا يحاول أن يذكرنا بقول القديس أوغسطين من أن العالم صُنع «ليس في الزمن، بل سوية مع الزمن». وهذا يعني أنه لم يكن هناك «قبل» في هذه العملية. أي أن الزمن لم يمتد إلى الخلف بصورة أزلية. ويقول پول ديڤز: «إذا كان الانفجار الكبير بداية الزمن، فأي نقاش حول ماذا حدث قبل الانفجار الكبير، أو ما الذي سبّبه، لا معنى له». ويبدو هذا مستغرباً من عالِم. فبأي حق يمنعنا من التفكير أو التساؤل عما حدث قبل الانفجار الكبير؟

وبديهي أن الساحة العلمية لم تخلُ من معارض لهذه النظرية. لكن هذا المعارض أصبح كالنعجة السوداء بين

القطيع، على رغم أنه من أكبر علماء الفلك في بريطانيا وفي العالم كله. هذا العالم الفلكي المعارض المنبوذ حالياً هو فريد هويل، صاحب نظرية «الحالة الثابتة» للكون التي كانت متبناة في الاتحاد السوفياتي، لكنها قوطعت في الغرب من قبل الفاتيكان والمؤسسات الأخرى، بعد تبني نظرية الانفجار الكبير، وعن هذه النظرية الأخيرة قال فريد هويل:

«إن نظرية الانفجار الكبير، في عالم الفلك، ليست سوى شكل من أشكال الأصولية الدينية، وكذلك الضجة حول الثقوب السوداء. . . إن من صُلب طبيعة الأصولية أن تتبنى موقفاً شديداً من اللاعقلانية، وأنها لا تحاول الرجوع إلى عالم الواقع بالوسائل الخاضعة للتجربة والتطبيق. وأن من فلسفة الأصولي أن يركن إلى كهنة يمكن اقتباس أقوالهم على نطاق واسع ليلهج بها بلا انقطاع ـ بلا انقطاع مع أنها لا تنطوي على شيء ملموس، ولا يمكن اعتصار حتى قطرة واحدة منها لها معنى. إن نظرية الانفجار الكبير تنتمي إلى حقبة غريبة على علم الفلك. . .»[22].

ويرى فريد هويل أن الفيزياء هنا تستكين إلى الميتافيزياء. وليس معظم علماء الفيزياء والمستكينين فحسب، بل معهم رجال الصحافة والإعلام المدجنون، يدعمون قلعة الميتافيزيقا.

---

(22) Fred Hoyle, *Home is Where the Wind Blows.*

وبمقتضى نظرية «الحالة الثابتة» فإن الكون لانهائي في الزمن والفضاء، وبالتالي فهو الشيء نفسه في كل مكان وزمان. وقد فُسر التمدد على أنه خلق مستمر للمادة في كل مكان. وبعد العام 1985، عندما قدمت فيزياء الجُسيمات الصغيرة أدلة جديدة تعتبر في صالح نظرية الانفجار الكبير، طرح هويل صيغة معدلة للحالة الثابتة.

ويؤكد مايكل هوكنز أن الفوارق العلمية، التي لم تكن يوماً ما بتلك الأهمية، تضاءلت باستمرار، لأن كلاً من النظريتين تعرضت للتغير. ففريد هويل الآن يرى الكون أشبه بمجموعة لا حصر لها من الانفجارات الصغيرة، في حين يتصور المؤمنون بنظرية الانفجار الكبير الآن أن حالة الانفجار هذه ربما كانت جزءاً من انفجارات عدة[23]. ومهما يكن من أمر، فإن الفرق بين النظريتين أيديولوجي، وحتى فلسفي، في المقام الأول. وأن نقطة الخلاف هي أن فريد هويل كان يرفض على الدوام الإقرار بما جاء في الكتاب المقدس من أن الكون نشأ من لا شيء، مع أنه مسيحي، وأن فكرته عن اللّه أكثر إنسانية مما تعكسه التوراة، كما يؤكد مايكل هوكنز.

وقد عُومل هويل بفظاظة، فأُهمل وحورب واعتُبر ضالاً. وحُرم من جائزة نوبل في العام 1983 ومُنحت بدلاً منه إلى

---

(23) Ibid, p.21.

شريكه في العمل وليم فاولر. وقد رأى كثير من العلماء أن هذا كان جوراً كبيراً، لا يمكن تفسيره إلا بما شاع من أن المؤسسة الفلكية في كامبريدج نصحت لجنة نوبل بعدم منح أكبر جائزة علمية إلى خارجي مثل فريد هويل، في حين لقي فاولر كل الدعم من مؤسسة كاليفورنيا. إن إنجاز هويل، ولاسيما في حقل التركيب النووي، قمين، بلا أدنى شك، بجائزة نوبل. كان من أوائل من طبقوا الفيزياء النووية ونظرية آينشتاين في النسبية، في علم الكونيات، وكان طليعياً في العمل حول عمر ودرجات حرارة النجوم، مما له أهمية حاسمة في تقدير عمر الكون، كما يؤكد مايكل هوكنز (المصدر نفسه).

ومن الأمثلة الأخرى على الدور السلبي للأيديولوجيا في العلم، قصة «العالم» السوفياتي ليسنكو. كان ليسنكو مستولد نباتات من الدرجة الثانية، يفتقر إلى الموهبة، لكنه كان يعرف من أين تؤكل الكتف على الصعيد السياسي والأيديولوجي. تبنى موقفاً مناوئاً للتفسير الوراثي المندلي (نسبة إلى مندل الباحث النمساوي في علم الوراثة). وكان مؤمناً إلى حد الهوس بنظرية لامارك القائلة بانتقال المؤثرات البيئية وراثياً. لأجل ذلك عُين في العام 1940 مديراً لمعهد البحوث الوراثية في الاتحاد السوفياتي، وتمتع بنفوذ كبير. وأصبحت آراؤه الوراثية ـ التي تؤكد على التغيرات البيئية والتحسينات السطحية التي تتم بعد تدخل الإنسان ـ هي المواضيع الوحيدة

التي تدرس في الاتحاد السوفياتي لجيل بأكمله. وبذلك سبب أضراراً جسيمة للزراعة السوفياتية، واضطهد عدداً من علماء الزراعة والنبات البارزين في الاتحاد السوفياتي، مثل فافيلوف، العالِم النباتي الشهير على الصعيد العالمي. فقد سُجن هذا العالم وتوفي في زنزانه سجن بلا نافذة بسبب سوء التغذية ورداءة الطعام الذي كان يقدم إليه، بتهمة العمالة للبريطانيين.

ويتساءل روبن دنبار: وتبقى المسألة غير واضحة فيما إذا كان صعود ليسنكو السياسي في الاتحاد السوفياتي يعود إلى اهتمام الماركسية بوجهة النظر اللاماركية في التطور أم إلى إيمان ليسنكو بطريقة معالجة العجز في زراعة الحنطة المزمن في الإتحاد السوفياتي. أياً كان الأمر، فقد استغل سلطة الدولة السوفياتية لإلغاء الداروينية من علم الأحياء السوفياتي، ناهيكم عن إهمال أبحاث العالم الوراثي النمساوي مندل. ومما تجدر الإشارة إليه، أو هل نقول من سخريات القدر، والكلام لروبن دنبار، أن علماء الوراثة السوفيات العاملين تحت إدارة العالم سيرجي شيتفيريكوف، في أيام نفوذ ليسنكو، كانوا متقدمين كثيراً على كثير من نظرائهم في أوروبا وأميركا. ففي العشرينيات استطاع شيتفيريكوف التوصل إلى أن الكائنات تختزن مخزوناً واسعاً من المعلومات الجينية (الوراثية) في صبغة ما يدعى بالليلات المتنحية.

وكان الخلاف الأيديولوجي، ولا يزال، صارخاً في علم

الأحياء. ومعروف ما لقيته نظرية التطور الداروينية من عنت حتى في بلدان متقدمة جداً، مثل أميركا (ولاسيما في عدد معين من ولاياتها). ونحن لسنا مؤهلين للحكم في مثل هذه القضايا العلمية، لكننا نعتقد أن نظرية لامارك في علم الأحياء تعرضت إلى إهمال شديد حتى من جانب الداروينيين، لأسباب أيديولوجية أيضاً. كانت اللاماركية سابقة للداروينية، وكان داروين نفسه مؤمناً بها، لأنها كانت إرهاصاً لنظريته، بحكم فكرتها القائمة على مبدأ التغير أو التطور. فقد كان صاحب هذه النظرية الشيفاليه دي لامارك أحد رجالات التنوير في القرن الثامن عشر، ومؤمناً بمبدأ التطور.

ومن أبرز أفكار لامارك نظريته حول انتقال الصفات المكتسبة (بعد الولادة) وراثياً، ونظريته الأخرى القائلة بمبدأ «الإعمال (بمعنى الاستعمال) والإهمال». وأشهر مثال على نظريته الأخيرة هذه، رقبة الزرافة. فوفق مبدأ الإعمال والإهمال. إن رقبة الزرافة استطالت لأنها كانت تشرئب بها دائماً كي تصل إلى أعلى أغصان شجر السنط (الآكاسيا) في الأراضي الفقيرة في خضرتها. ولا شك أن هذه الاستطالة لم تتم بين عشية وضحاها، بل بعد مرور زمن طويل. وبذلك كانت الزرافة تحصل على طعام لا يتيسر لغيرها من اللبائن المجترة. وهذا هو مبدأ لامارك. لكن معظم الداروينيين يرفضون هذا التفسير، ويعتقدون أن هناك عوامل أخرى،

جنسية مثلاً، فعلت فعلها في إستطالة رقبة الزرافة. بل إن داروين نفسه يولي أهمية لذيل الزرافة أكثر من رقبتها، لأنه يقدم لها خدمات أكبر، في طرد الذباب المؤذي، مع أنه يتفق بعض الشيء مع لامارك في تفسير سبب استطالة العنق. وأهمل تي. أتش. هكسلي الزرافة بالمرة، وفسّر نظرية لامارك بمثلين أكد عليهما لامارك نفسه: ذراع الحداد اليمنى القوية، التي يفترض أنها تنحدر إلى أبنائه، وسيقان طيور الشواطىء الطويلة وأقدامها ذوات الوترات (كأقدام الأوز)، التي يفترض أنها تطورت لتلافي الغرق أو الانزلاق في البرك الطينية أو المياه الجارية. ويُخيل إلينا أن التوكيد على مبدأ «الانتخاب الطبيعي» الدارويني، أو على التكيف (لمتطلبات البيئة والحاجة والضرورة) اللاماركي، يعكس خلافاً أيديولوجياً أكثر منه بايولوجياً في بعض الأحيان. لكننا، قبل أن ندخل في تفاصيل هذين المبدأين، نرى أن نقدم تعريفاً لمبدأ الانتخاب الطبيعي الدارويني:

استند داروين في نظريته حول الانتخاب الطبيعي، التي تعتبر حجر الزاوية في نظرية التطور الداروينية، إلى نقطتين: الأولى، أن النباتات والحيوانات تنتج ذرية أكثر مما توفره البيئة لها (من موارد تغذية). وقد استعار داروين هذه الفكرة من الاقتصادي البريطاني توماس مالتوس. والثانية، أن الذُرية تختلف جزئياً عن الوالدين، ويختلف بعضها عن البعض الآخر. فاستنتج داروين أن كل كائن حي، في كفاحه من

أجل البقاء والتناسل، يتنافس إما بصورة مباشرة أو غير مباشرة مع آخرين من نوعه. وتلعب الصدفة دوراً في بقاء أي كائن حي، لكن الطبيعة تفضل، أو تنتخب، تلك الكائنات التي تجعلها تغيراتُها أكثر صلاحاً، أي أكثر احتمالاً للبقاء مدة كافية للتوالد ونقل تلك التغيرات المتكيفة إلى خَلَفها.

ويرى داروين أن الانتخاب الطبيعي هو الذي اصطفى الزرافات الأكثر قدرة على التغذية من أعلى أغصان الأشجار، حيث يوجد طعام أكثر ومنافسة أقل. أما لامارك، فيذهب إلى أن المحاولات المستمرة في مد الرقبة إلى أعلى الأغصان هي التي أدت إلى استطالة الرقبة في ما بعد.

ونحن نستغرب لماذا يستبعد الداروينيون هذا العامل (مد الرقبة المستمر إلى أعلى للوصول إلى الأغصان العليا بعد استنزاف التي تحتها) في الوقت الذي يعترفون بأن مثل هذا التغير يحصل في حالات أخرى. فالهيئة التي وصلت إليها رقبة الجمل (وهي طويلة أيضاً، لكن بانحناء) لا بد أنها نجمت عن حاجة هذا الحيوان إلى التغذية على الأعشاب (التي هي في مستوى الأرض)، وأوراق الشجر (العالية نسبياً)، على حد سواء. وفي واقع الحال أن حديث الزرافة ذو شجون، لأنه يصلح مادة أو سلاحاً للجميع: لاماركيين وداروينيين ولا داروينيين. فالمعارضون للاماركية، من الداروينيين الجدد، يتذرعون بما يلي: إن الزرافات تكافح الضواري (الأسود بخاصة) بالرفس، بينما تستعمل الرقبة

(وبالتالي الرأس والقرنين الصغيرين) في الاقتتال الجنسي (بين الذكور)، وليس بالرفس. فيستنتجون من ذلك أن وظيفة الرقبة هذه تمت نتيجة لتطور سلوك خاص ـ العراك الجنسي ـ وليس لأجل الحصول على الطعام. ويؤكد هؤلاء الداروينيون الجدد على فصل المنفعة الحالية (طول الرقبة مثلاً) عن الأصل التاريخي، ويرون أن رقبة الزرافة لا يمكن أن تقدم دليلاً على سيناريو تكيّفي. ويقولون: نعم، إن الزرافة تستعمل رقبتها الطويلة لتأكل أوراق الأغصان العالية لشجر السنط (الأكاسيا)، بيد أن هذه الميزة، على أهميتها، لا تقدم برهاناً على أن الرقبة تطورت بالأصل لهذا الغرض. فلربما طالت الرقبة لغرض آخر، ثم استعملت لأجل الحصول على غذاء أفضل عندما انتقلت الزرافات إلى السهول المكشوفة. أو لعل الرقبة تطورت لأداء غير مهمة في آن واحد. ويرون أن اقتران الرقبة بالأغصان العالية شيء سخيف ولا يستند إلى دليل قوي. وفي الأحوال كافة لا يرى بعض الداروينيين الجدد أن تعدد السيناريوهات حول أسباب طول رقبة الزرافة يشجعنا على تفضيل أي منها. وأن بريق بعض الحجج لا يعني بالضرورة أنها صحيحة... إلخ. (أهذا إرهاب علمي، أم ثقة عالية بحجتهم؟ لكن دليلهم لا يبدو أقوى حجة من نظرية الاشرئباب).

وكيف إذن يُفسر تطور الكائنات (أو أعضائها) نتيجة للتكيف مع البيئات الجديدة، بما في ذلك تطور الكائنات

البرمائية والبرية والجوية من الأسماك؟ كيف تطورت زعانف نوع معين من السمك الذي كان يعيش في برك ضحلة إلى سيقان، بعد ضغطها المستمر على قيعان الغدران، إلى أن أصبحت من القوة بحيث تمكّنها من أن تهرب على اليابسة؟

على أية حال، تقول العالِمة البايولوجية لين مارغولس: لقد كان لامارك كبش فداء في علم الأحياء التطوري، «إنها النعرة البريطانية ـ الفرنسية. داروين حسنٌ جداً. أما لامارك فسيء».

كان لامارك هو الذي ابتكر كلمة (علم الأحياء)، وكان أول من فطن إلى أهمية المقارنة بني الإحفورات (المتحجرات) والكائنات الحية التي تشبهها. وكان لامارك شديد الملاحظة، لقد لاحظ أن أشكالاً حية تطورت من أشكال كائنات أبسط. وتجدر الإشارة إلى أن إيرازموس داروين (جد تشارلس داروين) كان يعتقد، قبل لامارك، بانتقال الصفات المكتسبة وراثياً. لكن توارث الصفات المكتسبة لم تثبت صحتها. وخير دليل على ذلك أن أبناء اليهود والمسلمين يولدون بغرلة رغم الختان الذي مارسه اليهود والمسلمون على مدى مئات الأجيال. لكن إلغاء دور البيئة في حياة وتطور الكائنات، وهو ما يؤكد عليه لامارك، يتعذر هضمه.

وقرأت فصلاً من كتاب «الجينوم» لمؤلفه مات ريدلي، الصادر في العام 1999، يتطرق إلى موضوع الحليب

وحساسية بعض الجماعات البشرية منه (بعد مرحلة الرضاعة). فوقفت على معلومات مهمة جداً، من شأنها أن تعيد الاعتبار إلى حد كبير لنظرية لامارك حول أثر البيئة في عملية التطور. وفي ما يلي خلاصة لما قرأته:

هناك جينة في الكروموسوم رقم (1)، مكرسة لأنزيم اللاكتيز. هذا الأنزيم ضروري لهضم اللاكتوز، وهو السكر الموجود بكثرة في الحليب. كلنا نولد مع هذه الجينة المعدّة أو المهيأة للعمل في جهازنا الهضمي، لكنها تكف عن العمل عند معظم اللبائن - وبالتالي عند معظم الناس - في مرحلة الفطام. (وهذا منطقي: لأن الحليب يُرضع في مرحلة الرضاعة، وسيكون من باب الهدر للطاقة استمرار صنع هذا الأنزيم بعد الرضاعة). لكن البشر لجأوا، قبل بضعة آلاف من السنين، إلى «سرقة» الحليب من الحيوانات الأليفة، ومنذ ذلك التاريخ عرفت صناعة منتجات الحليب. لكن هضم الحليب عند البالغين ليس كهضمه عند الأطفال الرضع، لأنه كان صعب الهضم في غياب اللاكتيز (الذي يتوقف عمله بعد الفطام) إلا أن هناك حلاً جزئياً لهذه المشكلة، هو أن ندع البكتيريا تهضم اللاكتوز وتحول الحليب إلى جبن. ولأن الجبن يحتوي على قليل من مادة اللاكتوز، فإنه سهل الهضم عند البالغين والأطفال على حد سواء.

مع ذلك، فإن الجينة المتحكمة بإيقاف عمل اللاكتيز

تتعرض، أحياناً، إلى الطفرة، وبذلك يستمر عمل اللاكتيز بعد مرحلة الرضاعة. وهذه الطفرة تمكن حاملها من شرب وهضم الحليب طوال حياته. ومن المعروف أن معظم الناس في الغرب اكتسبوا هذه الطفرة (أكثر من 70% منهم يستطيعون شرب الحليب بعد الطفولة، بالمقارنة مع أقل من 30% من الناس في أجزاء من أفريقيا، وشرق وجنوب شرق آسيا، وأوقيانوسيا). إن نسبة هذه الطفرة تختلف من قوم إلى قوم ومن مكان إلى آخر بشكل كان حرياً بإجراء دراسة بشأنه.

هناك ثلاث فرضيات بهذا الشأن. الأولى، والأكثر وضوحاً، هي أن الناس اعتادوا على شرب الحليب لأنه مادة غذائية مهمة ومتوافرة في المجتمعات التي تربي قطعان الماشية. الثانية، هي أن الناس اعتادوا على شرب الحليب في الأماكن التي لا يوجد فيها سوى القليل من أشعة الشمس، وبالتالي هناك حاجة لمصدر إضافي لفيتامين (د)، وهو مادة تصنع غالباً تحت أشعة الشمس. والحليب غني بفيتامين (د). ومن بين الأدلة التي تعزز هذه الفرضية أن الأوروبيين الشماليين يشربون الحليب الخام تقليداً، في حين يأكل سكان البحر المتوسط الجبن. الفرضية الثالثة، ربما بدأ شرب الحليب في الأماكن الجافة حيث يشح الماء، وكان مصدراً إضافياً للماء لسكان الصحارى. ومعروف أن البدو في

الجزيرة العربية والطوارق في الصحراء الكبرى هم شاربو حليب من الطراز الأول (أبو الشاعر جرير كان يشرب الحليب من ضرع الناقة مباشرة!).

وبعد دراسة اثنين وستين مجتمعاً، استطاع عالِمان بايولوجيان التوصل إلى الفرضية الأرجح. توصلا أولاً، إلى عدم وجود صلة قوية بين القدرة على شرب الحليب وخطوط العرض العالية، ومثل ذلك بالنسبة للمناطق الجرداء. وهذا لا يأتي في ناصر الفرضيتين الثانية والثالثة. لكن هذين العالمين وجدا أن الناس الذين يتمتعون بأكبر قدرة على هضم الحليب هم أولئك الذين يملكون تاريخاً رعوياً. إن قبائل التوتسي في أفريقيا الوسطى، والفلاني في غرب أفريقيا، والبدو والطوارق والبيجا في الصحراء، والإيرلنديين والتشيك والأسبان لا يجمعهم جامع سوى أنهم جميعاً لديهم ماضٍ في رعي الضأن، أو الماعز، أو الماشية، إنهم أكفأ هاضمي الحليب بين الجنس البشري.

وهذا يعني أن هؤلاء الأقوام مارسوا حياة الرعي أولاً، ثم طوروا القدرة على هضم الحليب فيما بعد، استجابة لذلك. ولم تتم ممارسة حياة الرعي بعد أن وجدوا أنفسهم مهيأين لها جينياً، كما يؤكد هذان العالِمان... وكان هذا اكتشافاً على جانب كبير من الأهمية (يناقض، على ما يبدو، نظرية الداروينيين الجدد والقدامى الذين يصرون على مبدأ الانتخاب الطبيعي في كل شيء)، لأنه يقدم دليلاً يؤكد أن التغير

الحضاري يؤدي إلى تغيير تطوري وبايولوجي. وأن الجينات يمكن أن تُستحث على التغيير بواسطة الفعل الطوعي، الواعي، الحر. أي أن البشر خلقوا عوامل تطورهم، بعد ممارسة حياة رعوية تعتمد على منتجات الحليب.

وحتى هنا، يبدو أن مؤلف الكتاب، السيد مات ريدلي، لا يريد أن يعترف بتوافق هذه الفرضية مع نظرية لامارك. فهو يقول: «يبدو أنها أشبه بهرطقة لامارك التي ضللت دراسة التطور طويلاً: الفكرة القائلة بأن ذراعي الحداد اللتين تستمدان قوتهما من عمله في أثناء حياته تنتقلان إلى أولاده أيضاً. كلا، إنها ليست كذلك، بل هي دليل على أن بالإمكان أن يغير الوعي، والفعل الإرادي، العملية التطورية، على الأجناس، وعلى جنسنا بخاصة».

فيا له من لف ودوران، ومغالطة، وانتقائية في التفسير والتأويل والتحليل، كأن تُختزل كل إسهامات لامارك العلمية في ذراع الحداد. هل يصح أن تُختزل إنجازات نيوتن العظيمة في الفيزياء والرياضيات وتقتصر على آرائه البائسة في الكيمياء، التي لم تتجاوز تصورات خيميائيي القرون الوسطى في مساعيهم العقيمة لتحويل حجر المجانين إلى ذهب؟ وهل من الإنصاف أيضاً أن ننسى إسهامات ديكارت العظيمة في الرياضيات ونسلط الضوء فقط على آرائه المتخلفة والخاطئة في الفيزياء؟

وكان لمبدأ التطور جذور قديمة. فقد لاحظ أناكسيماندر

الإغريقي، في القرن السادس قبل الميلاد، أن بنية السمكة تشبه بنية الإنسان، فذهب إلى القول بأن البشر منحدرون من الحيوانات، وأن الحياة بدأت في البحر أو الطين. وحرّم الفيثاغوريون في مستعمرة كروتون أكل لحوم الحيوانات لأنهم كانوا يعتقدون أيضاً بأن البشر ينتمون إلى الحيوانات. وهذه الفكرة كان يؤمن بها العديد من القبائل الأفريقية، التي كانت تعرف القردة قبل بقية البشر. لكن هذه الفكرة لم تكن مقبولة في المسيحية والإسلام، ربما لأن القردة كانت نادرة في المناطق التي تبنت الديانات العالمية.

وتطرق إخوان الصفا إلى فكرة التطور (اعتبروا مثلاً أن النخلة أكثر الأشجار تطوراً، لأن لها رأساً. وليس لهذا أساس من الصحة). ولعل أبا العلاء المعري كان يؤمن بفكرة التطور في قوله:

والذي حارت البرية فيه
حيوان مستحدث من جماد

ومن المعروف أن داروين لم يستعمل مصطلح «البقاء للأصلح» قط. إن من استعمله هو هربرت سبنسر، وكان هذا لاماركياً. كان سبنسر يؤمن بالتطور قبل داروين بعقد من السنين على الأقل. وكان كل من داروين ووالاس معجباً به لكن سبنسر طبق فلسفته هذه على تطور التاريخ البشري ومؤسساته. وقد قوبلت نظريته حول البقاء للأصلح بترحاب في أميركا.

وقد رُسمت شخصية سيغالوف، الشخص المثير للجدل، في رواية دوستويفسكي «الشياطين»، على صورة زايتسيف الراديكالي، الذي وظف نظرية داروين في دعم مبدأ استعباد السود. ومن بين الحجج التي كان يدعو إليها رجعيو القرن التاسع عشر ضد تحسين أوضاع الفقراء، ما كانت تذهب إلى أن الاهتمام في صالح غير المؤهلين يأتي ضد مبدأ المنافسة التطوري. وقد اجتذبت الداروينية الاجتماعية، بما يتفق مع مبدأ البقاء للأصلح، عدداً من المثقفين الغربيين. من بين هؤلاء المثقفين هـ. ج. ويلز، الذي تتضح في كتابيه «التوقع» و«اليوتوبيا المعاصرة»، النزعة العنصرية وفكرة تحسين النسل. كما أنه كان يؤمن بتعقيم النسل. وقد طبقت النازية هذا المبدأ بصورة صارخة.

وقد تعرض مبدأ «البقاء للأصلح» إلى النقد من قبل اليسار (في بعض تطبيقاته)، في حين وُظف من قبل اليمين لأغراض تخدم مصلحته وتعزز أيديولوجيته، ولاسيما في السياسة العنصرية. ولا يطال النقد اليساري مصداقية هذا المبدأ، أي البقاء للأصلح، على الصعيد الطبيعي، لكنه يرى أن تطبيقه على الصعيد الاجتماعي غير صحيح، لأنه هنا سيتعامل مع البشر الذين ينبغي تمييزهم عن الكائنات الأخرى في الطبيعة، لما يتمتعون به من قدرات عقلية واعية تؤهلهم إلى التحكم ليس فقط في مصائرهم، بل وفي الطبيعة أيضاً. أما اليمين، الأصولي بصفة خاصة، فيرفض الداروينية جملة وتفصيلاً

تقريباً، لأنه لا يؤمن بالتطور، لكنه يستخدم مبدأ «البقاء للأصلح» على نطاق واسع لتبرير سياسة منفلتة في عالم التكنولوجيا والتطور الإقتصادي.

ويرد ريتشارد دوكنز، العالم الدراويني البريطاني المعاصر، على منتقدي الداروينية ممن يعتقدون بأنها قائمة على مبدأ الصدفة، في قوله: «هذا الاعتقاد، الذي يذهب إلى أن الداروينية «عشوائية» ليس خطأً فحسب، بل هو على طرفي نقيض مع الحقيقة. إن الصدفة مركّب ثانوي في الوصفة الداروينية، أما المركّب الأكثر أهمية فهو الانتخاب الذي يحصل بصورة تراكمية».

ولأن داروين رسم صورته عن الواقع من المشاهدة، فقد اعتبر البعض أن نظريته عن التطور ليست علمية (طبعاً من منظور كارل بوبر المفرط في شكوكيته). في ضوء ذلك صار قانون الانتخاب الطبيعي يتعرض للطعن باعتباره غير قابل للاختبار أو الدحض من قبل العلماء واللاهوتيين على حد سواء. لكن كيف يمكن للأدلة أن تدحض ذاتها؟ بالطبع هذا غير ممكن، لأن الأدلة من شأنها فقط أن تدحض النظريات. لذا، ينقلنا هذا إلى انتقاد آخر لفكرة داروين: إنها ليست نظرية علمية تامة، بل هي في أفضل الأحوال عبارة عن قائمة (كتالوغ) شاملة عن ظواهر طبيعية لها طاقة تفسيرية محدودة جداً. إنها لا تقربنا من الأشياء غير المبتوت فيها مثل كيف نشأت الحياة في المقام الأول، أو ما هي الغاية منها.

في كافة الأحوال يبدو أن هناك ما يجمع بين النظريين واللاهوتيين أكثر مما يجمع بين الأوائل والعلماء التجريبيين أو الذين يستندون إلى المشاهدة. وهكذا، فإن هؤلاء اللاهوتيين والعلماء الأفلاطونيين المثقفين، على حد تعبير مايكل هوكنغ، غالباً ما يتحدون في جبهة ضد الأرسطيين من أمثال تشارلس داروين ومريده المعاصر ريتشارد دوكنز (مؤلف كتاب «صانع الساعات الأعمى»)، اللذين يُنظر إليهما كمثيرين للجدل والخلاف، بالرغم من أو ربما بسبب الثقل الهائل من الأدلة التي تسند موقفهما. والداروينية هي النقيض التام للمثالية أو أية مفاهيم افتراضية مسبقة ذات منحى أفلاطوني. إنها لا تفترض وجود مخطط كبير، أو وجود قوانين ضرورية، أو أن نماذج الواقع يجب بالضرورة أن تتضمن تفسيراً شاملاً ونهائياً لكل شيء. ولأن الداروينية تبدأ من الأدلة، فهي تتجاوز المراحل المتفق عليها في تكوين الأفكار العلمية كالحجة الرياضية أو الاحتكام إلى المراجع المعترف بها.

وبصرف النظر عن كون الداروينية تستند إلى عدد هائل من الأدلة الملموسة، إلا أن المنطق القائل إنها لا يمكن أن تدحض أو تفنّد لا يزال يعتبر سبباً للنظر إليها في مستوى الدعاوى الروحانية. من هنا يرى اللاهوتيون أن بوسعهم مواجهة الداروينيين بكل الحجج المتعلقة بوجود خالق، مثل «حجة الغاية أو المخطط». وهي محاولة للبرهنة على وجود اللّه من خلال الإشارة إلى الأشياء المحكمة في اتقانها التي

نراها في الكون والطبيعة، والاستنتاج بأنه لا بد من وجود مخطط ذكي، لأن مثل هذا الجمال والتعقيد لا يمكن أن يوجد بمحض المصادفة.

لكن ريتشارد دوكنز ناقش هذه الحجة في قوله: إنه لمن غير الصحيح إخضاع نظرية التطور إلى التفسير الرياضي أو الأفلاطوني، لأنها لا علاقة لها بمثل هذا التفسير. فالتطور ليس لعبة من ألعاب المصادفة، بل على العكس. إنه ليس نظرية حول ما قد يكون، بل تفسير لما هو واقع. إن المرء لا يستطيع أن يجعل التحليل الإحصائي جزءاً من تفسير ما هو قائم في الواقع. بل العكس هو الصحيح. إن ما هو واقع يُستعمل للتنبؤ بما قد يحدث. إذا حدثَ حدثٌ ما، فلن يصبح في عداد الممكن وغير الممكن، بل أنه كائن. إن الإحصاء هو وسيلة معقدة في الحساب. ليس هناك شيء له صفة القانونية بشأنه، إنه لا يفسر الواقع، بل يفسر كمّاً فقط. إن ما نشاهده في الكون لا يدعونا إلى الاستغراب بأنه غير ممكن إحصائياً. قد نُدهش إذا ربحنا بطاقة يانصيب. أما عدم الفوز بها إحصائياً فهو جزء من لعبة المقامرة. لذا، فإن إخضاع مبدأ الانتخاب الطبيعي إلى هذا الضرب من التحليل محاولة فاشلة لتفسير موقف الشك الشخصي من منطلق كمي. وفي العقود الأخيرة من القرن العشرين تجمعت بينات وأدلة جديدة لا يرقى إليها الشك حول صحة نظرية التطور، إلى

درجة أن البابا اعترف بها. وفي ما يلي موقف الكنيسة (الكاثوليكية) من نظرية التطور، قديماً وحديثاً:

في العام 1950 أصدر البابا بيوس الثاني عشر مرسوماً كنسياً تحت عنوان «الجنس البشري»، جاء فيه: «يعتقد البعض عن طيش وحماقة بأن التطور... يقدم تفسيراً لأصل الأشياء كلها...». لكنه لم يمنع الرعايا الكاثوليك من دراسة نظرية التطور: «إن تعاليم الكنيسة لا تحظّر ذلك، تمشياً مع الدراسات العلمية واللاهوتية المقدسة، بحثاً ونقاشاً...». وبكلمة، أن البابا بيوس الثاني عشر لا يرى مانعاً في أن يقرأ الكاثوليكي نظرية التطور، طالما كان مؤمناً بحلول الروح الإلهية. وفي الوقت نفسه يقدم نصيحة أبوية للعلماء مذكراً إياهم بأن الفكرة لم تتم البرهنة عليها حتى الآن (سنة 1950): «وعليكم جميعاً أن تكونوا على حذر لأن التطور يثير مسائل مقلقة على تخوم تعاليمي...».

بعد ذلك بزهاء نصف قرن، في 22 تشرين الأول (أكتوبر) سنة 1996، أصدر البابا يوحنا بولس الثاني قراراً يعتبر إيجابياً جداً بشأن التطور، جاء فيه: «لقد أكد سلفي البابا بيوس الثاني عشر (في العام 1950)، في منشوره البابوي (الجنس البشري)، على عدم وجود تعارض بين التطور ومبدأ الايمان...». وقال أيضاً:

«وأردف بيوس الثاني عشر... قائلاً: إن هذه الفكرة (التطور) لا ينبغي تبنيها وكأنها أصبحت مبدأ يقيناً تمّت

البرهنة عليه... أما اليوم، وقد مضى ما يقرب من نصف قرن على صدور هذا المنشور البابوي، فقد أكدت معطيات علمية جديدة على اعتبار نظرية التطور أكثر من فرضية، إنه لشيء رائع حقاً أن يزداد تقبل هذه النظرية من لدن الباحثين، بعد سلسلة من الاكتشافات في شتى حقول المعرفة. إن نقاط الالتقاء بين نتائج البحوث التي تم التوصل إليها بصورة مستقلة، دون تلفيق أو نزعة إرادوية، هي بحد ذاتها حجة ذات شأن خطير في صالح النظرية».

تجدر الإشارة إلى أن هذا النص البابوي أُلقي أول الأمر باللغة الفرنسية، وأُسيئت ترجمة العبارة الآتية: «فقد أكدت معطيات علمية جديدة على اعتبار نظرية التطور أكثر من فرضية» إلى اللغات الأخرى، فجاءت ترجمة الفاتيكان لها بالصورة الآتية: «فقد أكدت معطيات جديدة على الاعتراف بأكثر من فرضية في ما يتعلق بنظرية التطور». ولعل هذا يومئ إلى عدم ارتياح الفاتيكان من تصريح البابا. لكن المعنى الوارد في الصيغة الأولى هو الصحيح. وهذا ينسجم مع عنوان المنشور البابوي المشار إليه: «الحقيقة لا يمكن أن تناقض الحقيقة»، وكذلك مع قوله «لقد تمت البرهنة على صحتها (يقصد نظرية التطور)، إننا نرحب دائماً بحقائق الطبيعة، ونتطلع إلى النقاشات المفيدة في إطار التفسيرات اللاهوتية».

ويومها ضجت الصحف الغربية بالعناوين المثيرة حول

موقف البابا هذا من نظرية التطور، فجاء في إعلان الصفحة الأولى من جريدة «نيويورك تايمز»: «البابا يؤكد دعم الكنيسة لوجهة النظر العلمية حول التطور». لكن جريدة «إل جورناله» الإيطالية المحافظة نشرت الخبر تحت العنوان الآتي: «البابا يقول قد نكون منحدرين من القردة»[24].

---

(24) ينظر بهذا كله الفصل الرابع عشر من كتاب ستيفن جاي غولد بعنوان:
Leonardo's Mountain of Clams and Diet of Worms (Vintage, 1998).

الفصل الثاني

الفيزياء الكونية
الزمن واللازمن

«إعطني مادة وسأشيد منها عالماً»

إيمانويل كانط

قد نفاجأ ـ أم لا نفاجأ؟ ـ إذا علمنا أن الذهنية ما قبل الكوبرنيكية لا تزال تعشش في الأوساط العلمية، ولاسيما في علم الكونيات، رغم كل التقدم الهائل في العلم والحياة الذي شهدته العصور الحديثة منذ أيام كوبرنيكوس (1473 ـ 1543) حتى هذه الساعة.

* * *

لا أحسب أنني أستطيع أن أتمالك نفسي من الضحك حين

أقرأ في كتاب فيزيا ـ فلكي لرجل علم معروف، هو پيتر أتكنز (Peter Atkins)، كلمات كالآتية: «في الزمن السابق للزمن» (At the time before time...). في كتابه (Creation Revisited) (عودة إلى موضوع الخلق)، يقول پيتر أتكنز: «في الزمن السابق للزمن، هناك بساطة مطلقة فقط. هناك لا شيء حقاً؛ ولإدراك طبيعة هذا اللاشيء يتطلب الذهن ضرباً من العكاز. هذا يعني أن علينا أن نفكر، لحظةً على الأقل، في شيء ما. وإذن، للحظة فقط، سنفكر في اللاشيء **تقريباً**» (التشديد على كلمة «تقريباً» من عند الكاتب).

إذا أخضعنا كلماته المشار إليها أعلاه إلى المناقشة، فإنها ستبدو عجيبة في منطقها ومدلولها العلمي أو الفلسفي. وفي المقام الأول، كيف يمكن هضم كلام يؤكد على وجود زمن سابق للزمن، في الوقت الذي يريد الكاتب أن يُدخل في روعنا أنه يتحدث عن نشوء الزمن؟ وما هي هذه البساطة المطلقة التي كانت موجودة في الزمن السابق للزمن؟ أهي اللاشيء تقريباً؟. . . أم أن استدراكه بكلمة «تقريباً» كان له، بالفعل، مبرره. لأننا سنكتشف أن هذا اللاشيء لم يكن لا شيء، وربما يتعذر تصوره بأنه لا شيء بالفعل.

في واقع الحال، إن المؤلف وجميع علماء الفيزياء والفلك تقريباً، يتحدثون عما يسمى بلحظة الفرادة (singularity) التي حدثت مع الانفجار الكبير (Big Bang). لذا، إن لحظة «نشوء» الكون بعد الانفجار الكبير لا يمكن أن توصف

بالبساطة بأي شكل من الأشكال. ذلك أن الانفجار الكبير حدثٌ هائل بكل معنى الكلمة، هذا إذا صح أنه وقع بالفعل. فكل ما في الكون اليوم من مجرات ونجوم وتوابع، وحركة (حركة المجرات)... هذا كله لا يمكن أن يكون قد حدث بفعل «لا شيء تقريباً» أو صدر عن هباءة، كما سيؤكد المؤلف. لا بد، إذن، من وجود طاقة هائلة جداً قمينة بأن تجعل المجرات الكونية في حالة حركة مستمرة منذ زهاء 15 بليون سنة كما تزعم نظرية الانفجار الكبير، حتى الآن، وإلى مستقبل لا يُعلم بالضبط أمده، إذا علمنا أن الكون المنظور يشتمل على بلايين المجرات، وأن المجرة الواحدة تحتوي على البلايين من النجوم (تعتبر شمسنا نجمة متوسطة الحجم). فكيف لتلك البساطة المطلقة، التي ترقى إلى اللاشيء «تقريباً»، أن تنهض بهذا الجهد الجبار الذي يحرك كوناً هائلاً بكل ما ينطوي عليه من بلايين المجرات فيبقى متمدداً منذ بداية «التكوين» حتى الآن، وإلى آماد بعيدة؟

في الفصل المعنون (خلق الأشياء) نقرأ: «والآن نرجع إلى الزمن خلف لحظة الخلق، إلى حيث لم يكن زمن، وإلى حيث لم يكن فضاء. من هذا اللاشيء جاء الزمكان، ومع الزمكان جاءت الأشياء. وفيما بعد جاء الوعي أيضاً، والكون، الذي لم يكن موجوداً في البدء، ازداد وعياً» (ص 129).

أولاً، يبدو من المتعذر فهم كيف يبدأ الزمن من لا زمن.

ذلك أن اللازمن يبدو لا معنى له، على الأقل في حدود طاقاتنا الإدراكية. وثانياً، كيف يمكن تصور عدم وجود فضاء في مرحلة ما من الزمن (أم اللازمن؟).

لعل الأسئلة عن الكون وفيما إذا كانت له بداية في الزمن، وفيما إذا كان محدوداً في فضاء، كانت موضوع اهتمام معظم الفلاسفة، لكنها نوقشت بصورة جدلية منطقية في كتاب إيمانويل كانْط (نقد العقل المجرد)، الذي صدر في العام 1781. كان كانط يعتبر هذه الأسئلة مناقضات (antinomies) للعقل المجرد، لأنه كان يعتقد بوجود حجج متساوية في درجة الاقتناع بالأطروحة القائلة بأن الكون له بداية، وبنقيضتها القائلة بأنه وُجد منذ الأزل (أي ليس له بداية). وكانت حجته حول الأطروحة تفيد بأنه إذا لم تكن للكون بداية، فسوف تكون هناك مرحلة لانهائية من الزمن قبل أي حدث من الأحداث، مما اعتبرها كانْط لا معقولة. أما حجته بشأن نقيض الأطروحة فكانت تؤكد أنه إذا كانت للكون بداية، فسوف تكون هناك مرحلة لانهائية من الزمن قبلها، فلماذا يبدأ الكون في أي زمن معين؟... وهذا يؤكد أن كانط كان يعتبر الزمن مستمراً إلى الوراء بلا انقطاع.

إن خلق الزمن، أو أي شيء آخر، من لا شيء يصعب تصوره. لكن معظم علماء الفلك والكونيات اليوم يحيلوننا إلى نظرية الانفجار الكبير عند الكلام على «نشوء» الكون. ويحاول بعضهم (پول ديڤز مثلاً) الاعتراف بلحظة لنشوء

الزمن، هي لحظة الانفجار الكبير؛ وهو هنا يكاد يستعيد قول القديس أوغسطين من أن العالم «لم يُصنع في الزمن، بل سوية مع الزمن». ويقول پول ديڤز (Paul Davies)، عالم الفيزياء الاسترالي، إذا كان الانفجار الكبير (الذي سنتطرق إليه فيما بعد بشيء من التفصيل) بداية الزمن، فإن أيّ نقاش حول ماذا حدث قبل الانفجار الكبير، أو ما الذي سبّبه، لا معنى له. وقد كوفيء پول ديڤز في العام 1995 على كلامه هذا، وآرائه الأخرى، بجائزة قدرها مليون دولار من مؤسسة دينية.

ومع أن العالم البريطاني ستيفن هوكنغ، صاحب الكتاب الشهير (موجز تاريخ الزمن)، الذي صدر في طبعته الأولى عام 1988، لا يعتبر النقاش حول ما حدث قبل الانفجار الكبير لا معنى له، إلاّ أنه يكاد يلتقي مع پول ديڤز في إهمال الزمن قبل هذه اللحظة (لحظة الانفجار الكبير). فقد جاء في كتابه المشار إليه: أن اكتشاف هَبُلْ (Hubble) (العالم الفلكي الأميركي) لتباعد المجرات (كان ذلك في أواخر العشرينيات من القرن العشرين) أثار طرح السؤال حول بداية الكون. «وقد دعت مشاهدات هَبُلْ إلى الاعتقاد بوجود زمن، سمي فيما بعد بالانفجار الكبير، كان فيه الكون صغيراً جداً، ومكثفاً بصورة لانهائية. تحت مثل هذه الظروف تتعطل كل قوانين العلم، وبالتالي كل القدرة على التنبؤ بالمستقبل. فإذا كانت هناك أحداث قبل هذا الزمن فإنها لن تؤثر على ما

يجري في الوقت الراهن. إن وجودها يمكن تجاهله لأنه ليس له نتائج إرصادية. وبوسع المرء القول إن الزمن له بداية في الانفجار الكبير، انطلاقاً من أن الأزمنة السابقة لا يمكن تحديدها»[1].

هذا مع العلم أن ستيفن هوكنغ نفسه يعترف، في موضع آخر من كتابه، بأنه تخلى عن اعتقاده بوجود لحظة فرادة (Singularity)، أي لحظة انفجار كبير، أو لحظة صفر زمنية[2].

لكن «تأريخ» الزمن - إذا نوّعنا، أو قسّمنا، موسيقياً، على تعبير «موجز تأريخ الزمن» الذي تعود براءة اجتراحه إلى ستيفن هوكنغ - لم يبدأ تماماً من لحظة الانفجار العظيم، على ما يبدو. فثمة من يقول: إن هذه البداية تمّت بُعيد الانفجار بجزء صغير جداً من الثانية: يتحدث پول ديڤز وجون غريبين (John Gribbin) في كتابهما (أسطورة المادة) عن بداية الزمن، مستشهدين بكتاب العالِم الفيزيائي الأميركي

---

(1) Stephen Hawking, *A Brief History of Time,* p.14 (Bantam press, 1996).

(2) يقول ستيفن هوكنغ في الصفحة 687 من كتابه المشار إليه: «... على أن مما يدعو إلى السخرية أنني أحاول الآن، بعد أن غيرت رأيي، أن أقنع الفيزيائيين الآخرين بأنه لم تكن هناك في الواقع فرادة (singularity) في بداية الكون... إنها يمكن أن تختفي إذا أخذنا في الحسبان تأثيرات ميكانيك الكم».

ستيفن واينبرغ (Steven Weinberg) الصادر في العام 1976 بعنوان (الدقائق الثلاث الأولى)، الذي يصف المراحل الأولى من الكون، أو الانفجار الكبير. ويقولان: إن القصة التي رواها واينبرغ، حول الحالة الفائقة الكثافة للمادة الأولية وكيف أصبحت كوناً متمدداً توزعت فيه المادة الذرية بصورة متساوية عبر الفضاء بنسبة 25 بالمئة هيليوم، و75 بالمئة هايدروجين، انتهت بالفعل بعد زهاء ثلاث دقائق بعد الفرادة (أي لحظة الانفجار العظيم)، لكنها بدأت أيضاً بعد مرور واحد على مئة جزء من الثانية على الفرادة، وليس «في البداية نفسها». وما حدث في أثناء الجزء من المئة من الثانية الأولى يبقى غامضاً... والآن بات مقبولاً على نطاق واسع أن هناك وحدة زمنية أساسية، تدعى «زمن پلانك»، لا يمكن تجزئة الفترة بينها وبين لحظة الانفجار الكبير... وهذا يعني أن الزمن «بدأ»، في إطار ما، عندما كان «عمر» الكون 10^{-43} ثانية (أي جزءٍ من عشرة مرفوعة إلى الأس 43 من الثانية). أما لحظة الفرادة نفسها فلا يمكن سبر غورها[3]. ويؤكدان أيضاً أن الانفجار الكبير لم يتضمن ظهور المادة والطاقة فحسب، بل الفضاء والزمن أيضاً[4].

---

(3) Paul Davies and John Gribbin, *The Matter Myth,* p. 134 (Penguin Books, 1992).

(4) Ibid., p. 135.

ويحاول پول ديڤز، في كتاباته الأخرى، أن يسخّر الفيزياء لخدمة الفكرة القائلة بخلق الشيء من اللاشيء، أو الوجود من العدم. لكنه من جهة أخرى، كعالم، يرى أن لذلك حدوداً، أي أنه لا يستطيع أن يحمّل الفيزياء فوق طاقتها. فعلى غرار كانط، حاول مناقشة الأطروحة ونقيضها حول نشوء الكون: لقد أثيرت منذ القديم المسألة التي تتعلق بأصل الكون ككل. فإذا كان الكون موجوداً منذ الأزل، فإن الحالة الحاضرة للعالم لا يمكن تفسيرها بصورة تامة بالركون إلى الحالات الأسبق، لأن سلسلة السببية تمتد إلى الخلف في الزمن بلا نهاية. إننا نواجه تراجعاً لا حدَّ له. من جهة أخرى، إذا ظهر الكون إلى الوجود فجأة في لحظة معينة في الماضي، فإن اللحظة الأولى من الزمن تصبح لها فرادتها. ماذا يقال مثلاً عن «الرابطة» بين اللاوجود والوجود؟ يبدو مما لا مناص منه أن شيئاً ما وراء القوانين الفيزيائية ـ شيئاً فوق طبيعي ـ ينبغي الرجوع إليه عندما كان الزمن يساوي صفراً.

حسب تصوره أن الحل الممكن هو لا هذا ولا ذاك. أي أنه لم يكن هناك كون منذ الأزل، ولا كون ظهر على حين فجأة: في السنوات الأخيرة، تم التوصل إلى وسيلة للمرور بين قرني هذا المأزق باستعمال أحد التنويعات على نظرية الانفجار الكبير. إن الفكرة الأساسية هي أن الكون لم يوجد دائماً، ولم يظهر على نحو مفاجئ في لحظة زمنية معينة.

بدل ذلك، ظهر تدريجياً. وبذلك يعني پول ديڤز أن الزمن ذاته ظهر إلى الوجود في حالة من الاستمرارية. (تحذير: إن «تدريجياً» تعني امتداداً من مستوى زمن پلانك. وهذا لم يكن سوى 10^{-43} من الثانية. لقد كان الانفجار الكبير لا يزال أبتر حسب المعايير البشرية!).

ويؤكد پول ديڤز أن هذه الإمكانية الجديدة ظهرت نتيجة لميكانيك الكم، وبخاصة مبدأ اللاتحدد (uncertainty) لهايزنبرغ، الذي يعترف بعامل اللاحتمية (indeterminism) في الطبيعة. وهذا يعني أن الأحداث، على المدى المجهري على الأقل، يمكن أن تكون تلقائية، أي أنها تحدث بلا أسباب سابقة تامة التحديد. ويبدو أن هذا اللاتحدد الموروث أو هذه اللاحتمية المتأصلة، توفر كوة للكون ليظهر دون أن «يُخلق» أو «يسبَّب» بطريقة فيزيائية خاصة. وإذا عبّرنا عن ذلك بصورة أخرى، نقول إن الظهور التلقائي للكون يتماشى مع قوانين فيزياء الكم (فيزياء الذرة). وفي الفيزياء الكلاسيكية، يعتبر مثل هذا الحدث معجزة.

وبإيجاز:

1 ـ نشأ الزمن (والفضاء) مع الانفجار الكبير. لم يكن هناك قبل.

2 ـ بوجود قوانين الفيزياء يمكن أن يحمل الكون نفسه إلى الوجود.

وبعبارة أدق، إن نشوء الكون من العدم لا يفترض أنه

يُخلّ بقوانين الفيزياء، إذا أُخذ وجود الظاهرة الكمية (أي التفسير وفق ميكانيك الكم) في الاعتبار. ويؤكد پول ديڤز في الختام: على أية حال، ليس الكون خالق نفسه فحسب، بل إنه منظم نفسه أيضاً (عن مقال له بعنوان The Mind of God).

يبدو أن هناك تضارباً أو ارتباكاً في ما يقوله پول ديڤز. فمن جهة يقول: «إن شيئاً ما وراء القوانين الفيزيائية ـ شيئاً فوق طبيعي ـ ينبغي الرجوع إليه عندما كان الزمن يساوي صفراً». ومن جهة أخرى، إن الكون خالق نفسه، ومنظم نفسه أيضاً. ونحن نعتقد أن سبب هذا التَضارب يعود إلى محاولة تسخير الفيزياء لتفسير فكرة معينة في ذهنه، هي خلق الوجود من اللاوجود، لكن الفيزياء لا تطاوعه كثيراً في هذه المهمة.

إذا عدنا إلى موضوع الزمن نجد أنه مرتهن بقصة الكون. وقد خضع إلى التغير في مفهومه الفلسفي منذ عهد نيوتن الذي اعتبر الكون والزمن مطلقين، حتى يومنا هذا، الذي تم فيه تبني نظرية آينشتاين القائلة بنسبية الزمن. (وهو موضوع لا نريد الخوض في تفاصيله الآن، لئلا نغرق كثيراً في هذه التفاصيل ونبتعد عن موضوعنا بعض الشيء).

وبعد نقول، حتى مماهاة الزمن بالفضاء، كما أشار پول ديڤز في موضوع آخر، لا يحل الإشكال في رأينا. فپول ديڤز يرى أن قانون اللاحتمية الذي تمخضت عنه فيزياء الكم

(فيزياء الذرّة ومكوناتها)، حسب تفسير هايزنبرغ[5]، يسري على الزمن ـ الفضاء. في هذه الحال، يمكن للاحتمية، تحت ظروف معينة، أن تؤثر في هُوية كل من الفضاء والزمن. ففي أمد قصير جداً (يقاس بأجزاء صغيرة جداً من الثانية)، يمكن للزمن والفضاء أن يندمجا (يتماهيا) في الهوية، أي أن الزمن يصبح أشبه بالفضاء، أي بُعداً فضائياً آخر. ولا يجد پول ديڤز غرابة في استحالة الزمن إلى فضاء، أو بالعكس. وهو يستند هنا إلى جيمس هارتل وستيفن هوكنغ في الزعم بأن الزمن يمكن أن ينبثق من الفضاء في سيرورة مستمرة.

وحتى لو صح ذلك، فإن الزمن سيبقى مرتهناً بالفضاء. فإذا كان الفضاء ينشأ من الصفر (أو اللافضاء)، كما يُفهم من نظرية الانفجار الكبير، فإن الزمن يمكن أن ينشأ من اللازمن (إذا اعتبرنا اللازمن واللافضاء متماهيين). لكن ما معنى «لا فضاء»؟ ربما أمكن فهم اللافضاء رياضياً في إطار افتراضي (إذا كانت إحداثيات الطول، والعرض، والارتفاع، كلها صفراً، فإن الفضاء يصبح صفراً). لكن هذا افتراض نظري، أو أنه جزء من فضاء قائم. وبالتالي سيتعذر علينا تصور اللافضاء، إلا إذا آمنّا بأنه ينمو من الصفر مع مرور

---

(5) تطرقنا إليه بشيء من التفصيل في كلمتنا (العلم بين الفلسفة والأيديولوجيا) التي نشرت في (النهج)، العدد 28؛ سنة 2001.

الزمن ـ منذ الانفجار الكبير ـ كما ينتفخ المنطاد. ولأن لحظة الانفجار الكبير يصعب هضمها بسهولة، حاول بعض العلماء الالتفاف حول المسألة، من منطلق رياضي أيضاً. فبدلاً من أن يبتدىء الزمن ـ وبالتالي الكون ـ من الصفر، فإنه سيبتدىء من ناقص ما لا نهاية. هذا ما تقدم به العالم الايطالي ڤينتسيانو (Veneziano). أي أنه انطلق من زمن سابق للانفجار الكبير، متجاوزاً بذلك الحرمات التي حذّر منها پول ديڤز. فهو ـ أي ڤينتسيانو ـ يرى أنه «لأجل إيجاد حل لنظرية الانفجار الكبير، يبدو أن هناك حالة ينتفخ فيها الفضاء من المرحلة التي كان فيها الزمن ناقص ما لا نهاية إلى المرحلة التي أصبح فيها الزمن يساوي صفراً، أي باتجاه الانفجار الكبير». وقد تصور ڤينتسيانو وزميله غاسپريني وجود مرحلة سابقة لتأريخ الكون، تبدأ منذ زمن طويل قبل ما ندعوه بزمن الصفر. في هذا السيناريو، الذي يُدعى بما قبل الانفجار الكبير، بدأ الكون في حالة مختلفة جداً عما هو عليه الحال في إطار الانفجار الكبير. وتذهب فكرة ڤينتسيانو وغاسپريني إلى أن الكون بدلاً من أن يكون ساخناً جداً ومنضغطاً جداً بحجم الهباءة فضائياً، بدأ بارداً ولانهائياً في مداه الفضائي[6].

ولإيضاح فكرة ڤينتسيانو، تصورْ أن كوننا الحالي يتراجع

---

(6) Brian Greene, *The Elegant Universe,* p. 362 (Vintage, 1999).

إلى الوراء، إلى مرحلة الانفجار الكبير. ترى كيف كان حال الكون؟ يعتقد ڤينتسيانو وزميله غاسپريني (Gasperini) أن الكون مرّ في حالة من التمدد المتسارع من اللحظة التي كان فيها الزمن يساوي ناقص ما لا نهاية إلى ما قبل اللحظة التي صار فيها الزمن يساوي صفراً بالضبط. وبعد ذلك، أي بعد أن أصبح الزمن صفراً، تغير هذا إلى تمدد بطيء. لكن الكون في لحظة الانفجار، كان في أقصى درجة من الانحناء، وأقصى درجة من التمدد (القدرة على التمدد)، وأعلى درجة حرارة. ولم يحدث الانفجار الكبير كبداية بل كنقطة تحول مهمة في تأريخ الزمن.

فهل يقصد هذان العالمان بنقطة التحول المهمة في تأريخ الزمن أن الكون مرّ ويمرّ بدورة من التمدد، فالتقلص، فنقطة الصفر، ثم الانفجار، فتمدد جديد، فتقلص، وهكذا دواليك؟ (يحصل التمدد عندما تفوق قوة الإقصاء أو الإبعاد (exclusion) قوة الجاذبية؛ ويحصل التقلص عندما تفوق قوة الجاذبية قوة الإقصاء). وهل سيعني هذا أن هناك أزماناً صفراً، وقبلها، أزمان سابقة للتأريخ، وهكذا دواليك؟ هذا في الماضي، أما في المستقبل فلعل الدورة ستتجدد كل عدد من بلايين البلايين من السنين. . .

لكننا نفضل أن نتوقف في هذه المرحلة من هذا السيناريو، لننتقل أو نعود إلى پيتر أتكنز مرة أخرى. يقول أتكنز: «سنحاول التفكير ليس في الزمكان نفسه، بل في الزمكان قبل

أن يصبح زمكاناً». ويقول بعد ذلك مباشرة: «مع أنني لا أستطيع أن أفسر بالضبط ماذا يعني هذا، إلا أنني سأحاول أن أبيّن كيف تستطيع أن تبدأ بتصوره. إن النقطة الجديرة بالاهتمام هنا هي أن بالإمكان إدراك زمكان لا بنية له، وأن بالإمكان أيضاً، مع شيء من التبصر، رسم صورة ذهنية عن تلك الحالة اللامتشكلة هندسياً». أعترف بأنني لا أستطيع تصور هذا الذي يقوله پيتر أتكنز. كيف يمكن إدراك زمكان لا بنية له، أو تلك الحالة اللامتشكلة هندسياً؟ هل يقصد بذلك ما يسمى أو يوصف بالحساء الكوني البدائي الذي تكوّن في جزء تافه من الثانية بُعيد الانفجار الكبير؟ لنواصل، على أية حال، قراءة ما يقوله أتكنز:

«تصورْ الكينونات التي في سبيل أن تتجمع في الزمكان وتصبح أخيراً عناصر، وفيرة، أنها كانت هباءة لا بنية لها. والآن، في الزمن الذي نتحدث عنه، ليس هناك زمكان، بل الهباءة فقط التي سينبني الزمكان منها. إن غياب الزمكان، غياب الهندسة، لا يعني سوى أن هذه النقطة لا يمكن أن يقال إنها تقع قرب تلك أو بعيداً عنها؛ ولا يمكن القول إن هذا يسبق ذاك أو يتخلف عنه. هناك تشكُّلٌ مطلق. وفيما بعد سيتعين علينا أن نزيح (ننسى) الهباءة؛ لكن ذلك سيتم تلقائياً، مثل كل الأمور البسيطة». وسيقول لنا أيضاً: «إن الزمكان انبثق مصادفة من هباءته. ولم تكن ثمة حاجة إلى تدخل ما. وقبل أن يتشكل الزمكان كانت هناك نقاط لا صلة

لبعضها بالبعض الآخر، نقاط لم تكن بعد متداخلة. كانت تفتقر إلى الهندسة، وبالتالي لم تكن قد أصبحت زمكاناً». هذا كلام معاد على أية حال.

ويعترف بيتر أتكنز بأن الصورة التي يطرحها غامضة بالضرورة لأنها عبارة عن تصور حول الشكل الذي آل إليه الحل النهائي لمسألة الخلق. وإنه لمن طبيعة الأشياء، كما يؤكد، أن تكون غامضاً بشأن الأشياء السابقة للخلق لأنها لم تنشأ ككيان ملموس. ويعترف أيضاً بأن هناك أسباباً تجعلك غير محق في اعتبار هذه الملاحظات سخيفة وخارج نطاق العلم. ويؤكد على أن ما سيقوله يندرج في إطار الحس الباطني، لكنه ينسجم مع التوجه العام للعلم الحديث: «وإذا اتضح أن الأبحاث حول نشأة الكون ستنجلي عن حقائق على غرار ما أقوله (وهذا ما سيجعلني أكون في غاية السرور)، فإن هذه المقالة الصغيرة لن تستحق مكافأة أكثر من أية مقالة أسطورية».

ثم نقرأ تصوراته خلال الاحتمالات التي كان من الممكن أن يكون عليها الكون، في إطار الأبعاد الهندسية: «في مكان ما (لكن ليس ثمة أين بعْدُ) وفي زمن ما (لكن ليس ثمة زمن في أي مكان) صادف أن شكلت هباءةُ الزمكان نفسَها في أكوان بالغة الصغر ذات بُعد واحد. لكنها حين همّت بالوجود، لم يُكتب لها البقاء، ولم تترك أثراً. إن عدداً هائلاً من مثل هذه الأكوان الجهيضة ينشأ. إنها تُنشىء مكاناً أو

تؤسس حيناً؛ لكنها تفشل، وتتبعثر، وتموت بلا تأريخ» (ص 135)[7].

سأحاول، معكم، أن أتجمل بالصبر كثيراً وأواصل القراءة حول نشوء الكون، أو الأكوان، بالأبعاد الممكنة أو المحتملة؛ فالأكوان ذوات البعد الواحد كانت أنساقاً من النقاط غير ممكنة. والأكوان ذوات البعدين كانت أنساقاً من النقاط نفسها أقل احتمالاً. وحتى أقل من ذلك احتمالاً حصول تجمع يفضي إلى زمكان ذي ثلاثة أبعاد. لكن هذا الزمكان مهلهل كثيراً بنيوياً.

إن عدداً كبيراً من هذه الأكوان ذوات الأبعاد الثلاثة يتكون، مصادفة، ويعود القهقرى، بحكم افتقاره إلى البنية، إلى الهباءة ثانية.

ثم (أيّ شيء كان ذلك يعني) بالمصادفة تتجمع مجموعة من النقاط في نسق من التعقيد وتشكل أربعة أبعاد؛ لكنها أربعة أبعاد فضائية، تفتقر إلى الزمن. وهذا غني في تعقد علاقاته الداخلية، لكنه ليس متطوراً بما فيه الكفاية ليبقى. ومثل العديد من الهباءات تنهار مجموعة الغبار المتشكلة مصادفة إلى هباء لا بنية له.

ولم يكن هناك توقعٌ لنسق آخر ذي أبعاد أربعة، لأنه ليس هناك انتظار خارج الزمن. وكأن أحد هذه الأنساق زمكان ذو

---

(7) Peter Atkins, *Creation Revisted* (Penguin Books, 1994).

أبعاد أربعة. ونحن نعرف أنه حدث في الواقع مرة على الأقل. وقد يداخلنا إحساس بأنه سيستمر على الحدوث خارج فضائنا وزماننا. (ص 137).

سأترك هذه المقاطع التي اخترتها من الكتاب، بلا تعليق، مكتفياً بالإشارة إليها كنموذج لبعض التداعيات في الأفكار الفلكية التي تطالعنا بين يوم وآخر.

على أنني سأتلبث قليلاً عند مسألة الهباءة التي انطلق منها الكون، واتسع منها الفضاء. فمعظم علماء الكونيات يريدوننا أن نصدق بأن الفضاء كان يوماً ما بحجم الهباءة أو أصغر، قبل الانفجار الكبير. ثم أخذ بالاتساع منذ تلك اللحظة، التي تدعى لحظة الفرادة (Singularity).

وهنا يخطر على الذهن سؤال كالآتي: أين كانت هذه الهباءة التي انطلق منها الكون؟ في أي موضع من الوجود (أو العدم) وُجدت هذه الهباءة التي تضخمت على مر الزمن وأصبحت كوناً بالتمام والكمال هو كوننا الحالي؟

يؤكد روكي كولب (Rocky Kolb)، الذي ينتمي إلى الجيل الشاب من علماء الكونيات، أن: واحدة من أصعب الأفكار إدراكاً في علم الكونيات الحديث هي الفكرة القائلة بأن الانفجار الكبير هو انفجار بلا مركز وبلا حافة. أي أنه إذا كان الانفجار الكبير صحيحاً، فإن أي مُشاهد في أي مجرة أينما كان سيرى المجرات تتراجع. وأن المفتاح لفهم هذه المفارقة الظاهرية يكمن، كما يقول، في أن نكرر العبارة

التالية ثلاث مرات في اليوم: «إن تمدد الكون هو تمدد الفضاء، وليس تمدد المجرات في الفضاء».

الإشكال يبقى قائماً، بقدر تعلق الأمر بي مثلاً، وربما بأمثالي من محدودي الإدراك، بشأن العبارة التي كررتها أكثر من ثلاث مرات، لأنني لا أستطيع أن أتصور «أن تمدد الكون هو تمدد الفضاء، وليس تمدد المجرات في الفضاء».

لكن روكي كولب يحاول إزالة الغموض أو الإشكال بقوله: تصورْ فضاء كونياً لانهائياً مرصعاً بالمجرات. والآن مُطَّ الفضاء في كافة الاتجاهات. إن كل مجرة سترى المجرة الأخرى تتراجع، بسرعة تراجع تتزايد مع المسافة. إن كوناً كهذا ليس له مركز ولا حدود. «إن تمدد الكون هو تمدد الفضاء، وليس تمدد المجرات في الفضاء»[8].

هل نحن أمام بدلة إمبراطور؟ كيف نمطّ الفضاء؟ حسن، هبْ أننا مططناه. ألن نمطه إلى فضاء آخر، أم ماذا؟

يقول جون هورغان (John Horgan) في كتابه (نهاية العلم): إن الدعوى التي تؤكد أن المجرات في الكون تتراجع عن بعضها البعض الآخر اقنعت العديد من علماء الفلك بأن الكون انفجر إلى الوجود في زمن معين في الماضي وأنه لا يزال يتمدد. لكنّ فْريد هويل (Fred Hoyle) يعترض على هذا التفسير فلسفياً في المقام الأول. فليس من المعقول الكلام

---

(8) Rocky Kolb, *Bind Watchers of the Sky* (Oxford, 1998).

على نشوء كون ما لم يكن هناك فضاء وزمن للكون لكي ينشأ فيه. «إنك تفقد شمولية القوانين الفيزيائية»، وهذا ما يؤكد عليه هويل «لن تعود هناك فيزياء». إن البديل الوحيد لهذا اللامعقول، كما يؤكد فْريد هويل، هو أن الفضاء والزمن ينبغي أن يكونا موجودين دائماً. (هورغان، ص 106).

لكن حديث الزمن يبقى ذا شجون. ما هو الزمن، بالفعل؟ جوليان باربور (Julian Barbour)، مثلاً، لا يعترف بوجوده: «... إنني أعتقد الآن بأن الزمن لا وجود له بالمرة، وإن الحركة نفسها ليست سوى وهم خالص. وفوق ذلك، إنني اعتقد بأن الفيزياء تؤكد ذلك بقوة. هذا هو تصوري وأود أن أحدثكم عنه»[9]. ويحاول أن يوضح لنا رأيه في كتابه (نهاية الزمن). ونحن نعتقد أنه لم يكن مجانباً الصواب تماماً، لكنه يتلاعب بالفكرة، ويضفي عليها لبوساً ميتافيزيقياً ضمن تفسيره الفيزيائي.

صحيح أن الزمن لا معنى له، وربما لا وجود له في عالم من فراغ مطلق، أي في كون فارغ على الإطلاق. فأي موقع للزمن هنا، وما معناه، إن لم يكن ثمة شيء يدل على سيلانه وجريانه؟ عندما تتك الساعة وتتحرك آلاتها وعقارب الثواني والدقائق والساعات فيها، نشعر بأن هناك زمناً يمضي. وحتى قبل اختراع الساعة، الميكانيكية والأكثر بدائية، كان الزمن

---

(9) Julian Barbour, *The End of Time.*

يُشعر به من شروق الشمس وغروبها، ومن دورة القمر أيضاً، أي من الحركة. الحركة، إذن، ليست وهماً خالصاً كما يقول جوليان باربور. إنها حدث تنهض به أشياء تشغل حيزاً في الكون. هذه الأشياء هي: المجرات، والنجوم، وشمسنا، والتوابع، وكل المادة الموجودة في الكون، بما فيها نحن البشر، الذين نحسّ بمرور الزمن.

نعم، بوسعنا القول: إن الزمن لا معنى له في عالم بلا مادة، وإنه يكتسب معنى في العالم المادي، حتى لو كانت المادة على هيئة طاقة، لأن المادة والطاقة وجهان لعملة واحدة، تربطهما معاً المعادلة المعروفة ($E = mc^2$)، أي أن الطاقة تساوي الكتلة مضروبة في مربع سرعة الضوء. وهذا يعني أن أية كمية من الطاقة، لها كتلة تُعادِل حاصل قسمة الطاقة على مربع سرعة الضوء. علماً بأن هذا يؤكد الفكرة القائمة على مبدأ أن الطاقة لها كتلة.

وبما أن الكون يحتوي على مادة وطاقة وحركة، فإن هناك زمناً أيضاً. ونحن لا نستطيع أن نتصور كوناً فارغاً تماماً من أي مادة وطاقة لسبب بسيط، هو أن الكتلة والطاقة موجودتان في الكون الآن. واستناداً إلى قانون حفظ الكتلة والطاقة، يمكن القول بلا تردد: إن الكتلة والطاقة موجودتان منذ الأزل وإلى الأبد. ونستدل من هذا بأن الزمن وجد ـ أيضاً ـ منذ الأزل وسيبقى إلى الأبد!

وقانون حفظ الطاقة ينص على الآتي: إن المقدار الكلي

لكيانات أو خواص (properties) معينة في نظام فيزيائي، كالكتلة، أو الطاقة، أو الشحنة، يبقى ثابتاً لا يتغير حتى لو حصلت تغيرات بين مكونات تلك الكيانات في ذلك النظام. على سبيل المثال، إذا تصورنا طاولة عليها قنينة تحتوي على محلول ملح الطعام (Na CL)، وقنينة تحتوي على نترات الفضة ($Ng\ No_3$)، وكوب صيدلي (beaker) موضوع على الطاولة. فإن كتلة الطاولة ومحتوياتها لن تتغير حتى إذا سُكبتْ بعض محتويات القنينتين في كوب الصيدلي. فنتيجة للتفاعل بين المادتين الكيمياويتين سنحصل على مادتين كيمياويتين جديدتين (هما كلوريد الفضة ونترات الصوديوم)، بيد أن الكتلة الكلية للطاولة ومحتوياتها لن تتغير. وقانون حفظ الكتلة هذا عامّ، يسري على الكون أيضاً، طبعاً إذا اعتبرنا الكون نظاماً «مغلقاً»، (أي لا يخرج منه شيء، ولا يضاف إليه شيء)، وكما ذكرنا أعلاه، إن قانون حفظ الكتلة يسري على الطاقة أيضاً. ولأننا لا نعرف وسيلة لخلق أو إلغاء الشحنة الكهربائية، فإن قانون حفظ الشحنة هو قانون كوني أيضاً. كما أن الكميات الأخرى تبقى محفوظة في التفاعلات بين الجسيمات الأولية (عن قاموس أوكسفورد العلمي، تحت مادة قانون الحفظ law of conservation).

ونحن نعتقد أن محاولة الوصول إلى زمن يخلو فيه الكون من الكتلة (أو المادة بكلمة أخرى)، بعد أن تتحول مادته كلها (المجرات، والنجوم، إلخ) إلى طاقة فقط، بغية

الوصول إلى ما يمكن أن يعتبر خلق الشيء من لا شيء، تنطوي على مغالطة، لأن المادة والطاقة تبادليتان ومرتبطتان بقانون، هو المعادلة المشار إليها أعلاه، ولن تفنيا والحالة هذه، وستبقيان وجهين لعملة واحدة. فلا يمكن أن يتحول الشيء إلى لا شيء، أو اللاشيء إلى شيء. لأننا إذا حوّلنا المادة إلى طاقة، والطاقة إلى مادة، فهل يعني هذا أننا حولنا الشيء إلى لا شيء، واللاشيء إلى شيء؟ أم أننا حولنا شيئاً إلى شيء آخر؟.. حقاً، لقد كان لوكريتيوس على صواب تماماً في قوله: «إن اللاشيء فقط يمكن خلقه من اللاشيء».

لكن بعض العلماء والفلاسفة يُصرّون على أن المادة نشأت من لا شيء، أو العدم، ربما عن دوافع ميتافيزيقية في جوهرها. وتتجسد هذه الفكرة في كتاب (أسطورة المادة) لپول ديڤز وجون غريبين، الذي سبقت الإشارة إليه، وفي كتب أخرى، مثل (الفراغ المشيَّد: التفكير في العدم) ليوهان رافيلسكي (Johann Rafelski). لكننا نستطيع الاحتكام إلى ما يقوله ڤيرنر هايزنبرغ (Werner Heisenberg)، أحد أعمدة الفيزياء الحديثة، وصاحب مبدأ اللاحتمية في ميكانيك الكم (أي فيزياء الجسيمات الصغيرة). في كلامه عن الطاقة كمصدر أساسي لكل شيء في الوجود، يستشهد، في كتابه (الفيزياء والفلسفة)، بالفيلسوف الإغريقي هيراقليطس، الذي أكد أن الأشياء اليومية كثيرة وفي جريان مستمر، وتتغير باستمرار، كأنها جُبلت من نار. ويقول هايزنبرغ:

«إن الفيزياء الحديثة قريبة جداً في إطار ما من مبدأ هيراقليطس. فإذا أبدلنا كلمة «النار» بكلمة «الطاقة» فبوسعنا تقريباً استعادة عباراته كلمة كلمة من وجهة نظرنا الحديثة. إن الطاقة في الحقيقة هي الجوهر الذي تصنع منه كل الجسيمات الأولية، وكل الذرات، وبالتالي كل الأشياء، وإن الطاقة هي ذلك الشيء الذي يتحرك. الطاقة جوهر، ما دامت كميتها الكلية لا تتغير، وإن الجسيمات الأولية يمكن في واقع الحال صنعها من هذا الجوهر كما يلاحظ في العديد من التجارب حول خلق الجسيمات الأولية. الطاقة يمكن تحويلها إلى حركة، إلى حرارة، إلى ضوء، وإلى جهد. الطاقة يمكن أن تدعى العلة الأساسية لكل التغير في العالم»[10].

هنا تحاول ماري مجلي (Mary Midgley) في كتابها (العلم والشعر) تسليط الضوء على هذه العبارة الأخيرة، التي تؤكد أن الطاقة يمكن أن تُدعى العلة الأساسية لكل التغير في العالم، مترفعة على المادة، مع أنها مجبولة من المادة، بما في ذلك دماغها ووعيها (لست أدري هل كان ترفعها هذا من منظور شعري، أم ميتافيزيقي، أم استيطيقي؟). وتقول: كما قال هايزنبرغ: «إن التفسير الحديث للأحداث يلتقي في نطاق ضيق جداً مع الفلسفة المادية الحقيقية: في واقع الحال،

---

(10) Great Books of the Western World, ed. Mortimer J. Adler, p.404 (Encyclopaedia Britannica, 1993).

بوسع المرء القول إن الفيزياء الذرية نأتْ بالعلم عن المنحى المادي الذي سارت عليه في القرن التاسع عشر» (عن كتاب هايزنبرغ المشار إليه، ص 47). ثم تعقب على ذلك: «ومنذ أيام هايزنبرغ (1901 ـ 1976)، بات علماء الفيزياء يؤكدون أن هذا الجوهر الأولي يمكن أن يكون شكلاً من أشكال الفضاء، وليس الطاقة. وهذا، على أية حال، لن يكون مريحاً جداً للماديين».

لكننا، قبل أن نناقش حكاية الجوهر الأوّلي الذي يمكن أن يكون شكلاً من أشكال الفضاء، وليس الطاقة، نود أن نعود إلى هايزنبرغ، لأننا نعتقد أن ماري مجلي كانت انتقائية في اختيار المقتبسات التي تناسبها فقط من هايزنبرغ. فقد قال هايزنبرغ أيضاً:

«يمكن تحويل كل الجسيمات الأولية، في طاقات عالية بما فيه الكفاية، إلى جسيمات أخرى، أو يمكن خلقها ببساطة من الطاقة الحركية ويمكن محقها إلى طاقة، على سبيل المثال إلى إشعاع. لذا، أصبح لدينا في الواقع برهان أخير على وحدة المادة. إن كل الجسيمات الأولية مصنوعة من نفس الجوهر (substance)، الذي يمكن أن ندعوه طاقة أو المادة الكونية؛ إنهما مجرد شكلين مختلفين يمكن للمادة أن تتمظهر بهما» (هايزنبرغ: الفيزياء والفلسفة، 439 ـ 440).

وقال أيضاً:

«إن تمييزاً واضحاً بين المادة والقوة لم يعد قائماً في

الفيزياء الحديثة، طالما أن كل جسيم أولي لا يُنتج بعض القوى وإنه خاضع لفعل بعض القوى فحسب، بل إنه في الوقت نفسه يمثل مجالاً معيناً من القوة أيضاً. إن الثنائية النظرية الكمية (نسبةً إلى ميكانيك الكم) من الموجات والجسيمات تجعل نفس الكينونة تظهر كمادة وكقوة» (مصدر نفسه، 440).

فهل ألغى هايزنبرغ المادة كما تتمنى ماري مجلي، أم اعترف ببقائها المستمر، بشتى صورها؟ أما حكاية «الجوهر الأولي الذي يمكن أن يكون شكلاً من أشكال الفضاء»، كما تقول ماري مجلي، فسنحاول استعراض عدد من الآراء بشأنه:

في الآونة الأخيرة، ربما منذ أوائل السبعينيات في القرن العشرين، بدأ علماء الفيزياء يتصورون أن الفراغ الفيزيائي، أو الفضاء الخالي، يتسم بعدد من الخواص، المذهلة، على حد قولهم، من شأنها أن تفسر بعض الألغاز في الفيزياء الجسيمية وعلم الكونيات. فإذا ملأنا حجماً كبيراً بما فيه الكفاية بطاقة ذات كثافة عالية، تحملها جسيمات ما دون الذرة، لكي تخلف پلازما (Plasma) من الكواركات والغلوونات (quarks and gluons)[11] التي تعتبر الكتل البنائية الأساسية للمادة، فبوسعنا أن نتصور بعض مناطق الفضاء.

---

(11) من أصغر أجزاء نواة الذرة.

لدى تصادمها ستتحول النواتات من محتوياتها الطبيعية من البروتونات والنيوترونات إلى حساء من الكواركات، الذي سيعود فيتكثف فيما بعد إلى جسيمات اعتيادية... في عالم الميكانيك الكلاسيكي يعتبر الفضاء المسرح الخالي الذي تجري فيه أحداث العالم. ولدى الجمع بين النظريتين الأساسيتين في الفيزياء الحديثة ـ النسبية الخاصة وميكانيك الكم (أي فيزياء الذرة) ـ غيّر پول ديراك (Paul Dirac) هذه الفكرة عن الفراغ في أواخر العشرينيات. لقد لاحظ أن وجود البوزترون (Positron)، كجسيم مضاد للألكترون، بنفس الكتلة لكن بشحنة معاكسة، كان لا مناص منه. وبعد ذلك فوراً أصبح جلياً أن الفوتونات، «جسيمات» الاشعاع الكهرومغناطيسي (الضوء مثلاً)، كانت قادرة على صنع أزواج من الألكترونات والبوزترونات في المادة.

وتذهب النظرية الكهروديناميكية الكمية (quantum electrodynamics) أبعد من ذلك، مؤكدة أن الأزواج من الألكترونات والبوزترونات في الفضاء الخالي ينبغي أن تُصنع باستمرار وتختفي بسرعة. وهذه السيرورة لا تحفظ الطاقة، إلاّ أن مبدأ اللاحتمية الذي يعود إلى ڤيرنر هايزنبرغ، يؤكد لنا أن عدم حفظ (أي لاحتمية) الطاقة المعادل لكتلة مثل هذا الزوج من الألكترون ـ البوزترون لن يكون قابلاً للقياس إذا استغرق أقل من 10^{-21} ثانية (أي جزء من عشرة مرفوعة للأس 21 من الثانية).

إن الالكترون والبوزترون، اللذين يُصنعان بهذه الطريقة، يُدعيان جسيمين افتراضيين (virtual particles)، تمييزاً لهما عن الجسيمين الحقيقيين (real particles)... إن الحالة التي تنطوي على صفر من الجسيمات الحقيقية في حجم معين تدعى «الفراغ الفيزيائي». وهذا يتطابق مع الفكرة المألوفة عن الفضاء الخالي، في كونها لا تشتمل على جسيمات حقيقية، أي لا مادة ولا فوتونات (الفوتونات هي الوحدات الضوئية). مع ذلك، استناداً إلى قوانين الميكانيك الكمي النسباني، إن الفراغ يحتوي لا محالة على جسيمات افتراضية. وبوسعنا القول إن الفراغ الفيزيائي هو أقرب ما يكون إلى الفضاء الخالي، لكنه ليس خالياً تماماً[12].

وهذا الاستدراك الأخير ربما يذكرنا بتعريف الفراغ بحسب المفهوم الفيزيائي. ففي معجم أوكسفورد العلمي نقرأ تحت مادة (vacuum) (فراغ) ما يلي: «فضاء يوجد فيه ضغط واطئ من الغاز، أي نسبياً بضع ذرات أو جزيئات، بيد أن هذا لا يمكن الحصول عليه لأن كل المواد المحيطة بفضاء كهذا لها ضغط بخاري».

أما الضغط البخاري أو (الضبابي) (vapeur pressure) فهو الضغط المسلط بواسطة البخار. إن كل المواد الصُلبة أو

---

(12) Bill Willis, *Building the Universe,* ed. Christin Sutton, p. 271-272 (Basil Blackwell and New Scientist, 1985).

السائلة تطلق أبخرة، تتألف من ذرات أو جزيئات المواد المتبخرة من الحالات المكثفة. وهذه الذرات أو الجزيئات تسلط ضغطاً بخارياً (معجم أوكسفورد العلمي).

فإذا كانت السيدة ماري مجلي تعني «بشكل من أشكال الفضاء» هذ الفراغ الفيزيائي، فهو ليس خالياً تماماً. ومن ثم سيكون من باب إطلاق الكلام على عواهنه أن نتصور أن «الجوهر الأوّلي» شكل من أشكال الفضاء. وينبغي أن لا ننسى أن كل التفاسير والإيضاحات حول «انبثاق» الشيء من اللاشيء (أو العدم)، تنطلق من تجارب تجري على الشيء لتتوصل إلى اللاشيء، لتستنتج العكس. مع ذلك، لنُصْغِ إلى مزيد من الآراء القائلة بانبثاق الشيء من العدم.

يحدثنا پول ديڤز وجون غريبين، في كتابهما (أسطورة المادة)، قائلين: إن من أكثر نتائج اللاحتمية لميكانيك الكم غرابةً هو أن المادة يمكن أن تظهر من لا مكان (nowhere). في الفيزياء الكلاسيكية، تعتبر الطاقة محفوظة؛ أي أنها لا تُخلق ولا تفنى، بل تتغير فقط من شكل إلى آخر. أما ميكانيك الكم فيتيح للطاقة أن تظهر تلقائياً (spontaneously) من لا شيء طالما أنها تختفي ثانية بسرعة. وبما أن المادة شكل من أشكال الطاقة، فإن هذا يتيح الفرصة للجسيمات بالظهور بصورة خاطفة من لا شيء. وهذه الظاهرة تقود إلى إعادة نظر جادة بما ندعوه بالفضاء «الخالي»[13].

---

(13) Davies and Gribbin, p. 136.

ولنتابع ما يقوله المؤلفان، ونتصور، كما يقترحان، صندوقاً أزيلت منه كل جسيمات المادة. ويتابعان: قد نعتقد أن هذا يمثل فراغاً مثالياً، فضاءً، فارغاً، بينما في الواقع تسبب الطاقة الكمية المتموجة للفراغ (The Fluctuating quantum energy of the vacuum) الخلق المؤقت لكل حالات الجسيمات «الافتراضية» ـ الجسيمات السريعة الزوال. فالفراغ الهامد في الظاهر هو في الواقع بحر من الفعالية القلقة، مليء بالجسيمات الشبحية التي تظهر، وتتفاعل، وتختفي. وهذا يحدث سواء كان الصندوق، مفرغاً من كل المادة «الدائمة» أم لا[14].

لكن من أين جاءت «الطاقة الكمية المتموجة للفراغ»؟ في كافة الأحوال، هناك طاقة، وبدونها لا يحصل حتى الظهور الشبحي للجسيمات واختفاؤها بسرعة. وبالفعل، إنهما لا يلبثان أن يعترفا بذلك:

«إن الحقيقة التي تؤكد إمكانية خلق أزواج من الجسيم والجسيم المضاد من الطاقة (لا يُشترط أن تكون الطاقة كهرومغناطيسية) تمهد الطريق إلى تفسير مصدر المادة الكونية... لقد فجر الانفجار الكبير السيرورات القابلة لتوليد كميات هائلة من الطاقة، وقد استحال بعض هذه الطاقة إلى

(14) Ibid, p. 136.

مادة. وعليه، لم يعد ضرورياً افتراض أن المادة كانت موجودة ببساطة منذ البدء. إن وجودها يمكن الآن عزوُه إلى السيرورات الفيزيائية التي تحدث في المرحلة الأولية من الكون[15].

ويضرب ميتشيو كاكُو (Michio Kaku) على الوتر نفسه، في كتابه (رؤى مستقبلية)، في قوله: «... وبحسب هذه الصورة الجديدة المذهلة لم يكن هناك شيء في البداية. لا مكان ولا زمان ولا مادة ولا طاقة، ولكن هناك مبدأ الكم، الذي يقول بأنه يجب أن يكون هناك عدم تحدد (المقصود بذلك مبدأ اللاحتمية لهايزنبرغ)، ولذا فحتى العدم أصبح غير مستقر، وبدأت جسيمات صغيرة جداً من «شيء» في التشكل»[16].

وقبل أن نتابع كلامه، نقول: إننا نجد صعوبة في تقبل وجود مبدأ الكم قبل وجود المكان والزمان والمادة والطاقة. أليس كذلك؟ إن هذا لا يختلف عن وجود العربة أمام الحصان وليس خلفه. لكن، فلنتابع كلامه:

«... وقد يبدو لأول وهلة أن خلق فقاعات لـ «شيء» في

(15) Ibid, p. 148.

(16) ميتشيو كاكو، رؤى مستقبلية، ص 251 ـ 252، ترجمة د. سعد الدين خرفان، عالم المعرفة (270)، يونيو 2001.

محيط واسع من «اللاشيء» يخترق مبدأ حفظ المادة والطاقة. ولكن هذا وهم لأن محتوى الكون من المادة والطاقة موجب، بينما طاقة الجاذبية سالبة، ولذا فإن حاصل جمع هاتين الطاقتين يساوي الصفر. إذن، فلا حاجة إلى طاقة صرفة لخلق كونٍ من «لا شيء»[17].

وهذا هو تماماً ما يؤكد عليه ستيفن هوكنغ (في كتابه: موجز تأريخ الزمن). لكننا قبل ذلك نرى أن نقدم تعريفاً موجزاً جداً بنظرية الانتفاخ الكوني، التي يتطرق إليها ستيفن هوكنغ في مستهل كلامه الذي سنجيء إلى ذكره: في محاولة لحل الإشكالات التي تنجم عن نظرية الانفجار الكبير جيء بنظرية الانتفاخ (inflation theory) التي تزعم أن الكون مر بمرحلة تمدد هائلة جداً ـ تفوق حالات تمدده الأخرى اللاحقة ـ بُعيد مرور جزء من الثانية على «نشوئه» من حالة الفرادة، أو الانفجار الكبير.

والآن نعود إلى ستيفن هوكنغ في تفسيره لخلق الشيء من لا شيء: إن فكرة الانتفاخ يمكن أن تفسر أيضاً لماذا يوجد هذا المقدار من المادة في الكون. هناك زهاء عشرة ملايين ملايين ملايين ملايين ملايين ملايين ملايين ملايين ملايين ملايين ملايين ملايين ملايين (أي واحد وبعده ثمانون

---

(17) نفسه، ص 452.

صفراً) جُسيم في منطقة الكون الذي نستطيع مشاهدته. من أين جاءت هذه كلها؟ الإجابة عن ذلك أن الجسيمات، في النظرية الكمية، يمكن أن تُصنع من الطاقة على هيئة أزواج من: جسيم/وجسيم مضاد. لكن هذا من شأنه أن يطرح السؤال: من أين جاءت الطاقة؟ والجواب هو أن الطاقة الإجمالية للكون هي صفر بالضبط. إن المادة في الكون مصنوعة من طاقة موجبة. وعلى أية حال، إن المادة تجتذب نفسها بواسطة الجاذبية. وإن قطعتين من المادة قريبتين إلى بعضهما البعض لديهما طاقة أقل من نفس القطعتين إذا كانتا بعيدتين، لأنه يتعين عليك أن تستهلك طاقة لتفصل بينهما ضد قوة الجاذبية، طاقة سالبة. وفي حالة الكون المتجانس في الفضاء تقريباً، يمكن القول إن طاقة الجاذبية السالبة هذه تُلغي تماماً الطاقة الموجبة المتمثلة في المادة. وهكذا، إن الطاقة الإجمالية للكون صفر.

والآن ضعف الصفر هو صفر أيضاً. وهكذا، إن الكون يمكن أن يُضاعف كمية الطاقة للمادة الموجبة وكذلك يُضاعف طاقة الجاذبية السالبة دون الإخلال بقانون حفظ الطاقة. لكن هذا لا يحدث في التمدد الاعتيادي للكون الذي تنخفض فيه كثافة طاقة المادة كلما ازداد حجم الكون. إنه يحدث، على أية حال، في التمدد الانتفاخي لأن كثافة الطاقة للحالة المبتردة جداً تبقى ثابتة عندما يتمدد الكون:

عندما يتضاعف حجم الكون، تتضاعف طاقة المادة الموجبة وطاقة الجاذبية السالبة، ويبقى إجمالي الطاقة صفراً[18].

لكن هذا الكلام على نشوء الشيء من اللاشيء، أو الكون من العدم، لم يكن جديداً تماماً. فهو يرقى في جذوره ـ الفيزيائية، أم الميتافيزيقية؟ ـ إلى الأربعينيات من القرن العشرين. ففي كتاب ميتشيو كاكُو (ما بعد آينشتاين): أن الفكرة القائلة بخلق شيء من الفضاء ـ الزمن الخالص قديمة، ترجع إلى الحرب العالمية الثانية. يروي عالم الفيزياء جورج غاموف، في سيرة حياته (My World Life)، كيف طرح هذه الفكرة أولاً على آينشتاين... ذكر غاموف أن الفكرة طرحها عالم الفيزياء باسكوال جوردان (Pascual Jordan). لا شك أن أية نجمة، بحكم كتلتها، لها طاقة. والآن، إذا قمنا بحساب الطاقة المحصورة ضمن مجالها الجاذبي، سنجد أنها سالبة؛ إن الطاقة الإجمالية للنظام قد تكون في واقع الحال صفراً.

وقد تساءل جوردان، ترى ما الذي يحول دون تحوّل كمي (بحسب مفهوم فيزياء الكم) من الفراغ إلى نجمة بالتمام والكمال؟ فما دامت النجمة لها طاقة تساوي صفراً، فليس هناك إخلال بحفظ الطاقة عندما خُلقت من لا شيء.

---

(18) Stephen Hawking, p. 166.

وفي العام 1973، ذهب إد تريون (Ed Tryon)، من جامعة هنتر (Hunter) في نيويورك، بصورة مستقلة عن تلك النظريات المبكرة حول النجوم، إلى أن الكون برمته ربما خُلق من الفضاء ـ الزمن الخالص. وهنا أيضاً يبدو إمپريقياً أن الطاقة الإجمالية للكون مقاربة للصفر (انتبه، إنها مقاربة هنا، وليست مساوية). فتساءل تريون، ماذا لو خُلق الكون برمته كـ «تموج فراغي»، كقفزة كمية (quantum) من الفراغ إلى كون بالتمام والكمال؟[19]

ويقول كاكو: إن الفيزيائيين الذين مهدوا لنظرية الانتفاخ أخذوا هذه الفكرة حول خلق الكون من لا شيء على محمل الجد، مهما كانت درجة صدقيتها[20].

ولا يتوقف الأمر عند هذا الحد، أي عند نشوء أو خلق الشيء من اللاشيء، بل يتعداه إلى أبعد من ذلك. هناك من يتساءل: من أين جاء الفضاء؟ فكتاب (أسطورة المادة)، المشار إليه آنفاً، يطرح تساؤلات كهذه. وعلى أية حال جاء على الغلاف الخارجي لهذا الكتاب، كتعريف به: «على مدى ثلاثة قرون هيمنت النظرة المادية للعالم على الثقافة والعلم

---

(19) Michio Kaku and Jennifer Thompson, *Beyond Einstein,* p. 189 (Oxford University Press, 1997).

(20) Ibid, p. 189.

العالميين. والآن يوشك عصر المادية على النهاية. في هذه الدراسة الشاملة، يدرس الكاتبان العلميان پول ديڤز وجون غريبين التحول الثوري الذي يسود حالياً التفكير العلمي...».

في كتابهما هذا يؤكدان أولاً، أن الجاذبية هي الزمكان (طبعاً مع إهمال لذكر المادة)؛ وأن الجاذبية هي التي خلقت المادة. وبما أن الزمكان ابن عم اللاشيء، فإن المادة خُلقت من العدم. وبلسانهما: على خلاف القوى الأخرى في الطبيعة، ليست الجاذبية مجالاً موجوداً في الفضاء-الزمن؛ إنها هي الفضاء الزمن. إن النظرية العامة للنسبية (لآينشتاين) تتعامل مع مجال الجاذبية كهندسة صرفة: انبعاجات في الزمكان. وعليه، إذا خلقت الجاذبية المادة فينبغي لنا أن نقول إن الزمكان نفسه خلق المادة. والسؤال المهم الذي سينهض: كيف جاء الفضاء (بكلمة أدق، الفضاء-الزمن) إلى الوجود؟[21].

لعلنا نستطيع أن ندرك لماذا يُطرح هذا السؤال عن أصل الفضاء، لأن نظرية الانفجار الكبير تؤكد على خلق أو نشوء الفضاء بعد لحظة الفرادة، وبالتالي إن تمدد الكون يعني تمدد الفضاء، وليس تمدد المجرات في الفضاء، كما علّمنا روكي

---

(21) Davies and Gibbin, p. 156.

كولب، لكن دون أن يُفلح في إقناعنا على ما يبدو. وعلى أية حال، يقول پول ديڤز و جون غريبين بعد ذلك: إن العديد من الفيزيائيين يحتارون أمام هذا اللغز (كيف جاء الفضاء)، ويفضلون ترك المسألة إلى اللاهوتيين. بيد أن آخرين يرون أننا ينبغي أن نتوقع أن الجاذبية، ومن ثم الزمكان، ينبغي أن يخضع للعامل الكمي (نسبةً إلى ميكانيك الكم) كأي شيء آخر في الطبيعة. وفي تلك الحال، إذا كان الظهور التلقائي للجسيمات نتيجة للمؤثرات الكمية لم يعد يثير استغرابنا، فلماذا لا نقبل بظهور الزمكان[22].

لكن المسألة لا تزال في إطار التخمينات والاجتهادات والتطلعات، بأمل التوصل إلى إيجاد حلول رياضية، ربما شبه مستحيلة، توفق بين الجاذبية وعالم الكم، أي بين العالم الكبير (العياني، بما يشمل المجرات والنجوم والأرض والبشر، إلخ) والعالم الصغير (الذي يشمل الذرة وأجزاءها). ويعترف پول ديڤز وجون غريبين بذلك: «على أن اجتراح تفسير مقبول لهذه السيرورة يتطلب نظرية رياضية ملائمة عن الجاذبية الكمية (أي الجمع بين الجاذبية في نسبية آينشتاين العامة، وقوانين ميكانيك الكم التي تعالج عالم الذرة وأجزائها)، لكن هذه النظرية لم تتوافر حتى الآن. . . لكننا

(22) Ibid, p. 156-7.

نعرف الآن ما يكفي لوضع مخطط عام لبعض المعالم العامة لمثل هذه النظرية المستقبلية، ونرى لماذا برهن تحقيق هذا التركيب النهائي لقوى الكون على أنه لا يزال مسألة رياضية عنيدة»[23].

ولئن كانت البداية من لا شيء، كما يعلمنا هؤلاء الفقهاء الفيزيقيون أو الميتافيزيقيون، فلا بد أن تكون النهاية لا شيء أيضاً: «إن نهاية الكون تُعرف على نطاق عام «بالانكماش الكبير»[24]، أو في بعض الأحيان بنقطة أوميغا (حرف الواو اليوناني، وهو آخر حروف الأبجدية في اللغة اليونانية). إنها أشبه بإعادة شريط الانفجار الكبير إلى الوراء. بدلاً من انبعاث الكون إلى الوجود من لا شيء، إنه يندفع نحو العدم، تاركاً لا شيء. و «لا شيء» هنا يعني، بالحرف الواحد، لا شيء: لا فضاء، لا زمن، ولا مادة»[25]. وهذا يحدث إذا كان الكون مغلقاً، نعني الانكماش. وهو موضوع سنعود إليه في حلقة أخرى عند الحديث عن الكون المغلق، والكون المنفتح.

أقول، يقيناً: إننا نستطيع أن نفهم اللاشيء ـ لغة، ومنطقاً

---

(23) Ibid, p. 157.

(24) وردت بالإنكليزية بصيغة (big crunch)، وتعني بالحرف الواحد: القضمة الكبيرة.

(25) Ibid, 169.

ـ بهذه الصورة، لأنه نفي لكل شيء، بما في ذلك الفضاء، والزمن. لكن كيف يملك أحد، مهما أوتي من قوة أو قوى الإقناع، أن يُدخل في روعنا أن الفضاء، ناهيكم عن الزمن، ما كان له وجود يوماً ما، ثم وُجد ليدوم حضوره دهوراً لا يُعرف أمدها أو أمداؤها، وليُكتب له الفناء في آخر المطاف؟... وسيبقى من حقنا، أيضاً، أن نتساءل عن طبيعة ذلك الوعاء الذي شغله الفضاء يوماً ما، وهل سيتبخر عند تبخر الفضاء؟ يخيل إلينا أن هذا المنطق يستعصي هضمه على الفيزياء والميتافيزياء على حد سواء.

... لقد حضر الكاتب في الشؤون العلمية جون هورغان (John Horgan) ندوة عقدت في السويد في العام 1990 تحت عنوان «مولد كوننا وتطوره في المراحل المبكرة»، وحضرها زهاء ثلاثين عالماً متخصصاً بالفيزياء الجسيمية، وعلماء فلك من كل أنحاء العالم. وعلق هورغان قائلاً:

«إن ما كان يقوله (ستيفن هوكنغ، صاحب كتاب «موجز تأريخ الزمن») صعقني كشيء مُحال. ثقوب دودية؟ أكوان رضيعة (baby universes)؟ نظرية أوتار ذات أبعاد فضائية فائقة لانهائية؟ إن هذا يبدو أقرب إلى القصص العلمية الخيالية منه إلى العلم»(*).

(*) من المفيد هنا أن نقدم تعريفاً بالثقوب الدودية، التي بات بعض علماء الكونيات يتحدثون عنها في الآونة الأخيرة.

الثقب الدودي: بنية نظرية في الفضاء ـ الزمن تجسّر بين كونين. لقد

ويواصل هورغان حديثه: «لقد نشأ لديّ نفس الانطباع عن المؤتمر برمته. بضعة أحاديث ـ تلك التي ناقش فيها علماء فلك ما التقطوه من أرصادهم التلسكوبية وآلاتهم الأخرى ـ كان لها تماس بالواقع. كانت هذه الجانبَ الامپريقي من العلم. بيد أن العديد من المواد المقدمة كان يعالج مواضيع لا صلة لها بالواقع بشكل محزن، ولا يخضع إلى أي اختبار إمپريقي ممكن. ماذا كان حال الكون عندما كان حجمه بحجم كرة السلة، أو حبة البازلاء، أو البروتون، أو وتر

= أظهرت الحسابات السابقة في فيزياء الثقوب السود أن مثل هذه الأبنية قد تكون موجودة كنتيجة لتشوّهٍ حاد في الفضاء ـ الزمن. وبوسع المادة الساقطة في ثقب أسود في أحد الأكوان أن تظهر خارجة من ثقب أبيض في كون آخر. ويُعتقد الآن أن مثل هذه الصلات لا تحدث وأن الثقوب البيض، التي تُنتج المادة تلقائياً، لا وجود لها. (عن قاموس أوكسفورد العلمي).

أما الثقب الأسود: فهو منطقة تكون فيها المادة مكثفة إلى درجة، وبالتالي الجاذبية قوية إلى درجة، بحيث أن أي شيء ـ حتى الضوء ـ لا يستطيع الإفلات منها. ويُعتقد أن الثقب الأسود يتشكل نتيجة لانهيار كارثي للمادة. وهذه المادة يمكن أن تكون على شكل نجمة هائلة. وهناك حدود لحجم مثل هذه النجوم المعرضة للانهيار وتكوين ثقب أسود، حين تزيد على أربعة أضعاف حجم شمسنا، عندما تبلغ نهاية عمرها ولم تعد قادرة على تحمل مجالها الجاذبي الشديد. وهناك حالات أخرى تحدث فيها ثقوب سود، هي في مركز المجرات الكبرى، حيث يشكل نحو مئة مليون نجمة ثقباً أسود هائلاً.

فائق الصغر؟ ما هو تأثير الأكوان الأخرى على كوننا الذي يرتبط بها بثقوب دودية (worm holes)؟ كان هناك شيء يدعوك إلى الإعجاب الكبير والإشفاق أيضاً على هؤلاء الرجال الناضجين (لم تكن هناك امرأة بينهم) الذين كانوا يتخاصمون حول هذه الأشياء»[26].

وفي الوقت الذي نرى بعض علماء الفيزياء يتعاملون مع الأشياء المادية ككيانات لاشيئية، فإن بعضهم الآخر يفعل العكس، أي أنه يتعامل مع الشيء المجرد ـ كالفضاء ـ كمادة. فپول ديڤز لا يعتقد، مثلاً، بأن هناك وسيلة تجعله يكون على ثقة بأن محدثه، الذي طرح عليه سؤالاً، موجوداً. قال پول ديڤز لمحدثه: «لأنه، كما نعرف نحن جميعاً، لا توجد حتى وسيلة تجعلني على ثقة بأنك موجود»[27].

وهذا ربما كان منسجماً مع نظرته إلى الصخرة التي تحدث عنها تحت عنوان (الطبيعي هو اللاطبيعي) في كتابه (Super force): إن الغموض السريالي الذي تطرحه الفيزياء الجديدة يتجلى على وجه الخصوص في المادة. إن الكيان الواضح، لصخرة على سبيل المثال، يؤكد لنا الوجود العياني الصلب

---

(26) John Horgan, *The End of Science,* p. 93 (Abacus, 1998).

(27) *Physics and Our Veiw of the World,* ed. Jan Hilgevoord (Cambridge University Press, 1995).

للأشياء في العالم الخارجي. ومع هذا فإن إمعان النظر الدقيق فيها ينسف التصور المألوف. فتحت المجهر الاعتيادي تبدو مادة الصخرة عبارة عن كتلة من البلورات المتشابكة. وتحت المجهر الألكتروني نستطيع أن نرى الذرات بحد ذاتها، مرتبة في نسق منتظم تتخللها فجوات كبيرة. ولدى سبر غور الذرات نفسها، نجدها عبارة عن فراغٍ خالٍ تقريباً. هناك نواتات ضئيلة تشغل الواحدة منها مجرد واحد على عشرة مرفوعة إلى الأس 12 من حجم الذرة. أما الباقي فتشغله سحابة من الكترونات شبحية، غير مستقرة على حال، ونقاط ضئيلة من الصلادة تحوم في أوقيانوسات من الفراغ. وحتى النواة، تحت الفحص الأكثر دقة، تتكشف عن حزم نابضة من الجسيمات سريعة الزوال. إن هذه الكتلة الظاهرية من المادة هي في حقيقتها أشكال من الطاقة الكمية المتذبذبة[28].

نحن لا نرى أنفسنا مؤهلين لمناقشة العالم پول ديڤز في المواضيع الفيزيائية والتقنية. فهو هنا إبن بجدتها. لكننا نشعر بأن من حقنا أن نتساءل إذا بدا لنا أن هناك تلاعباً، حتى في الأفكار العلمية، بما يخدم غرضاً معيناً (فالأغراض الفلسفية وحتى الأيديولوجية لا تخلو منها الساحة العلمية). فقد

---

(28) Paul Davis, *Super force* (New York: Simon and Schuster, 1984).

تحدث هنا پول ديفز عن الصخرة، وكأنها شبح مضلل، لأنها ليست سوى جزيئات أو ذرات ضئيلة من المادة تسبح في فراغات هائلة جداً. ولئن كان هذا صحيحاً، فهو لا يلغي «ماديتها» بأي شكل من الأشكال، لأن المادة، والطاقة، والمجال، والقوة، إلخ، متداخلة في مفاهيمها، من خلال تفاعلها مع بعضها البعض، وتحوّل كل منها من حالة إلى أخرى. وفي كافة الأحوال، نحن نعرف أن الألكترونات (المحيطة بنواة الذرة) هي التي تلعب دوراً في بنية المادة. إن التفاعل بين الألكترونات هو الذي يحدد طبيعة المادة. إن صلابة الطاولة يعود إلى طريقة تفاعل محتوياتها من الألكترونات بعضها مع البعض الآخر. أما نوى الذرات التي تتألف منها الطاولة فلا تتقارب مع بعضها لتكوّن قوى ذات أهمية. إن الألكترونات هي التي تشدّ الذرات إلى بعضها البعض الآخر. كما أنّ خواص السوائل يمكن تفسيرها بواسطة التفاعل بين الذرات: في هذه الحالة، لا تشكل الألكترونات روابط (وَصلات) ثابتة؛ بل على العكس من ذلك، إنها تتزحلق فيما بينها. بمعنى أن مادية الأشياء، وحالاتها (صلبة كانت، أم سائلة، أم غازية) تتوقف على طريقة تماسك الألكترونات نفسها. ونحسب أن الألكترونات أشياء وليست لا أشياء.

على العكس من ذلك يُضفى على الفضاء، مثلاً، مفهوم

مادي، ويُتعامل معه كمادة، تنحني، وتنبعج، وتتغضن. وهذا يرتبط أيضاً، كما نحسب، بالفكرة القائلة بانحناء الفضاء، حيث يُعطى للفضاء سطح (خارجي). نحن نفهم أن السطوح، على اختلاف أشكالها، سواء كانت مستوية، أم مقعرة، أم محدبة، هي الحدود الخارجية لأجسام وأشكال مادية. فكيف يكون للفضاء سطح خارجي؟ إن الهندسات الأخرى، اللاإقليدية، تبقى في ما نحسب، هندسات أشكال مادية، كسطح الكرة، أو سطح السرج؛ أما أن نتصور أن الفضاء له غلاف كسطح الكرة، أو كسطح السرج، فهذا ما يبدو عصياً على فهمنا.

ونجدنا في حيرة أمام التفاسير المطروحة عن الجاذبية. فنظرية النسبية، وإن كانت تتحدث عن المجال، إلاّ أنها تعطي مفهوماً هندسياً للجاذبية، حين تؤكد انبعاج الفضاء بالأجرام السماوية، كما سبقت الإشارة إلى ذلك. بيد أن القائلين بنظرية الأوتار يتوسعون في هذا المفهوم مركزين على فكرة المجال الذي يتكون بواسطة هذه الأوتار الدقيقة جداً، التي يتكون منها الفضاء، حسب رأيهم. وبمقتضى نظرية الأوتار، ليست محتويات الكون الأولية جسيمات دقيقة، بل هي خيوط دقيقة جداً، وذات بُعد واحد، أشبه ـ إلى حد ما ـ بأشرطة مطاطية متناهية الدقة، تتذبذب إلى الأمام وإلى الوراء. وتقول هذه النظرية: إن الأوتار مقومات مجهرية فائقة

الصغر تتكون منها الجسيمات الدقيقة التي منها تتكون الذرات. إن أوتار نظرية الأوتار من الصغر بحيث تبدو أشبه بنقطة حتى عند مشاهدتها بأدق الأجهزة المتيسرة (هذا إذا أمكن مشاهدتها). ويذهب أصحاب هذه النظرية إلى الزعم بأن طول الوتر أصغر بمقدار مئة بليون بليون من نواة الذرة!

وكما أن المجال الكهرومغناطيسي، كالضوء الذي نرى الأشياء بواسطته، يتألف من عدد هائل من الفوتونات (الوحدات الضوئية)، كذلك مجال الجاذبية يتألف من عدد هائل من الغراڤيتونات (Gravitons) (الوحدات الجاذبة) أي من عدد هائل من الأتار التي تنفّذ مخطط الغراڤيتونات المتذبذبة. ويقول أصحاب نظرية الأوتار إن مجالات الجاذبية مشفّرة في انبعاج النسج الزمكاني. ومن ثم يتعين علينا أن نعتبر النسيج الزمكاني نفسه مؤلفاً من عدد هائل من الأوتار كلها ترسم، بانتظام، مخططات الذبذبات الغراڤيتونية. وبلغة المجال، إن ترتيباً منظماً هائلاً كهذا من الأوتار المتذبذبة بصورة متماثلة يُعرف بـ «حالة من الأوتار الملتحمة». إنها صورة شعرية بالأحرى ـ أوتار نظرية الأوتار كخيوط نسيج الزمكان ـ بيد أن علينا أن ننتبه إلى أن معناها الدقيق ينبغي أن يتم التوصل إليه بصورة كاملة، كما يقول بريان غرين.

مع ذلك، فإن تفسير النسيج الزمكاني بهذه الصورة، التي هي على شاكلة درز الأوتار، تقودنا إلى التأمل في السؤال

التالي: إن قطعة نسيج اعتيادية هي نتاج لحياكة خيوط منفردة، أي المادة الخام للأنسجة المعروفة. وعلى غرار ذلك، بوسعنا أن نسأل أنفسنا، كما يقول بريان غرين، فيما إذا وُجد سلف خام للنسيج الزمكاني، شكل لأوتار النسيج الكوني لم يلتحم بعد في صورة منتظمة كما نتبينها كزمكان... على أنه في الحالة الخام، قبل أن تمارس الأوتار، التي تشكل النسيج الكوني، الرقص الذبذبي المتلاحم والمنتظم، لم يتحقق الفضاء أو الزمن. وحتى لغتنا هذه تبدو، كما يقول بريان غرين، غير ملائمة للتعبير عن هذه الأفكار، ذلك أنه، في الواقع، لم تكن هناك حتى فكرة القبْل. ففي إطار ما، يبدو كأن الأوتار المنفردة هي «كِسر» (shards) في الفضاء-الزمن، وعندما تمر بمرحلة التذبذبات التوافقية فقط تنبثق صورة الفضاء والزمن.

ويشبّه بريان غرين مسرح الأوتار الزمكاني باللوحة الخالية التي يبدأ بها الفنان عمله: نحن نتوقع من نظرية الأوتار أن تخلق مسرحها الزمكاني مبتدئة من شكل لا فضائي ولا زماني. أما ما هو هذا الشكل اللافضائي واللازماني، فعلمه عند المنجّم.

ومع ذلك، فإن أملنا هو أنه من نقطة البداية الأردوازية[29]

(29) الأردواز: صخر يسهل قطعه إلى ألواح تُكسى بها السقوف أو تصطنع للكتابة.

هذه ـ ربما في حقبة وُجدت قبل الانفجار الكبير أو السابقة حتى لهذه (إذا كان بمستطاعنا استعمال مصطلحات زمنية، وذلك لافتقارنا إلى أي إطار لغوي آخر) ـ ستفسر النظرية الكون الذي نشأ على شكل انبثقت فيه خلفية من الأوتار المتذبذبة، مفضية إلى فكرتي الفضاء والزمن. إن هيكلاً كهذا، لدى تحققه، سيبين أن الفضاء، والزمن، وكذلك البعد ليست عناصر أساسية لتحديد هوية الكون. إنها، بالأحرى، أفكار ملائمة تنبثق من حالة أكثر جوهرية، وأولية»[30].

لكننا نود أن ننهي هذه الحلقة من غرائب علم الفلك الحديث بتنويعات أخرى على قصة نشوء الكون، التي بدأناها بتصورات پيتر أتكنز وهباءته. وسنعرض هنا بعض ما جادت به قرائح بعض العلماء السوڤيات السابقين، ممن كانوا يمثلون التيار «الأكثر انفتاحاً»:

يتساءل إيغور نوڤيكوف (Igor Novikov) في كتابه (نهر الزمن) المترجم من الروسية إلى الانكليزية: ماذا كان هناك قبل (لحظة) الفرادة؟ هل كانت المادة برمتها مضغوطة سابقاً، وهل كان الزمن الاعتيادي يتك؟ يقول نوڤيكوف: «نحن لا نزال نجهل الجواب النهائي لهذين السؤالين. على أن معظم

---

(30) Brian Greene, *The Elegant Universe,* p 378-379 (Vintage, 1999).
انظر كتابنا: الثورة العلمية الحديثة.

الاختصاصيين يرون، على أية حال، أنه لم يكن ثمة طور إنضغاطي، وأن (لحظة) الفرادة الكونية (أي لحظة الانفجار الكبير) كانت مصدر النهر الزمني على غرار ما تُعتبر فرادة الثقب الأسود بالوعة لـ «الجداول (بمعنى النهيرات) الزمنية». وهذا يعني أن الزمن في (لحظة) الفرادة الكونية تحلل أيضاً إلى كمّات (quanta) جمع (quantum) أي الكم، ومن ثم فإن السؤال «ماذا كان قبل الفرادة؟» يصبح لا معنى له. وها هو ـ نوڤيكوف ـ يلتقي أيضاً مع بول ديڤز في لحظة نشوء الزمن.

ثم يؤكد نوڤيكوف أن الكثير في هذا الحقل يبقى غير أكيد. ومن المحتمل أن شيئاً أشبه بـ «رغوة» الكم (quantum) الزمكاني وُجد تقريباً من الفرادة، في القياسات الفضائية والزمنية المشار إليها آنفاً (لعل المقصود بذلك المقاييس المجهرية، أي الدقيقة جداً)؛ ويقول الفيزيائيون إن الفضاء والزمن خضعا إلى تموجات كمية (quantum fluctuations). لقد نشأت عوالم مغلقة «افتراضية» دقيقة، وثقوب افتراضية سوداء وبيضاء، ثم اختفت على الفور. إن هذا «الغليان» الزمكاني يشبه في إطارٍ ما خلق وإفناء الجسيمات الافتراضية (التي سبق الحديث عنها).

وفي مثل هذه الحالات من الطاقة العالية في نطاق فضائي صغير جداً (مجهري)، قد يكون للفضاء أكثر من ثلاثة أبعاد. وهذه الأبعاد تبقى «ملفوفة» و «مدمّجة»، في حين أن الكون

في الأبعاد الفضائية الثلاثية، يتمدد ويتحول إلى ما نعرفه بـ «كوننا».

هذا هو مسلسل المسائل التي اجتذبت إليها بشدة العالم السوفياتي المعروف أندريه ساخاروف في النصف الأول من ثمانينيات القرن العشرين. فناقش ساخاروف إمكانية نشوء الكون بواسطة السيرورات الكمية (quantum processes) من حالات مادية غريبة لم يكن للزمن فيها بُعد واحد (كما في كوننا الحالي) بل إثنان، ثلاثة، إلخ (أي أن الزمن كان له «طول»، و «عرض»، و «ارتفاع»، . . .)، وحتى من حالات كان لها فضاء فقط (ذو أبعاد أكثر من ثلاثة) بدون زمن. (هل نضع علامة تعجب، أم أننا لم نعد بحاجة إليها؟).

وافترض ساخاروف أيضاً أن الزمن، في مناطق فائقة الصغر في كوننا الحالي مما يمكن اختبارها فقط بواسطة الجسيمات ذوات الطاقة الفائقة (أبعد بكثير من حدود أيّ من المعجلات «المتيسرة حالياً») له عدة أبعاد ويوجد بصورة «مفتولة» في جدائل مدمّجة بصورة فائقة جداً؛ وهذه «الجدائل» تُظهر نفسها في خواص متميزة جداً لجسيمات أولية[31].

---

(31) Igor D. Novikov, *The River of Time,* p 196-197 (Cambridge University Press, 1998).

وهذا لا ينبغي أن ينتقص من المنزلة العلمية لساخاروف كواحد من أكبر علماء الفيزياء في القرن العشرين.

وبعد، هذه أمثلة على الفيزياء النظرية والفيزياء الفلكية في أيامنا هذه، التي يُردّ فيها الاعتبار - بقوة - للأفكار الميتافيزيقية - الأكثر لا عقلانية، حتى في الميادين العلمية، وعلى وجه الخصوص في الفيزياء، والفيزياء الفلكية، وعلم الكونيات. وتُفرض في الساحة العلمية دكتاتورية ما يسمى بالنماذج القياسية (standard models)، وتهمش الأفكار والنماذج الأخرى.

الفصل الثالث

الصراع على نظرية بدايات الكون

«من المستحيل أن يكون الانفجار الكبير غير صحيح»

جوزيف سِلْك، 1988

«يسقط الانفجار الكبير»

افتتاحية مجلة Nature، 1989

حلقة مفرغة؟

إنها أشبه بدوران الكلب حول نفسه ليلحق بذيله: في البدء ينطلقون من مقدمات منطقية، قد تكون صحيحة أو قد لا تكون صحيحة. لكنها مقدمات منطقية على أية حال. ثم يقفزون من هذه المقدمات إلى نتائج، نتائج خطيرة، تعتمدها

المؤسسة العلمية ومعظم الجالية العلمية. بعد ذلك، تصبح هذه النتيجة المنطقية مقدمة منطقية لأدلة يراد بها إثبات صحة النتيجة المنطقية إياها. وهكذا، سنجدنا بإزاء نظرية هي نتيجة منطقية لمقدمة أو مقدمات منطقية قد لا تكون لها علاقة بالنتيجة المنطقية؛ ثم لا تلبث هذه النتيجة المنطقية أن تصبح مقدمة منطقية لنتائج منطقية أخرى لتأتي في ناصر هذه النظرية.

هذا ما حدث ويحدث مع نظرية الانفجار الكبير (Big Bang)، التي كانت في البدء نتيجة منطقية لمقدمة منطقية، هي انزياح طيف المجرات نحو الأحمر[1]، الذي اتُّخِذَ دليلاً على تباعد المجرات. وهو استنتاج لا يمكن اعتباره قاطعاً. ثم أصبحت نظرية الانفجار الكبير مقدمة منطقية لهروب المجرات[2].

شهادات

«أتُراكَ في حيص بيص مع كل هذه النظريات؟ حسنٌ، حاول أن تخرج برأي من علم الكونيات الحديث... إنه عصر مثير بالنسبة لعلماء الكونيات: الاكتشافات تترى،

---

(1) أنظر الملحق.

(2) بوسع القارىء الرجوع إلى (تعريف ببعض المفردات العلمية) في آخر المقال، متى وجد الحاجة إلى ذلك.

والآراء تمور، والأبحاث لاختبار هذه الأفكار قائمة على قدم وساق. لكنه عصر مربك أيضاً. ذلك أن كل الآراء المطروحة قد لا تكون صحيحة؛ بل أنها ليست متماسكة بعضها مع البعض الآخر. فكيف يسع المرء أن يحكم بشأنها؟».

بهذه الكلمات استهل العالِم الأميركي المعروف جيمس پيبلز (James Peebles)، افتتاحية الملف الخاص المكرس لعلمي الفلك والكونيات من مجلة «ساينتفك أميركان» (العدد 12، سنة 2002). وهذه الشهادة وغيرها، جعلت متابعاً للشؤون العلمية، مثلي، أكثر ضياعاً وبلبلة، وأقل ثقة بما يطرح في الساحة. وما يطرح الآن في الساحة من نظريات حول أصل الكون يكاد يكون وحيد الجانب، يتبنى نظرية معينة، ويهمل أو يهمش سواها من البدائل. فرغم ما جاء على لسان البروفسور جيمس پيبلز من أن الآراء المطروحة كلها قد لا تكون صحيحة، إلا أنه يؤكد بعد بضعة أسطر قائلاً: «أنت لا تزال تسمع عن اختلافات بين الآراء في علم الكونيات، لكنك ينبغي أن تكون على ثقة بأنها تتعلق بالإضافات إلى الجزء المتين (منه)». وهذا يترك قارئاً مثلي في وضع أكثر بلبلة، وأقل ثقة حتى بما يقوله هذا العالِم الجليل. فإذا كان الخلاف مقتصراً على الجزئيات والتفاصيل، فمعنى ذلك أن «النظرية الأساسية» صحيحة. والنظرية الأساسية هنا هي الانفجار الكبير (Big Bang)، المعتَمَدة الآن حول تفسير أصل الكون، مع أن هناك علماء لا يؤمنون

بصحتها، لأنها تتحدى الفطرة السليمة في توكيدها أن الكون نشأ قبل زهاء 15 بليون سنة من هباءة بحجم الصفر أو تكاد، من لا زمن ولا فضاء، ثم وُجد الزمن والفضاء بعد ذلك، واستمر الأول في الجريان حتى هذه اللحظة، وتمدد الثاني من فضاء صفر إلى هذا الفضاء الكوني الذي نشهده. بمعنى أن الفضاء، هو الآخر، يولد وينمو ويفنى أو يتبخر. (وماذا سيبقى؟).

ثم كيف يسع أيَّ قارىء أو متابع أن يطمئن إلى حقيقة ما يطرح في الساحة بعد أن يقرأ لجيمس پيبلز نفسه ما يلي، أيضاً: «كيف يكون بوسع المرء الحكم على تقارير الإعلام عن التطور في علم الكونيات؟ أنا لا أشعر بالارتياح حول المقالات القائمة على حوار مع شخص واحد فقط. إن البحث مهمة معقدة وشائكة. فحتى أكثر العلماء خبرة يجد من الصعوبة أن يضع الأمور في نصابها الصحيح. كيف لي أن أعرف أن هذا الشخص أحسنَ صنيعاً؟ إن جالية كاملة من العلماء يمكن أن تتجه وجهة خاطئة، مع أن ذلك أقل احتمالاً». وفي هذا الإطار وصف العالِم الفلكي الأميركي صاموئيل پيرپونت لانغلي (Samuel Pierpont Langley) الجالية العلمية ـ في سنة 1889 ـ بأنها «قطيع من الكلاب... حيث يجتذب من كان نباحه عالياً الكثيرين لأن يتبعوه في طريق الضلال والصواب على حد سواء، وغالباً ما يسعى القطيع برمته وراء الرائحة الخادعة».

وهذه شهادة أخرى من عالم آخر معروف أيضاً، وهو من المؤمنين بنظرية الانفجار الكبير، وليس من «النعاج الضالة»، نعني به تشارلس لاينويفر (Charles Lineweaver):

«إن أكبر الجوائز جميعاً قد تكون شيئاً غير متوقع. إننا نعلم أن نموذجنا عن الكون ليس تاماً في نطاقه الواسع، وإنه يتعطل كلما اقتربنا من الانفجار الكبير. وإنه ليبدو محتملاً جداً أن نموذجنا خاطئ بصورة أساسية غير متوقعة. قد ينطوي على أكذوبة كبيرة في مفهومنا (كما حدث مرات عديدة في الماضي). وقد يجعلنا انعطاف حاد غير متوقع في المعلومات نغير رأينا ونعيد النظر في وجهة نظرنا عن الكون على أوسع نطاق (. . .) إن هذا بحق هو العصر الذهبي لعلم الكونيات. بيد أن علينا أن نكون حذرين: «إن تأريخ علم الكونيات يؤكد لنا أن العلماء يؤمنون في كل عصر بأنهم اكتشفوا أخيراً الطبيعة الحقيقية للكون»، كما يقول هاريسون في (الكوزمولوجيا)».

على أننا في هذه الحلقة سنكرس حديثنا لنظرية الانفجار الكبير (Big Bang)، لأنها هي المعتمدة حالياً، ولأن مصادر علمي الفلك والكوزمولوجيا تتحدث عنها كأنها حقيقة مفروغ منها.

* * *

حكاية الانفجار الكبير ملحمة هائلة في أبعادها، تروي قصة نشوء الكون من لحظة الصفر، قبل زهاء (15) بليون سنة، كما تزعم النظرية، إلى أن يتبدد وينطفىء كل شيء في الكون في أوقيانوس من فضاء لا حدّ له، حسب آخر سيناريو، بعد أن كانت هذه النظرية تؤكد، إلى ما قبل بضع سنوات، انكماش الكون وعودته إلى نقطة الصفر مجدداً. أما الحالة التي كان عليها الكون في نقطة الصفر هذه وقبلها فليست معروفة، ولا تدخل هذه النظرية في تفاصيلها.

بمقتضى هذه النظرية، كان الكون ـ في البدء ـ ساخناً جداً، وكثيفاً جداً، وربما غير منتظم إلى حد كبير. لكن الانتظام بدأ يحل محل اللاانتظام بالتدريج. وبعد دقائق من الانفجار الكبير، حصلت تفاعلات نووية؛ ويُفترض أن كل الهيليوم في الكون (وهو العنصر الثاني في الجدول الدوري، بعد الهايدروجين) تم تركيبه في تلك الفترة. ومع تمدد الكون، أخذ يبرد. وعندما بردت المادة في الكون، تكثفت على هيئة مجرات، استناداً إلى نظرية الانفجار الكبير. ثم تشظت المجرات إلى نجوم وتجمعت سوية لتشكل تجمعات هائلة عبر مناطق شاسعة من الفضاء. وبعد أن وُلد الجيل الأول من النجوم وفني، تم بالتدريج تركيب العناصر الثقيلة، كالكاربون، والأوكسجين، والسليكون، والحديد. وعندما تحولت بعض النجوم إلى عمالقة حمراء، قذفت (لفظت) مادة تكثفت إلى حبيبات غبارية. وتكونت نجوم جديدة من غيوم

الغاز والغبار. في أحد هذه السُدم على الأقل، انهار الغبار البارد وأصبح قرصاً رقيقاً يحيط بالنجمة. ثم التصقت حبيبات الغبار مع بعضها البعض الآخر وتجمعت على هيئة كتل أكبر أخذت تنمو حجماً بفعل تجاذبها، مشكّلة مجموعة من الأجرام، تتراوح بين الكويكبات والكواكب الضخمة، التي تشكل المنظومة الشمسية. ونحن نعرف الآن أن هناك عدة نجوم تشكلت حولها كواكب. وهذه المعلومات تعزز وجهة النظر القائلة بأننا لسنا وحيدين (كمنظومة كواكب على الأقل) في الكون.

هذه قصة الانفجار الكبير بإيجاز شديد. أما تفصيلاً، فقد مرت بالمراحل الآتية:

منشأ نظرية الانفجار الكبير

في العام 1917 طرح آينشتاين فكرته عن كون محدود وثابت. ولكنه سرعان ما اكتشف عيوب هذه الفكرة. ذلك أن كوناً ثابتاً ومغلقاً لا يمكن أن يبقى ثابتاً، لأن جاذبيته ستسبب انهياره. وهذه المشكلة لا تخص نظريته وحدها، بل تنسحب على أية نظرية عن الجاذبية، بما في ذلك نظرية نيوتن. وكما أشار الشاعر إدغار ألن پو (Poe) قبل آينشتاين بسبعين عاماً، إلى أنه ما لم يتحرك أي جسم مادي حركة دورانية، فإنه سيتهاوى بفعل جاذبيته: ذلك أن الدوران وحده من شأنه أن

يحافظ على ثبات الأجسام، كالمجرة والمنظومة الشمسية. بيد أن آينشتاين شجب فكرة دوران الكون على أسس فلسفية. أولاً، لأنه كان يعتقد بأن الدوران نفسه نسبي، شأن كل الحركات الأخرى، ولا يمكن أن يدور الكون بالنسبة إلى أي شيء آخر. ثانياً، يفترض الدوران وجود محور مركزي، ومثل هذا المحور سيكون له اتجاه واضح في الفضاء، مختلف عن أي شيء آخر. وهذا يأتي متعارضاً مع اعتقاده بأن الفضاء هو نفسه في كل مكان وبأي اتجاه. ثالثاً، كان آينشتاين يعتقد بأن معادلاته تفترض وجود كون مغلق. وإن كوناً بمثل هذا المجال الهائل من الجاذبية لا يكون ثابتاً بواسطة الدوران، حتى لو كان يدور بسرعة الضوء (التي يُفترض أنها أقصى سرعة في الكون).

ولربما فكر آينشتاين بأن شيئاً ما لا بد أن يحول دون انهيار الكون، شيئاً أشبه بالقوة الطاردة عن المركز، وليس دوراناً اعتيادياً. وهذه القوة لا بد أن تتزايد مع المسافة: لم تشاهد على الأرض أو المنظومة الشمسية، إلا أنها ينبغي أن تكون شديدة إلى درجة أنها في المسافات الكونية ينبغي أن تقاوم الجاذبية. لذلك أضاف ـ آينشتاين ـ عاملاً جديداً إلى معادلاته عن الجاذبية، «الثابت الكوني»، وهو بمثابة قوة منفرة تتزايد شدتها بصورة متناسبة مع المسافة بين شيئين، مثلما تزداد القوة الطاردة عن المركز لجسم دائر بصورة متناسبة مع نصف قطره. واعتقد آينشتاين بأن هذه القوة تفعل

فعلها في جميع الاتجاهات بصورة متساوية، كالجاذبية، لذلك لا تُخلّ بتناظر الكون.

وفي العام 1924 غيرت الصورةَ أرصادٌ فلكية جديدة. فمنذ عقدٍ من السنين كان الفلكيون يحاولون قياس أطياف النجوم في المجـرات القريبة. وفي جميع الحالات تقريباً، كانت الأطياف تنزاح قليلاً باتجاه اللون الأحمر (من المعلوم أن طيف أي ضوء يبدأ بالأحمر، فالبرتقالي، فالأصفر فالأخضر، فالأزرق، فالنيلي، ثم ينتهي بالبنفسجي). كان العلماء يرون أن أبسط تفسير لهذه الانزياحات نحو الأحمر هو أن المجرات تبتعد، مزيحة تردد الضوء إلى الأحمر (وهذا يُشبه الظاهرة التي تجعل درجة صفير القاطرة ترتفع عند اقترابها، وتنخفض عند ابتعادها). وبدا هذا غريباً، فبدلاً من أن تتحرك المجرات بصورة اعتباطية، نراها تبتعد عن بعضها البعض الآخر، وعنا.

في العام 1924 قدم (Carl Wirtz)، الفلكي الألماني، أربعين نموذجاً من أرصاده، وأكد: كلما كانت المجرة أَخْفَتَ ضوءً كان انزياحها نحو الأحمر أعلى، وبالتالي أسرع في تباعدها. فإذا افترضنا أن المجرات الأكثر خفوتاً تكون أبعد، فإن السرعة تزداد مع المسافة. لكن هذا الاستنتاج لم يكن قاطعاً، لأن مسافات المجرات لم تعرف بدقة. بيد أن العالم الفلكي الأميركي أدوين هَبُلْ (Edwin Hubble) ومساعده ملتون هيوميسون (Milton Humason) قاما بتدقيق نتائج (Wirtz).

وكان هَبُلْ قد توصل إلى طريقة جديدة لقياس مسافات المجرات، تستند إلى لمعان بعض النجوم الغريبة التي تدعى متغيرات سيفيد (Cepheid variables). وسرعان ما شاع بين الجالية الفلكية أن أرقام هَبُلْ تؤكد العلاقة بين الانزياح نحو الأحمر والمسافة.

وكانت هذه الأنباء موضوع اهتمام القس البلجيكي الشاب المؤمن بنسبية آينشتاين، جورج ـ هنري لوميتر (Lemaître). وفي العام 1927 تقدم لوميتر بنظرية كونية جديدة. فبعد دراسة معادلات آينشتاين، وجد، مثلما وجد آخرون قبله، أن الحل الذي تقدم به آينشتاين لم يكن قاطعاً؛ ذلك أن أي تمدد طفيف سيسبب زيادة في القوة المنفرة وضعفاً في الجاذبية، مفضياً إلى تمدد لا حدود له، أو أن أي تقلص طفيف سيؤدي، بالعكس، إلى الانهيار. وقد توصل لوميتر بصورة مستقلة إلى النتائج التي توصل إليها قبل ذلك بخمس سنوات العالِم الرياضي السوفياتي الكساندر فريدمان (Friedman)، التي أظهرت أن كون آينشتاين ما هو إلاّ حل واحد فقط من بين كوزمولوجيات لا نهاية لها ممكنة، بعضها متمددة، وبعضها متقلصة، متوقفة على قيمة الثابت الكوني و «الأحوال الأولى» للكون.

بعد أن قارن لوميتر بين هذه النتيجة الرياضية وأرصاد (Wirtz) و (Hubble) (غير النهائية)، توصل إلى أن الكون ككل ينبغي أن يكون في حالة تمدد، دافعاً المجرات بعيداً

بعضها عن البعض الآخر. ونشر فرضيته هذه، التي تؤكد على تمدد الكون، في العام 1927 في نشرة علمية غير معروفة على نطاق واسع. ولم تُعرف فرضيته هذه وفرضيات فريدمان إلا بعد عامين، حيث تم الاعتراف بها على نطاق واسع. وفي هذا الوقت، العام 1929، كان هَبُلْ قد نشر النتائج الأولى عن الانزياح نحو الأحمر، التي تعزز، على ما يبدو، فكرة لوميتر عن الكون المتمدد.

مع ذلك، لم يكن هذا ذا علاقة بالانفجار الكبير. فمعادلات نظرية النسبية العامة المشتقة على يد فريدمان ومن ثم لوميتر لم تبين سوى أن هناك عدة حلول تُفضي إلى تمدد كوني. وبعض هذه الحلول يمكن أن يتمخض عن حالة «فرادة» (singularity)، أي حالة انهيار، أو تمدد إلى كونٍ نصف قطره صفر. إذا كانت الجاذبية شديدة، فإن الكون كثيف، وإذا كانت قوة الدفع ضعيفة، فإن الكون سيتهاوى؛ أما إذا كان العكس صحيحاً، فإن الكون سيتمدد إلى الخارج من نقطة. أما إذا كانت كلتا القوتين شديدتين، فلن تكون هناك حالة فرادة: سيكون الكون منفرجاً من حالة مقاربة لتوازن آينشتاين، مبتعداً أسرع فأسرع مع مرور الزمن؛ أو أنه يمكن أن يتقلص من نصف قطر كبير لانهائي من ماضٍ لانهائي إلى نصف قطر أصغر، وربما يبقى كبيراً جداً أيضاً، ثم يعود فيتمدد ثانية. إن هذه الحلول اللافرادية (non singular) تفترض كوناً عمره لانهائي. وفي الواقع ليست كل

الحلول الممكنة محدودةً فضائياً، وكراتٍ مغلقة، كما تصور آينشتاين. فبعضها لانهائي في مداه الفضائي. ومع ذلك، إن أي حل ممكن يبقى محدوداً بشكل ما، إما زمنياً من حيث الأصل، أو في كونه مغلقاً فضائياً، أو كليهما.

وعلى أية حال، إن ما تذهب إليه نظرية النسبية العامة لآينشتاين هو أن هناك قوة منفرة، مجهولة الأصل، تقاوم الجاذبية وتجعل الكون يتمدد، كما تؤكد معطيات هَبُلْ.

وفي العام 1928 أعاد السير جيمس جينز (James Jeanes)، الذي كان أحد أبرز علماء الفلك في تلك الفترة، إلى الأذهان أفكار بولتسمان القديمة حول مصير الكون. لقد أكد جينز، هو الآخر، على أن القانون الثاني للديناميكا الحرارية يرينا كيف أن الكون لا بد أن يكون بدأ من زمن محدد في الماضي، ولا بد أنه يتحرك من حد أدنى من الإنتروبيا (entropy)[3] إلى حد أقصى. وبتطبيق قانون آينشتاين حول التعادل بين المادة والطاقة، أكد جينز على مبدأ الإنتروبيا عندما تتحول المادة إلى طاقة، لأن تبدد الطاقة أكثر عشوائية. وهكذا فإن الحالة النهائية للكون يجب أن تترافق مع التحول التام للمادة إلى طاقة. «إن القانون الثاني للديناميكا الحرارية يجبر المادة في الكون على التحرك في

---

(3) الإنتروبيا: هي زيادة لا مستفادية الطاقة (في نظام مغلق، أي لا تدخله طاقة جديدة)؛ وهذا يعني أن الطاقة في نقصان مستمر.

نفس الاتجاه أو نفس الطريق، ذلك الطريق الذي لا ينتهي إلا بالموت والفناء» كما يقول.

وفي الوقت نفسه توصل آرثر أدنغتون (Arthur Edington) إلى النتيجة نفسها. وجدير بالذكر أن أدنغتون يبدأ كتابه (طبيعة العالم الفيزيائي) بمقدمة فلسفية شبيهة بتلك التي استخدمها خصوم جوردانو برونو (الذي أحرقته الكنيسة في العام 1600 لأفكاره الفلكية الجريئة). فمثل جلادي برونو، كان أدنغتون ينفر بشدة من الكون اللانهائي: «إن فكرة الماضي اللانهائي مرعبة. إنه لمما لا يدركه العقل أن نكون ورثة زمن من الإعداد لا نهاية له». وهو الآخر يذهب إلى أن القانون الثاني يتضمن بداية في الزمن.

وقد تأثر لوميتر كثيراً بأفكار أستاذه (أدنغتون). وفي العام 1929 استشهد لوميتر بالكثير من أقوال أرسطو القائلة بأن الكون اللانهائي مستحيل على أسس منطقية وحدها.

ثم إذا كان الكون محدوداً فضائياً، فلا بد أن يكون محدوداً في الزمن أيضاً، هذا ما يراه لومتير. وهكذا، فإن الحلول التي تؤكد أن هذا الكون لم تكن له بداية لا يمكن قبولها، كما يعتقد. إن الحلول الوحيدة التي تتماشى مع وجهات نظر لوميتر الفلسفية هي المغلقة فضاءً والمحدودة زمناً. وقد أمده أدنغتون بفكرة أخرى، تستقيم مع الحلول القائلة بالبدايات: إن القانون الثاني للديناميكا الحرارية يؤكد

على أن الكون لا بد أن يكون قد نشأ في حالة من الأنتروپيا الواطئة.

من هاتين الفكرتين الفلسفيتين توصل لوميتر إلى فرضيته عن «الذرة البدائية»، التي كانت أول صيغة للانفجار الكبير (Big Bang). وطرح فكرته لأول مرة في العام 1931 في اجتماع الجمعية البريطانية حول نشوء الكون. انطلاقاً من الفكرة القائلة بأن الإنتروپيا تزداد في كل مكان، وكما يؤكد ميكانيك الكم (الذي عُرف في العشرينيات) على أنه كلما ازدادت الإنتروپيا، ازداد عدد الكمات (quanta)، وهي الجسيمات المنفردة في الكون. وهكذا، إذا اقتفينا أثرها في الزمن، فإن الكون برمته ينبغي أن يكون جسيماً واحداً، ذرة بدائية نصف قطرها صفر. وكما تتحلل ذرتا اليورانيوم والراديوم إلى جسيمات ما تحت الذرة (أي إلى مكوناتها)، فإن هذه النواة العملاقة تفجرت عند تمدد الكون وتجزأت إلى وحدات أصغر فأصغر، ذرات بحجم المجرات تتحلل إلى ذرات بحجم الشموس وهلمجرا إلى الذرات الحالية.

وكان لوميتر يعتقد بأن طاقة النجوم تصدر عن عملية مجهولة من تحول مباشر من المادة إلى طاقة. ولم يكن هذا التفسير مقبولاً، ولاسيما بعد أن عُرف مصدر هذه الطاقة في الثلاثينيات. ففي هذه المرحلة أدرك العلماء أن العملية التي تحدث في النجوم هي عملية التحام النوى الذرية: التحام أربع نواتات من الهايدروجين (أربع پروتونات) لتشكل نواة

الهيليوم. وعُرفت هذه العملية بأنها يمكن أن تكون مصدراً للطاقة، لأن أربع نواتات من الهايدروجين تزن أكثر بكثير من نواة الهيليوم. واستناداً إلى قانون آينشتاين، لا بد أن يتحول هذا الفرق في الكتلة إلى كمية كبيرة من الطاقة (وفق المعادلة التي تقول إن الطاقة تساوي حاصل ضرب الكتلة في مربع سرعة الضوء). وقد أظهر هانس بيته (Hans Bethe) في العام 1938 أن درجة الحرارة في مركز الشمس كافية لحدوث سلسلة من التفاعلات النووية محولة الهايدروجين إلى هيليوم، وبذلك تزوِّد النجمة بالطاقة. وفي الوقت نفسه أثبت تشاندراسيخار (Chandrasekhar) وروبرت أوپنهايمر (Oppenheimer) أن النجوم، عند استهلاك طاقاتها النووية، تنتهي حياتها في حالة مكثفة (متراصة المادة) نتيجة الانهيار، على خلاف ما جاء به لوميتر من أنها تبدأ حياتها عند تحول طاقتها.

كما عارض علماء آخرون نظرية أدنغتون ولوميتر حول أصل الكون، التي تستند إلى القانون الثاني للديناميكا الحرارية (القائلة باستمرارية لامستفادية الطاقة، أي بالنضوب التدريجي للطاقة في الكون). فقد رد پوجيو (H.T. Poggio) على مقالة أدنغتون «نهاية العالم»، معلقاً على تنبؤاته السوداوية: «يقال إن التنبؤ أكثر أنواع الخطأ مجّانية، وإن التكهنات البعيدة المدى غالباً ما تكون مجانبةً للصواب، حتى لو كانت قائمة على أسس راسخة في ظاهرها من كل

المعلومات المتنافرة آنئذٍ... فيوماً ما كان لمثل هذه التكهنات أساس لاهوتي...». وأكد پوجيو أيضاً على أن من غير الصحيح تحميل القانون الثاني للديناميكا الحرارية أكثر مما ينبغي: بما أنه ينطبق في حالات بسيطة على الأرض، فإن ذلك سيسري على كل مكان في الكون. وأشار إلى أن الالتحام النووي يمكن أن يكون مثالاً على بناء، وليس على تحلل، للكون. «ينبغي لنا أن لا نكون شديدي الثقة بأن الكون أشبه بساعة ماضية في طريقها إلى الفناء. فقد يكون هناك إعادة ملء للساعة. إن عملية الخلق قد لا تكون انتهت».

القنبلة الذرية والعودة إلى الانفجار الكبير

قبل الحرب العالمية الثانية كان خلق العناصر التي يتألف منها الكون موضوعاً نظرياً لم يُبت بشأنه. وبعد إنتاج القنبلة الذرية، لم يعد نشوء العناصر فرضية، بل حقيقة تكنولوجية. فقد كان وقود القنابل التي تم اختبارها في نيومكسيكو وأُلقيت على اليابان، عنصراً مصنوعاً، هو البلوتونيوم، المستحدث من اليورانيوم. لقد حولت القنبلة الذرية عناصر معروفة إلى عناصر ونظائر جديدة وغريبة.

وهكذا، كان تفجير القنبلة الذرية، بالنسبة لجورج غاموف (Gamow)، أحد العلماء المساهمين في مشروع مانهاتن

لصناعة هذه القنبلة، شبيهاً بأصل الكون: إذا كان بوسع قنبلة ذرية في ظرف جزء من مئة مليون جزء من الثانية خلق عناصر لا تزال آثارها موجودة حتى الآن، فلم لا يكون بوسع انفجار كوني يحصل في ظرف ثوانٍ إنتاج العناصر التي نراها في الطبيعة، بعد مضي بلايين السنين؟ وهكذا، طرح غاموف في رسالة علمية في خريف العام 1946، فكرته التي يمكن اعتبارها صيغة ثانية لنظرية الانفجار الكبير. لكن نقطة الضعف في فرضيته هذه هي اعتبار أن هذه الوفرة من **العناصر** (الكيمياوية) لا يمكن أن تُنتج بواسطة أية عملية مستمرة في كوننا الراهن.

كان غاموف على علم بالمحاولات الفاشلة في الثلاثينيات لتفسير أصل العناصر لأن النظرية القائمة عليها كانت تؤكد أنه إذا ازداد الوزن الذري للعناصر، فإن عددها سينقص كثيراً (أي عدد العناصر في الطبيعة). أي أن الكاربون، مثلاً، سيكون أقل من الهايدروجين بترليون مرة، وأن العناصر الثقيلة كالرصاص لن يكون لها وجود، أو ربما في حدود ذرة واحدة في مجرة بكاملها. وكان هذا يتعارض بشدة مع المشاهدة. ففي منتصف الأربعينيات توصل العلماء من خلال أطياف النجوم وسُحُب الغاز البعيدة إلى أن الكون مؤلف بصورة غالبة من الهايدروجين والهيليوم، وأن ثلاثة أرباعه هايدروجين. أما العناصر ذوات الكتل الواقعة في الوسط (بين الخفيفة والثقيلة)، كالكاربون، والنايتروجين، والأوكسجين -

العناصر الأساسية للحياة ـ فتؤلف زهاء واحد في المئة من المجموع، وهي نسبة أكبر بكثير من جزء من الترليون جزء مما كانت النظرية قد تنبأت به. وأما وفرة العناصر الأثقل من النايتروجين والأخف من الحديد فتشكل زهاء جزء من المئة ألف جزء، في حين أن العناصر الأثقل توجد في حدود جزء من البليون جزء، وهي نسبة أكبر بكثير من المتنبأ به أيضاً.

وقد عزا غاموف هذا الفارق الكبير إلى فشل التقديرات الأولية في الأخذ بالاعتبار جسامة الانفجار الأوّلي (الانفجار الكبير). لكنه لم يكن موفقاً في قوله «هناك اتفاق عام في الوقت الحاضر على أن الوفرة النسبية لمختلف العناصر الكيمياوية كانت قد تحددت في الظروف الفيزياوية القائمة في الكون في أثناء المراحل المبكرة لتمدده». لأن ذلك لم يكن صحيحاً، لكن غاموف نشر في العام 1947 كتابه الشهير (واحد، إثنان، ثلاثة، ما لا نهاية)، الذي قدم عرضاً مشوقاً جداً لعلم الفيزياء الحديثة والفلك، وفي الفصل الأخير طرح نظرية الانفجار الكبير كحقيقة مسلّم بها.

وهكذا جاءت نظرية الانفجار الكبير ونظرية آينشتاين عن الكون المحدود (النهائي) بمثابة قطيعة مع التفكير العلمي السابق الذي كان يؤمن بلا محدودية الكون فضاءً وزمناً، وعودة إلى الكون القروسطي. كان الانفجار الكبير رفضاً لكل الأفكار العلمية السابقة التي ظهرت منذ بضعة قرون حول لانهائية الكون.

ومع أن هذه النظرية بدت مريحة للكثير من الناس، لأنها لا تتعارض مع العقائد السائدة، إلا أنها كانت صفعة للفطرة السليمة ولمنطق الأشياء. إذا كان للكون أصل في الزمن، فماذا كان قبله؟ وما الذي أنشأه؟ وهكذا، فإن السؤال عن مسببات الانفجار الكبير كان نقطة ضعف في النظرية منذ البداية. وقد تصور غاموف أن هناك مرحلة سبقت الانفجار الكبير، ربما كانت لانهائية في طولها، كان الكون في أثنائها قد تقلص إلى نقطة ثم «وثب» من تلك الحالة من الفرادة إلى حالته الراهنة في التمدد. بيد أن الأرصاد، في الخمسينيات، بينت أن سرعة التمدد كانت عالية إلى حد أن من شأنها أن تقاوم قوة الجاذبية لكل المادة في الكون. وهكذا، إن الجاذبية وحدها لا تستطيع أن تجعل الكون يتقلص من وضعه المتمدد منذ «انطلاقته» بهذه السرعة. لا بد أن قوة مجهولة إضافية أعطته في نقطة ما دفعة إضافية، إما في لحظة الانفجار الكبير نفسها، أو في الماضي البعيد في أثناء مرحلة التقلص التي افترضها غاموف.

إن هذا يشبه نطّة الكرة: كلما سقطت الكرة من موضع أكثر ارتفاعاً تكون نطتها أسرع. بيد أن لكل جسمٍ جاذبٍ هناك سرعة ـ سرعة الإفلات ـ يقاوم فيها الجسم المَجذوب قوة الجاذبية فلا يسقط ثانية ولا يدخل في مدار (ليدور حول الجسم الجاذب). ولا يمكن لأي جسم أن يقفز بسرعة إفلاتٍ بعيداً عن الجسم الجاذب، لأن ذلك سيكون أشبه

بكرة تقفز إلى أبعد من النقطة التي سقطت منها، أي أن ذلك يتطلب طاقة أكثر من الجاذبية التي زُوِّدت بها. وهكذا، بما أن الكون يتمدد بمعدل أكبر من سرعة **إفلاته**، فإن الجاذبية وحدها لا تقدم تفسيراً لتمدده هذا. ومن جهة أخرى لم يكن ثمة مصدر آخر للطاقة كبير إلى حد يجعله دائم التمدد هكذا.

إلى جانب ذلك كان غاموف يعتقد بأن درجات حرارة النجوم أوطأ من أن تصنع عناصر أثقل من الهيليوم (الذي يأتي مباشرة بعد الهايدروجين، في الجدول الدوري، وهذا الأخير أخف عناصر الطبيعة). فمن التجارب النووية عُرف أن الهايدروجين ينصهر لإنتاج الهيليوم في درجة حرارة واطئة، هي عشرة ملايين سنتغراد. وهذه الحرارة موجودة في مراكز النجوم. بيد أن صهر الهيليوم لصنع الكاربون يتطلب درجات حرارة أعلى من ذلك بكثير، أكثر من بليون درجة سنتغراد (لأنه كلما ازداد عدد الپروتونات في النواة فإن قوة صدها للنوى الأخرى تكون أشد، لذا ينبغي توافر طاقة أكبر بكثير لمقاومة هذه القوة المنفرة، والالتحام بالنوى الأخرى).

وكان غاموف يعتقد أنه لما كان تحقيق مثل هذه الحرارة العالية في النجوم غير ممكن، فإن العناصر الأثقل لا بد أن تكون قد تكونت في حرارة الانفجار الكبير الشديدة جداً (أي منذ نشوء الكون، بمقتضى نظرية الانفجار الكبير). بيد أن تصورات غاموف لم تكن صحيحة. ففي نيسان/أبريل 1947،

وهو تاريخ سابق لنشر نظرية غاموف ببضعة أشهر، تقدم العالم الفلكي البريطاني فْريد هويل (Fred Hoyle) بفرضية مغايرة تتعلق بالنجوم التي استهلكت وقودها من الهايدروجين. ففي النجمة الاعتيادية، يتحول الهايدروجين إلى هيليوم في مركز النجمة الكثيف الحار. ثم إن الضغط الهائل المتولد من الإشعاع المندفع إلى الخارج من المركز يدعم بقية المادة في النجـمة، حائلاً دون الانهيار تحت ضغط جاذبيتها. وعندما يُستنزف مركز النجمة من الهايدروجين، تتقلص، وتزداد حرارتها، وبالتالي تحرق الوقود المتبقي بصورة أسرع، وبذلك تحول دون انهيار النجمة.

حتى إذا تحول مركز النجمة كلية إلى هيليوم، لن يحصل التحام هايدروجيني ولن يكون هناك ما يدعم وزن النجمة، فتتقلص بسرعة، وما أن يحدث ذلك، فإن درجة الحرارة تزداد في المركز. وقدّر هويل أن درجة الحرارة ستصل إلى البليون أو نحوها المطلوبة لبدء عملية التحام نوى الهيليوم إلى كاربون. ومرة أخرى، إن الطاقة المتدفقة خارج المركز (مركز النجمة) ستتحمل وزن النجمة، حائلة دون تقلصها، إلى أن يُستهلك الهيليوم. وهذه تستمر، حيث يُنتج الأوكسجين من الكاربون، وهلمجرا، إلى أن تُصنع كل العناصر، إما بواسطة الالتحام النووي أو بواسطة الطريقة التي يتم فيها اقتناص النيوترون التي ذكرها غاموف عند حدوث الانفجار الكبير. ومع كل تقلص ستدوّم النجمة حول نفسها

(كالمغزل) بسرعة أكبر، وبالتالي تلفظ الكثير من كتلتها في الفضاء.

لقد فسر هويل إنتاج العناصر الثقيلة في سيرورة تستمر حتى يومنا هذا، وبذلك يمكن التحقق منها، على عكس الفرضية القائلة بأن إنتاج هذه العناصر كان قد تم في الانفجار الكبير.

تعثر نظرية الانفجار الكبير

في العام 1957، بعد سنوات من العمل المتواصل ـ معززاً بأحدث الإنجازات في الفيزياء النووية والأرصاد السماوية ـ تقدم مارغريت وجورج بيربج (Burbidge)، ووليم فاولر (Fowler)، وفْريد هويل (Hoyle) بنظرية شاملة ومفصلة تبين كيف أن الأنظمة النجمية يمكن أن تنتج كل العناصر المعروفة بنسب قريبة جداً من الموجودة حالياً. وفضلاً عن ذلك، قدمت هذه النظرية أدلة على أن التركيب البدائي يختلف من نجمة إلى أخرى، وهو شيء ما كان ليصبح ممكناً إذا أُنتجت العناصر بواسطة الانفجار الكبير. وسرعان ما تم الاعتراف بصحة هذه النظرية.

لقد بيّن الباحثون أن أكثر العناصر شيوعاً ـ الهيليوم، والكاربون، والأوكسجين، والنايتروجين، وبقية العناصر الأخف من الحديد ـ يتم بناؤها من خلال عمليات الالتحام (الانصهار) في النجوم. وكلما كانت النجمة أكبر حجماً،

بلغت عملية الالتحام مدى أبعد، إلى أن تنتج الحديد؛ وعند تلك النقطة لا يمكن اشتقاق مزيد من الطاقة من عملية الالتحام، لأن نواة الحديد أكثر استقراراً.

وهكذا، عندما تستهلك النجمة وقودها، فإنها تنهار، وتمتزج الطبقات العليا غير المحترقة فجأة لدى سقوطها في المركز ذي الحرارة العالية جداً. عند ذاك تنفجر النجمة كمستسعر فائق (supernova)، في حالة أشبه «بالانفجار الصغير». فتفوق في ضيائها مجرة بكاملها على مدى سنة. وفي هذا الانفجار، تمتص النوى الأثقل مزيداً من النيوترونات، وبذلك تبنى أثقل العناصر، بما في ذلك العناصر الإشعاعية النشاط كاليورانيوم. وينشر هذا الانفجار العناصر الجديدة في الفضاء، حيث تتكثف فيما بعد على هيئة نجوم وكواكب. وقد تكونت الأرض ـ أرضنا ـ والمنظومة الشمسية بكاملها، قبل خمسة بلايين سنة، من مخلفات مستسعر فائق وليس من الانفجار الكبير.

على أن هذه النظرية قدمت دليلاً آخر على أن العناصر يمكن إنتاجها في النجوم بعد الانفجار الكبير المزعوم، مما لا يأتي في ناصر الصورة التي طرحها غاموف.

الإتكاء على المايكروويف

إذا كان الكون «منفتحاً»، ولانهائياً، ومتمدداً، كما تدل

على ذلك حسابات غاموف، فلا يزال تفسير التمدد مجهولاً. فقد قام غاموف بحساب كثافة الطاقة وكثافة المادة في الكون لكل الأزمان، بما في ذلك الوقت الحاضر. وكانت كثافة المادة المتنبأ بها للكون الراهن حوالي ذرتين في المتر المكعب من الفضاء، أما كثافة الطاقة، فقد تم التعبير عنها كما لو أن درجة الحرارة للإشعاع القادم من كرة النار الهائلة ستبدو اليوم، بعد بلايين السنين من البرودة، 20°ك، أي عشرين درجة فوق الصفر المطلق[4].

لكن روبرت دايك (Robert Dicke) وآخرين رأوا أنه إذا كان بالمستطاع العودة إلى كون آينشتاين المغلق فإن الأمور ستكون أكثر بساطة: سيتمدد حيناً من الزمن ثم يتقلص إلى نقطة الفرادة، أو قريب منها. وإذا حال شيء ما دون تقلصه إلى نقطة الصفر، فسيعود إلى تمدده. وسيتكرر مثل هذا التبذبذب إلى الأبد. لكننا لن نكون على معرفة بذلك، لأننا لا نشهد سوى دورة واحدة من الكون الذي نحيا فيه.

ومن المفروض أن الطاقة الإشعاعية تتناقص كلما تمدد الكون، لأن كل فوتون (وحدة ضوئية) سيُمط بواسطة التمدد، وكلما ازداد طول الموجة قلّت الطاقة. لكن عدد الفوتونات لن يتغير، ولا عدد الألكترونات والپروتونات التي تتكون منها

(4) يرمز الحرف «ك» هنا إلى الحرف الأول من اسم العالِم البريطاني كلڤن، الذي طرح فكرة الصفر المطلق، ويرمز له بالحرف «ك»، ويعادل ناقص 273 درجة سنتغراد.

المادة. وقد تنبأ پيبلز (Peebles) (تلميذ روبرت دايك في المرحلة الجامعية العليا) بأن الكون سيكون الآن مليئاً بالإشعاع، معظمه موجات راديوية بدرجة حرارة تساوي 30ك، وهي أكثر بعض الشيء من رقم غاموف (20°ك).

وفي العام 1965 اكتشف پنزياس (Penzias) وولسون (R. Wilson)، الباحثان في مختبرات شركة بيل (Bell)، الإشعاع الذي كان يبحث عنه دايك، وپيبلز، فأثلج صدور المؤمنين بنظرية الانفجار الكبير. وهللت الصحف لهذا النبأ، الذي اعتُبر نصراً للنظرية، لأنه يقدم دليلاً على أن الكون كان أكثر حرارة في الماضي. لكن درجة الحرارة التي اكتشفها پنزياس وولسون كانت 2,7°ك.

بهذا الصدد يتساءل فْريد هويل، المعارض الشديد لنظرية الانفجار الكبير: «كيف تم تفسير الخلفية الكونية من المايكروويف، في كوزمولوجيا الانفجار الكبير؟ رغم ما يزعمه أنصار كوزمولوجيا الانفجار الكبير، فهي لم تفسر. إن التفسير المزعوم عبارة عن كاتالوغ بستانيّ من الفرضيات. فلو أعطتنا المشاهدة 27 كلڤن (kelvens) بدلاً من 2,7، لدرجة حرارة (المقصود بذلك الخلفية الكونية لدرجة الحرارة)، فإن 27 كلڤن ستدخل في الكاتالوغ. ولو كانت الحرارة 0,27، أو أي رقم آخر، لدخل هذا الرقم في الكاتالوغ»[5].

(5) كتابه *Home Is Where the Wind Blows*، ص 413.

وقد أشار پيبلز في رسالته العلمية التي نشرت في تقرير پنزياس وولسون، إلى أن درجة الحرارة الواطئة المكتشفة عند الرصد تؤكد على أن الكون أقل كثافة بكثير، حوالي ألف مرة أكثر تخلخلاً، لتجعل الكون مغلقاً، وهذا ما كان هو ودايك ينشدانه في البدء. وهكذا، بدلاً من أن يكون كَون غاموف أكثر كثافة، أظهرت هذه المشاهدات أنه أكثر تخلخلا، وأقل جاذبية. ويبدو أن هذا جاء في غير ناصر الفرضية الأصلية: من أين جـاءت الطاقة لتمدد الكون؟ كما يقول أريك ليرنر (Eric Lerner).

وننقل هنا رأي فْريد هويل التفصيلي حول إمكانية صدور المايكروويف حالياً من مصادر نجمية، أي أنها ليست مخلفات من بداية نشوء الكون، كما تزعم نظرية الانفجار الكبير. وفي هذا الإطار يقول جون هورغان في كتابه (نهاية العلم): «قد يكتشف الفلكيون أن الخلفية الكونية للمايكروويف لم تصدر عن وميض الانفجار الكبير، بل من مصدر آخر كوني حالي، كالغبار في مجرتنا (درب التبانة)» (ص 110).

نظرية الانتفاخ للإنقاذ

مع أن انزياح ضوء المجرات نحو الأحمر، واكتشاف الخلفية الكونية من المايكروويف، فُسرا على أنهما دليلان

«قاطعان» على صحة نظرية الانفجار الكبير، إلاّ أن هناك إشكالات يعترف بها حتى أنصار النظرية كان من المتعذر إيجـاد حل أو تفسير لها في إطار الصيغة المطروحة. هذه الإشكالات هي:

1 ـ لماذا يبدو الكون كبيراً أو مسطحاً إلى هذه الدرجة؟

2 ـ لماذا نرى درجة حرارة الخلفية الكونية من المايكروويف متشابهة وصادرة من جهات متعاكسة من السماء (وهو ما يُعرف بمسألة الأفق، التي سنوضحها بعد قليل).

3 ـ لماذا تبدو المادة في الكون موزعة بصورة متساوية؟

لأجل هذا اجتُرحت نظرية الانتفاخ (inflation theory) كمحاولة لإيجاد حل لهذه الإشكالات.

إذا وازنّا مفك براغ (screwdriver) على رأسه، وتركناه سنة ثم عدنا إليه، فلا بد أن نتوقعه مُلقى على طوله على الأرض بدلاً من أن يبقى على ما تركناه. هكذا هو حال الكون في توازنه (استناداً إلى نظرية الانفجار الكبير). فإذا كان يحتوي على مادة كثيرة جداً، فإن جذب الجاذبية الزائد سيسبب انهياره بسرعة. وإذا احتوى على كمية قليلة جداً من المادة، فلن تكون الجاذبية كافية للحيلولة دون تبعثر كل شيء في الكون. أما في واقع الحال، فإن كوننا يبدو متوازناً بصورة دقيقة بين الحالتين: الجاذبية تسحب كل شيء إلى الوراء، لكن ليس بتلك القوة التي تسبب الانهيار. إن هذا الوضع الخاص يدعى بالكون المسطح، حيث تنطبق عليه قوانين

الهندسة الاعتيادية. أما في الحالتين الأخريين (المقعرة والمحدّبة)، فإن الفضاء نفسه منحنٍ، على غرار ما يبدو عليه سطح الأرض (وذلك طبقاً لنظرية آينشتاين القائلة بانحناء الفضاء). لذا إن انحناء الفضاء ينبغي أن يكون ملحوظاً، بيد أنه ليس كذلك. وهذا ما بات يُدعى أو يعرف **بمسألة التسطح**. لكن الفضاء، كما نراه، مسطح، وليس منحنياً، كما تزعم نظرية الانفجار الكبير، ونسبية آينشتاين. فما هو سر ذلك؟ وهذا يعني إما أن نظرية الانفجار غير صحيحة، أو أن هناك تفسيراً لهذا اللغز.

وهناك ما يُدعى **بمسألة الأفق**. إذا شخصْنا بتلسكوباتنا إلى أقصى الشرق، مثلاً، فإننا سنرى «حدود» كوننا على بعد زهاء 15 بليون سنة ضوئية. طبقاً لنموذج الانفجار الكبير. وإذا شخصْنا إلى أقصى الغرب، فسوف نرى حدود كوننا على بعد 15 بليون سنة ضوئية أيضاً. وهذا يعني أننا لو كنا في أقصى الشرق أو في أقصى الغرب، فلن نرى الطرف الآخر، الذي يقع على بعد 30 بليون سنة ضوئية منا، لأن الضوء لا يمكن أن يقطع هذه المسافة في غضون 15 بليون سنة التي هي «عمر» الكون، بمقتضى نظرية الانفجار الكبير. وهذا ينطوي على إشكال آخر، ينسحب على المايكروويڤز القادمة إلينا من الشرق، ومن الغرب. فالمايكروويڤز تنتقل بسرعة الضوء أيضاً. وهذا يعني أنه لم تكن هناك صلة بين المايكروويڤز القادمة من الشرق وتلك القادمة من الغرب. فكيف يمكن

تفسير تجانسها الحراري؟ ذلك أن درجات حرارتها متساوية جميعاً، من كافة الاتجاهات. وهذا لا يمكن أن يتم ـ فيزيائياً ـ إلا إذا كان هناك اتصال بينها، وذلك طبقاً للقانون الفيزياوي حول انتقال الحرارة من الجسم الأكثر حرارة إلى الجسم الأقل حرارة إلى أن تتساوى حرارة الجسمين (كما هو الحال مثلاً مع قدح الشاي الساخن الذي لو ترك في العراء مدة كافية فإن حرارته ستتساوى مع حرارة المحيط).

ويصح هذا أيضاً مع التجانس في توزيع مادة الكون. فإذا كنا نرى موضعياً بقعاً بارزة كالكواكب، والنجوم، والمجرات، فإن بقعة كبيرة (لنقل: إن قطرها يعادل مئة مليون سنة ضوئية مثلاً) ستبدو متجانسة، لأن أي موضع نختاره منها سيشتمل على العدد نفسه من المجرات. على صعيد كبير، إذن، سيبدو الكون الشيء نفسه أينما شخصْنا بأبصارنا. هذا في حين لم يمضِ زمن كاف ـ وفق سيناريو الانفجار الكبير ـ على المادة لتتحرك بعيداً بما فيه الكفاية وتُجانس النُدَب الأولية.

لأجل إيجاد تفسير أو حل لهذه الإشكالات اجتُرحت نظرية الانتفاخ، التي تُنسب إلى العالِم (Alan Guth) (مع أن العديد من أفكاره كان قد تقدم بها أليكسي ستاروبنسكي في العام 1979، أي قبل (Guth) بعامين). وتزعم هذه النظرية أن الجاذبية أصبحت منفرة بدلاً من أن تكون جاذبة، بعد مرور جزء من عشرة مرفوعة للأس 43 من الثانية غبَّ

الانفجار الكبير، أي عندما كان الكون أصغر بكثير من البروتون (وهو جُسيم صغير في نواة الذرة). ونتيجة لذلك، تمدد الكون بصورة هائلة من حجمه ذاك الأصغر من البروتون إلى حجم برتقالة كبيرة، وذلك في غضون فترة زمنية بالغة القصر (جزء تافه جداً من الثانية). وهذا يعني أن النقطتين المتجاورتين كانتا تستطيعان تبادل المعلومات (أي أن تكونا على صلة) في أثناء عملية الانتفاخ، الفائقة السرعة، وتصبحان متعادلتين حرارياً؛ لأن نظرية الانتفاخ توفر لهما الفرصة للتراجع عن بعضهما البعض الآخر بأسرع من الضوء. وبذلك تنخفض درجة حرارتيهما بنفس المعدل وتبقى متساوية. هذا ما تذهب إليه نظرية أو فرضية الانتفاخ التي تتعذر البرهنة عليها مختبرياً، ولعلها فُصّلت تفصيلاً لترقيع عيوب أو نقاط ضعف نموذج الانفجار الكبير.

لكن سرعان ما واجه ألن غَثْ (Alan Guth) إشكالاً جديداً. فحين دخل في التفاصيل، اكتشف أن النظرية تتنبأ بأن التمدد السريع يمكن أن يحدث في عدد من الفقاقيع الفضائية المنفصلة في هذا الكون الحديث الولادة. وإنها لعقبة على أية حال. فالانتقال من حالة فائقة الابتراد قد لا تحدث آنياً في كل مكان من الفضاء المبكر (ذلك أن الفضاء يولد أيضاً كما تقول النظرية)، بل قد تحدث في أزمنة متفاوتة نسبياً في مناطق مختلفة. وعندما تتمدد هذه الفقاقيع الفضائية، فإنها ستكوّن تكتلات.

مع ذلك جازف (Guth) بنشر نظريته في العام 1981، بأمل أن ينبري آخرون لحل مسألة جدران الفقاقيع اللعينة. فأتت مجازفته أُكلها! لقد تكهرب العالم الكوزمولوجي بهذه الفكرة الجديدة، التي بدا أنها ستحل العديد من المسائل لقاء ثمن غير باهظ من جدران الفقاقيع غير المنظورة. وكان من بين أكثر العلماء انبهاراً بورقة (Guth)، العالم السوفياتي الشاب أندريه لنده (Andrei Linda) (كان عمره ثلاثة وثلاثين عاماً): «لا أعتقد أن اللّه سيفوّت فرصة مؤاتية كهذه لتحسين خلق الكون». هكذا قال وشمّر عن ساعديه للعمل بكل قواه الذهنية، لكن بلا طائل، إلى حد أنه شعر بأن صحته أخذت تخذله.

وأخيراً جاءه الفرج. إن التحولات من حالة إلى أخرى في المناطق المختلفة من الفضاء المبكر قد تحدث على نحو أقل مفاجأة من نموذج (Guth). ثم أعمل ذهنه رياضياً، وتوصل إلى أن الكون الحالي يمكن أن يكون متحرراً من الفقاقيع والحدود المنظورة... وهكذا أصبح الكون المنظور، طبقاً لسيناريو لنده، يشغل جزءاً من بليون ترليون[6] جزء من فقاعة واحدة. وستكون جدرانها (أم أسوارها؟) قصية عن إمكاناتنا الرصدية بزهاء 15 بليون سنة ضوئية بحيث إنها تتعذر على المشاهدة، على الأقل في بحر حياة الجنس البشري.

---

(6) الترليون: هو رقم مؤلف من العدد واحد وإلى يمينه 12 صفراً.

وهكذا، تفادى لنده الجدران، تهرباً من هذا الهمّ الكبير. ولا شك أن هذا الحل بدا أقرب إلى مملكة الميتافيزيقا منه إلى مملكة الفيزيقا. لكنه ينطوي على بلاغة رياضية على أية حال!

ثم تم تطوير وتحسين أفكار لنده وغَثْ في السنين التالية، مع نظريات أخرى تذهب إلى أن سيرورة الانتفاخ يمكن أن تتمخض عنها ترليونات من الأكوان. لكن عيب هذه النظرية الأساسي هو أنها غير قابلة للتحقق والفحص مختبرياً أو رصداً. ولعل التنبؤ الوحيد الذي يمكن اختباره هو أن بوسع الفلكيين التحري عن جدران تلك العوالم التي هي أصغر من الكون المنظور. بيد أن هذا التنبؤ ثبت أيضاً أنه زائف، ذلك أن الأرصاد لم تتبين أي معْلم من معالم هذه الجدران.

وبعد أن عُقد العديد من المؤتمرات العلمية في الثمانينيات من القرن العشرين حول نظرية الانتفاخ، وكُتب العديد من الرسائل العلمية بشأنها، بدأت حكاية الانتفاخ، وبعض الأفكار الغريبة الأخرى، تفقد مصداقيتها عند الكثير من علماء الكونيات. أو كما يقول ديڤيد لندلي (David Lindley) في كتابه (نهاية الفيزياء): «إن نظرية الانتفاخ لم تكن فوزاً عظيماً لفيزياء الجُسيمات في علم الكونيات، بل أعظم إساءة في التطبيق». وقد أشار إلى أن علماء الفيزياء الجسيمية ساهموا في أول الأمر في خدمة علم الكونيات من خلال تقديم نظريات تساعد في فهم الكون في المراحل المبكرة

(من نشوئه، بمقتضى نظرية الانفجار الكبير). لكنهم فيما بعد وجدوا أنهم يستطيعون أن يختبروا أفكاراً علمية ليست ناضجة تماماً بتطبيقها على علم الكونيات ليروا هل تتمخض عن نتائج معقولة. أما مع الانتفاخ، فقد بدأ علماء الفيزياء الجسيمية بوضع نظريات غرضها الوحيد ليس حل مسألة الفيزياء الجسيمية، بل لتثلج صدور علماء الكونيات. إن الانتفاخ فكرة جيدة، كما يؤكد ديڤيد لندلي، وسيكون مدعاة للسرور إذا أثبتت فيزياء الجسيمات تجانس الكون واتساعه الحاليين. بيد أنه ليس ثمة دليل حقيقي على أن الانتفاخ حدث بالفعل، وأن تنبؤ النظرية القائل بأن الكون ينبغي أن يكون مسطحاً بالضبط، قد لا يكون حقيقياً... إنها لدائرة مغلقة: علماء الكونيات يحبون الانتفاخ لأن علماء الفيزياء الجسيمية يستطيعون أن يجترحونه لهم، وعلماء الفيزياء الجسيمية يجترحونه لأن علماء الكونيات يحبونه. وقد برهن حتى الآن على أنه عصي على الاختبار. (نهاية الفيزياء، ص 182).

إن تنبؤ نظرية الانتفاخ الذي لا مفر منه يؤكد أن الكون يجب أن يكون في حالة من الكثافة الحرجة: أي أنه يجب أن يكون متوازناً بين الحد الفاصل، بين كونٍ يتمدد إلى الأبد وكونٍ يبدأ يوماً ما بالإنهيار على نفسه. بيد أن كمية المادة المنظورة في الكون اليوم، كما يقول علماء الفلك، لا تشكل أكثر من بضعة آحاد بالمئة من الكثافة الحرجة، وهذا يعني أن

الكون منفتح وسيتمدد إلى الأبد. ومع ذلك بقيت لنظرية الانتفاخ شعبيتها الكبيرة. فما سر ذلك، كما يتساءل ديڤيد لندلي.

ويشير جون هورغان في كتابه (نهاية العلم) إلى أنه حتى ديڤيد شرام (David Schramm)، الذي كان عنيداً بشأن نظرية الانتفاخ، أبدى شكوكه فيما بعد، في قوله: «أنا أحب الانتفاخ» لكنه اعترف بأنه لن يتم التثبت من صحته أبداً. لكن هذا لم يزعزع ثقة شرام بنظرية الانفجار الكبير. فعنده أن «خلفية المايكروويف الجميلة، ووفرة العناصر الخفيفة[7] تقولان لك: هذا هو الدليل. . .».

ولا يزال هذان «الدليلان»، إلى جانب ظاهرة انزياح طيف المجرات نحو الأحمر، يعتبران دعامة نظرية الانفجار الكبير. وفي هذا الإطار اعتُبر العام 1992 عام «النصر» المؤزر لنظرية الانفجار الكبير.

منذ ستينيات القرن العشرين أظهر قياس خلفية الإشعاع الكونية التي يُفترض أنها تعود إلى مرحلة مبكرة من عمر الكون (حسب نظرية الانفجار) أنها كانت متجانسة جداً. وهذا لم يكن في صالح النظرية، لأن هذا يعني أن المادة توزعت بالتساوي في عمر الكون المبكر جداً. كيف، إذن،

---

(7) المقصود بذلك وجود عنصري الهايدروجين بنسبة 75% والهيليوم بنسبة 25% في الكون.

نشأت المجرات، التي تعتبر بمثابة نُدَب في الكون؟ لذا حرص العلماء في أواخر الثمانينيات على إرسال تابع يُدعى مستكشف الخلفية الكونية (Cosmic Background Explorer)، وباختصار (COBE)، وتلفظ (كوبي)، ليسجل أدق الاختلافات في توزيع المادة. وفي نيسان/ابريل 1992، أعلن العلماء العاملون في مؤسسة ناسا (NASA) للأبحاث الفضائية الأميركية أن «كوبي» اكتشف فوارق طفيفة في درجات الحرارة في حدود واحد من مئة ألف من الدرجة في خلفية الإشعاعات الكهرومغناطيسية. وحسب معطيات «كوبي»، كانت درجة الحرارة أعلى بمقدار طفيف جداً في اتجاه التجمعات المجرّية، وأقل في اتجاه الفراغات الكونية الشاسعة.

كهربتْ هذه النتائج الجالية العلمية الفلكية، واعتُبر جورج سْموت (George Smoot)، أحد كبار المسؤولين في هذا المشروع، بطلاً. ووصف هو هذا الاكتشاف بأنه تجربة روحانية، أشبه بالتجربة الدينية، واعتُبر هذا الاكتشاف «دليلاً قوياً» على أن المجرات تكونت في أثناء اللااستقرار في الجاذبية في نموذج انفجار تغلب عليه المادة **الدكناء** (dark matter) (أي المادة غير المنظورة، المزعومة، التي بدون افتراض وجودها تتزعزع نظرية الانفجار الكبير). اعتُبر هذا الاكتشاف «برهاناً على الانفجار الكبير»، و «الكأس المقدسة في علم الكونيات». وأثار تعليقات أخرى من قبيل: «إذا

كنت متديناً، فإن هذا أشبه برؤية وجه اللَّه»، كما قال جورج سموت، و«إنه أعظم اكتشافات القرن، إنْ لم يكن على الإطلاق»، على حد تعبير ستيفن هوكنغ (صاحب كتاب موجز تأريخ الزمن). ويقول تشارلس لاينويفر، أحد أعضاء الفريق: «كنت أعلم أننا اكتشفنا شيئاً أساسياً، بيد أن أهميته لم تهزّني إلاّ ذات ليلة بعد حوار تلفزيوني مع راديو (BBC). وعندما طلبتُ من المحاور نسخة من الحوار، أخبرني بأن ذلك ممكن إذا قدمت طلباً إلى قسم «الشؤون الدينية» في دار الإذاعة». وهذا يُلقي ظلاً من الشك على استقلالية علمي الفلك والفيزياء حتى في عصرنا، بعد مضي أكثر من ثلاثمئة سنة على محنة غاليليو مع الكنيسة.

لكن حتى مع نجاح «كوبي»، فإن هذا لا يعني أن نظرية الانفجار الكبير تقدم الحل النهائي للسر المتعلق بنشوء الكون وتركيبه. فالابتهاج بنتائج «كوبي» أنسى أنصار نظرية الانفجار الكبير أنها لا تزال نموذجاً نظرياً لا يختلف عن النماذج التي سبقته: نظرية أرسطو وبطليموس القائلة بمركزية الأرض، ونظرية كوپرنيكوس القائلة بمركزية الشمس، ونظرية الجزيرة الكونية لإيمانويل كانط. ومثلما ثبت بطلان تلك النظريات، فإن الإشكالات والتناقضات لا تني تواجه نظرية الانفجار الكبير باستمرار (ينظر بهذا كتاب جون بولوز «سادة الزمن» ـ قائمة المصادر).

وفي هذا الإطار يؤكد بريان غرين (Brian Greene) على

أننا لا نعرف ماذا كانت حالة الكون في البدء، أو حتى الأفكار، والمفاهيم، واللغة التي ينبغي استعمالها لوصفها. فهو يقول: «نحن نعتقد أن الحالة البدائية (الأولى) الرهيبة حول وجود طاقة، وكثافة، ودرجة حرارة، لانهائية، التي تؤكد عليها الدراسات التقليدية حول نشوء الكون هي دليل على أن هذه النظريات تعاني من شرخ يُضعف مصداقيتها»[8].

وقد وصف جون بوزلو (John Boslough) نظرية الانفجار الكبير بأنها ملحمةُ خليقةٍ، كتبها فيزيائيو القرن العشرين. أي أنه شبّهها بالأساطير على أتم ما يكون، في البدء لم يكن ثمة شيء: لا زمن، ولا فضاء، ولا حتى خلاء... بل كان ثمة كثافة أو طاقة لانهائية، في درجة حرارة لانهائية، في قلب هباءة بحجم الصفر. ثم انفجرت هذه الهباءة، ومنها نشأ الكون بعد أن برد بالتدريج.

في العام 1958 سأل العالِم البريطاني برنارد لوفيل (Bernard Lovell) القس الجزويتي الفيزياوي لوميتر، الذي يُعتبر أحد مجترحي نظرية الانفجار الكبير، قائلاً: «لكن يا لوميتر، أنت قس جزويتي وأنت صاحب هذه النظرية عن نشوء الكون من الذرة البدائية، ترى كيف نشأت هذه الذرة البدائية، وكيف بدأ الكون حقاً؟» فتوقف لوميتر في الشارع المزدحم، ولوح بيديه، ثم أجاب: «إذا سألتني كعالِم،

---

(8) كتاب *The Elegant Universe*، ص 366. أنظر المصادر.

فالجواب هو أنني لا أعلم، أما كقس جزويتي فبوسعي أن أخبرك».

هناك دافع أيديولوجي معين وراء نظرية الانفجار الكبير: محاولة تبرير خلق الشيء من لا شيء، لكي تنسجم النظرية مع الرواية التوراتية (ولعله من غير المصادفة أن يكون أحد مؤسسي هذه النظرية الأوائل قساً، هو جورج لوميتر). وتأويل ذلك أن القول بتمدد الكون يدعو إلى الاعتقاد بأنه كان أصغر فأصغر كلما توغلنا في الماضي، إلى أن نصل إلى حالة الصفر أو اللاشيء. وقد فُسر انزياح طيف المجرات نحو الأحمر على أنها تتباعد (عنا وعن بعضها البعض الآخر)، رغم أن مكتشف هذا الانزياح، أدوين هَبُل، لم يذهب إلى هذا الاستنتاج. ثم روكمت «الأدلة» الأخرى، على نحو ما رأينا في الصفحات السابقة. وتم صنع هذا السرير البروكوستي[9]، نعني به نظرية الانفجار الكبير، التي صارت تمارَس عليها شتى ألوان التعديلات والترقيعات كلما نَدَّ إشكال يشكك في صحة النظرية.

ولعل السبب الذي يكمن وراء الإصرار على التمسك بهذه النظرية، هو بُعدها الميتافيزيقي، رغم أن البابا الحالي كان

(9) سرير بروكوست أو تابوت بروكوست: كان يُحشر فيه الميت. فإذا كانت الجثة أطول من التابوت، قُطعت الرجلان لكي يتساوى طول الجثة مع طول التابوت، في حين يقتضي الحال استبدال السرير أو التابوت بدلاً من هذا الإجراء التعسفي.

أكثر عقلانية من العلماء المتمسكين بها. فقد حذّر في العام 1988 من «اللجوء إلى الأساليب المتسرعة والتي تتعارض مع قواعد النقد النزيه، لتبرير نظريات كنظرية الانفجار الكبير في علم الكونيات» (يُنظر بهذا كتاب أريك ليرنر: نظرية الانفجار الكبير لم تحدث، ص 385 ـ قائمة المصادر).

وبصدد نظرية الانفجار الكبير، قال فْريد هويل (Fred Hoyle) «إن النظرية الناجحة ينبغي أن يكون مثلها كمثل النهر في تكوينه، من الوشل الذي يسيل من العديد من المنحدرات، إلى عدد من الروافد، ومن ثم، إلى مجرى عريض. وهذا لم يحدث مع نظرية الانفجار الكبير، التي لم تحقق نجاحاً، تقريباً، في مقابل الجهد الكبير الذي بُذل على مدى العقدين الأخيرين» (كتب هذا في العام 1997).

وقال أيضاً: «إن علم الكوزمولوجيا هو دراسة الكون برمته. وإننا لنتفق جميعاً على أن دراسة كهذه طموحة جداً. أما الادعاء، كما يفعل العديد من المؤمنين بكوزمولوجيا الانفجار الكبير، بأنهم امتلكوا ناصية النظرية، فيبدو لي ضرباً من الغطرسة» (كتابه: الوطن هو حيث تهب الريح).

ملحق

الانزياح نحو الأحمر: إذا تحرك جسم بعيداً عنا، فإن الموجات التي يبثها، سواء كانت موجات ضوئية، أو صوتية، ستتمدد بفعل الحركة. إن تمدد الموجة يعني أن طولها

الموجي يصبح أكبر. في حالة الصوت، تصبح «النوطة» أكثر خفوتاً؛ وفي حالة الضوء، ينزاح طول موجة الضوء والمنظور نحو النهاية الحمراء في الطيف (الطيف الضوئي هو حسب التدرج الآتي: أحمر، برتقالي، أصفر، أخضر، أزرق، نيلي، بنفسجي، وذلك في اتجاه تناقص طول الموجة. أو من البنفسجي إلى الأحمر، وذلك في اتجاه تزايد طول الموجة). فإذا كان مصدر الضوء متحركاً نحونا، فإن الموجات تنحشر، أو تنضمّ سوية، وتزيح الضوء نحو النهاية الزرقاء في الطيف الضوئي.

لكن بعض معارضي نظرية الانفجار الكبير يؤكدون أنه ليس كل انزياح نحو الأحمر هو نتيجة لابتعاد المجرات، بل ربما كان ذلك يعود إلى أسباب أخرى.

أهم المصادر التي كانت عماد معلوماتنا في هذا الفصل:

1 - John Boslough, *Masters of Time* (Phoenix, 1993).

2 - John C. Mather and John Boslough, *The Very First Light* (Penguin Books, 1998).

3 - Peter Coles (ed.), *The New Cosmology* (Icon Books, 1998).

4 - John Gribbin, In *Search of the Big Bang* (Penguin, 1998).

5 - Brian Greene, *The Elegant Universe* (Vintage, 2000).

6 - John Horgan, *The End of Science* (Abacus, 1998).

7 - Fred Hoyles, *Home Is Where the Wind Blows* (Oxford University Press, 1997).

8 - Eric Lerner, *The Big Bang Never Happened* (Simon and Schuster, 1992).

9 - David Lindley, The End of Physics (Basic Books Hesrper Collins Publishers, 1993).

10 - Joseph Silk, *The Big Bang,* 3rd. Edition (W.H. Freeman and co., New York, 2001).

تعريف ببعض المفردات العلمية

1 ـ الأفق: في علم الكونيات، هو أبعد مسافة يستطيع الراصد رؤيتها، لأن الضوء الآتي من الأجرام السماوية الأبعد من ذلك لم يتوافر له الزمن الكافي للوصول إلينا.

2 ـ الانزياح نحو الأحمر: أنظر الملحق.

3 ـ أوميغا (omega): هي النسبة بين كثافة الكون الحقيقية والكثافة الحرجة المقتضاة لوقف تمدد الكون. في الكون المنفتح تكون أوميغا أقل من 1؛ وفي الكون المغلق تكون أوميغا أكبر من 1؛ أما في الكون المسطح فتساوي أوميغا 1.

4 ـ البروتون (proton): جُسيم ذو كتلة كبيرة (بالمقارنة مع

الألكترون)، يتألف من ثلاث كواركات، ويوجد في نواة الذرة.

5 ـ التناظر: في الفيزياء، هو خاصية نظام لا يتغير حتى بعد أن يتعرض إلى تحوّل ما. وأبسط مثال على ذلك الكرة، فهي متناظرة مهما حركتها.

6 ـ ثابت هَبُلْ: هو معدل التمدد الكوني، بمقتضى نظرية الانفجار الكبير.

7 ـ الثقب الأسود (black hole): جرم كوني افتراضي ذو مجال للجاذبية هائل بحيث أن سرعة الإفلات منه أكبر من سرعة الضوء، أي أن الضوء لا يستطيع الإفلات من هذا الجرم لقوة جاذبيته الهائلة. يُعتقد أنه مخلفات نجمة مضغوطة استُهلك وقودها النووي.

8 ـ الثقب الدودي (worm hole): شيء نظري يقوم مقام جسر إلى منطقة أخرى في الفضاء أو الزمن. وحتى لو وُجدت الثقوب الدودية بالفعل، فهي من الصغر بحيث يبدو من المتعذر مشاهدتها.

9 ـ خلفية الأشعة الكونية (أو خلفية المايكروويف): وابل من الموجات الراديوية الآتية من كل اتجاه في الفضاء. تفترض نظرية الانفجار الكبير أن هذه الخلفية من الأشعة نجمت عن تصادم الجسيمات عندما كان الكون لايزال صغيراً جداً وأنها انتهت عندما بلغ عمر الكون مليون سنة. لذا، يُعتقد أن خلفية الأشعة الكونية من مخلفات

الانفجار الكبير وتعتبر من بين الأدلة على حدوث الانفجار الكبير.

10 ـ الذرّة: الوحدة الأساسية للعنصر الكيمياوي، وتتألف من إلكترونات حول نواة تتألف في معظم الحالات من پروتونات ونيوترونات (عدا ذرة الهايدروجين، التي تتألف نواتها من پروتون واحد فقط).

11 ـ الزمن: في الفيزياء، هو بُعد يفصل بين الماضي، والحاضر، والمستقبل. وفي معادلات نظرية النسبية العامة (لآينشتاين)، يُعتبر الزمن هندسياً مشابهاً للأبعاد الفضائية. وفي الحياة العادية على الأرض، يعتبر الزمن طريقاً للذهاب فقط، أي لا ارتجاعياً.

12 ـ الفرادة (singularity): نقطة ذات كثافة مطلقة (لانهائية) يكون فيها الفضاء منحنياً بصورة لانهائية، ويتعطل فيها عمل أو مفعول معادلات نظرية النسبية العامة.

13 ـ الفوتون (photon): جُسيم مسؤول عن نقل القوة الكهرومغناطيسية؛ أو هو جسيم ضوئي (أصغر وحدة ضوئية).

14 ـ القوة النووية الشديدة: التفاعل الأساسي الذي يربط الكواركات سوية في نواة الذرة.

15 ـ القوة النووية الضعيفة: التفاعل الأساسي الذي يسبب النشاط الإشعاعي.

16 ـ الكوارك (quark): أحد مكونات المادة الأساسية على

المستوى ما تحت الذري (في نواة الذرة)، أي أنه من مكونات الپروتونات، والنيوترونات، والميزونات.

17 ـ الكويزرات (quasars): يُعتقد أنها المراكز الأشد لمعاناً في المجرات الفتيّة في حافة الكون (؟).

18 ـ الألكترون (electron): جُسيم أوّلي يوجد في جميع الذرات حول النواة؛ وهو سالب الشحنة. عند انفصاله عن الذرة يُدعى ألكتروناً حراً. والجسيم المضاد للألكترون، أي الألكترون ذو الشحنة الموجبة يدعى پوزترون (positron).

19 ـ المادة **الدكناء** (dark matter): مادة غير منظورة في الكون تم إدراكها من خلال تأثير جاذبيتها. يُعتقد أن المادة **الدكناء** تشكل زهاء تسعين في المئة من مادة الكون. لا يزال تركيبها لغزاً غير معروف. وهناك من لا يؤمن بوجودها.

20 ـ المجرّة: تجمُّع كبير من النجوم تربطه سوية قوة الجاذبية؛ ويمكن أن تتألف المجرّة الواحدة من زهاء مئة بليون نجمة.

21 ـ ميكانيك الكم: نظرية ظهرت في عشرينيات وثلاثينيات القرن العشرين، تفسر الطبيعة الثنائية، الموجية والجسيمية، للمادة، فضلاً عن خاصيتها الاحتمالية على الصعيد ما تحت الذري. وهي من أكثر النظريات أهمية.

22 ـ نظرية كل شيء: هي النظرية التي يمكن اشتقاق كل

قوانين الفيزياء بواسطتها رياضياً، أو بعبارة أخرى أن كل القوى الأربعة الأساسية في الكون (القوة الكهرومغناطيسية، والقوة النووية الضعيفة، والقوة النووية الشديدة، والجاذبية) يمكن أن تُجمع في قانون واحد (لم يتم التوصل إليه، وربما لن يتم التوصل إليه، على الأقل في نطاق قريب).

23 ـ النيوترون (neutron): جُسيم أوّلي لا شحنة له، مقارب في كتلته للپروتون. وتوجد الپروتونات والنيوترونات في الذرات بأعداد متساوية تقريباً. ويتحلل النيوترون إلى پروتون، والكترون، ونيوترينو مضاد، ويستغرق عمره اثنتي عشرة دقيقة إذا انفصل عن الذرة.

الفصل الرابع

انهيار اليقين: انفجار نظرية الانفجار الكبير

«إنها مسألة وقت فقط إلى أن تنهار نظرية الانفجار الكبير»

جون بوزلو

«إن الكوزمولوجيين غالباً ما يجانبون الصواب ولا وجود لعنصر الشك في قاموسهم»

العالم السوفياتي الراحل
ليف لانداو

«إن السبب الرئيسي الذي يكمن وراء نظرية الانفجار الكبير هو أنها بسيطة بلا شك، إلى حد أنها لا تُثقَل على الذهن. لا شك،

أيضاً، أن هناك كثيرين يجدون انفسهم مشدودين إلى ميتافيزيقيتها. أما بقدر تعلق الأمر بي، فإنني اعتبر النظرية التي تفتقر إلى التفسير، تتعارض على نحو واضح مع الدقة الفائقة في جميع العلوم خارج علم الكونيات. هل الكون ملتبس إلى هذا الحد في حين أن كل شيء آخر واضح؟»

فْريد هويل

تأسست نظرية الانفجار الكبير على الدعوى القائلة بتباعد المجرات، أي تمدد الكون. ويراد بتمدد الكون تمدد الفضاء أيضاً، لأن هذه النظرية تؤكد أن الكون كان حجمه صفراً قبل الانفجار الكبير (Big Bang)، الذي يُزعم أنه حدث قبل زهاء خمسة عشر بليون سنة. ثم أخذ يتمدد بما فيه من فضاء ومادة، وهو ماضٍ في تمدده إلى الأبد إذا كان الكون منفتحاً، أو سوف يتوقف يوماً ما عن اتساعه في مستقبل بعيد إلى أن ينكمش إلى نقطة مرة أخرى، إذا كان الكون مغلقاً. وسنرجىء الحديث عن هذين الاحتمالين. أما الآن فسنستعرض الإشكالات التي تواجهها نظرية الانفجار الكبير.

من المعروف أن تباعد المجرات، أو تمدد الكون، اعتُبر نتيجة منطقية لانزياح طيف المجرات نحو اللون الأحمر، الذي تطرقنا إليه في الفصل السابق. وتؤكد لنا كتب الفلك

أن انزياح طيف المجرات ـ لدى رصدها ـ نحو الأحمر، آل إلى القول بتمدد الكون. وقد نُسب هذا الاستنتاج إلى العالم الفلكي الأميركي أدوين هَبُلْ (Edwin Hubble)، الذي أكدت أرصاده الفلكية في العام 1929 أن المجرات تُظهر إنزياحاً نحو الأحمر عند رصدها، الأمر الذي دعا معظم علماء الفلك إلى الاعتقاد بأنها ـ أي المجرات ـ تتحرك بعيداً عنا، وبالتالي إن الكون يتمدد.

لكننا اكتشفنا أن هَبُلْ لم يقل ذلك، وأن كتب الفلك تقوّله ما لم يقل؛ وهذا أمر عجيب في الساحة العلمية. يقول العالِم البريطاني برنارد لوڤل (Bernard Lovell): «يصعب اليوم الاعتقاد بأن هَبُلْ كان حذراً بشأن المعاني التي تكمن خلف قياساته. إن العلاقة بين سرعة التراجع [تراجع المجرات] ومسافة المجرات تُعرف الآن بثابت هَبُلْ. ولأن قيمة هذا الثابت لها علاقة بعمر الكون، فإن قيمته الدقيقة ظلت موضوع جدلٍ لم ينته ولايزال يُعتبر موضوعاً مهماً في الأبحاث والنقاشات. ويُعرف أن هَبُلْ رفض اعتبار قياساته الطيفية لانزياح خطوط الطيف (الانزياح نحو الأحمر) للمجرات البعيدة دليلاً على تراجع المجرات، أي على تمدد الكون...»[1].

---

(1) Bernard Lovell, *Out of the Quagmire:* Times Literary Suplement, July 13, 2001.

ويؤكد برنارد لوفل أن هَبُلْ بقي شاكّاً في أن لقياساته علاقة تنطوي على أهمية بأية نظرية كوزمولوجية حول أصل الكون. وقد عاش طويلاً واستعمل تلسكوب پالومار (Palomar) ذا المئتي بوصة (inch)، وبذلك اتسعت قياساته لتشمل انزياحات أكبر نحو الأحمر، بيد أنه كتب في دفتره: «ليس هناك دليل على تمدد أو عدم تمدد الكون».

ماذا يعني هذا؟ إنه يعني أولاً، أن هَبُل لم يعتقد بوجود علاقة بين ظاهرة إنزياح طيف المجرات ـ عند رصدها ـ نحو الأحمر، وتمدد الكون. وثانياً، إنه ربما لم يعتقد بأن الكون يتمدد أصلاً. ورغبته في تجنب مناقشة مضامين قياساته الكوزمولوجية تعود إلى أنه يعتقد بأنها قد تؤول إلى «ورطة ينبغي تجنبها بأي ثمن». وهذا التأني في إطلاق الأحكام يؤكد أن هَبُل عالم يحترم نفسه وعلمه كثيراً، وأنه لا يريد أن يندرج في قائمة علماء الكونيات المتسرعين في إطلاق الأحكام، التي يمكن أن تضلل البشر. ذلك أن القول بتمدد الكون، استناداً إلى ظاهرة قد لا تكون لها علاقة بذلك، قد تترتب عليه آراء واستنتاجات وتنظيرات قد تكون مجانبة للصواب، لكنها يمكن أن تخدم غرضاً معيناً: خَلْق الشيء من لا شيء. وربما كان هَبُلْ يريد تفادي مثل هذه الاستنتاجات والأحكام.

لكن علماء الكونيات ـ أو معظمهم ـ نسوا أو تناسوا حذر هَبُل بشأن الأهمية الكوزمولوجية لقياساته. فقد تكرس

الاعتقاد بتمدد الكون. ونسوا حتى ملاحظة العالِم الفيزيائي البريطاني پول ديراك (Paul Dirac)، أحد أعظم نظريي القرن العشرين، التي وردت في رسالة علمية نُشرت قُبيل الحرب العالمية الثانية، والقائلة إنه حتى بعض التغيرات الطفيفة في الزمن الماضي يمكن أن تقدم تفسيراً مختلفاً للانزياحات نحو الأحمر، وأنها لا تدل ضمناً على تمدد الكون. وفي مقابل الرأي السائد بين علماء الفلك القائل بهذه العلاقة بين الانزياح نحو الأحمر وابتعاد المجرات، ندّت أصوات تخالف ذلك، وتؤكد أن الانزياح نحو الأحمر لا يعود إلى أسباب كوزمولوجية، أي ليست هناك علاقة بينه وبين ابتعاد المجرات. من بين هؤلاء العلماء، فْريد هويل (Fred Hoyle)، تلميذ پول ديراك، وصاحب نظرية «الحالة الثابتة» المخالفة لنظرية الانفجار الكبير. في مقالة نُشرت في مجلة (Nature) العلمية البريطانية في العام 1990، شكك هويل وأربعة علماء آخرين بالتحليل التقليدي للانزياح نحو الأحمر في المجرات والكويزرات (quasars)[2]. فمن المعروف تقليدياً، أنه إذا كان الكون متمدداً، فإن إنزياحاً أكبر نحو الأحمر يعني افتراضاً مسافةً أبعد عن الأرض. لكن هالتون

(2) الكويزرات: أكثر الأجرام السماوية لمعاناً، ويُعتقد أنها نواتات مجرّاتية مدمّجة تتألف من قرص ساطع يحيط بثقب أسود هائل. وفي الصفحات التالية سنتطرق إلى هذه الأجرام بمزيد من التفصيل.

آرپ (Halton Arp)، وهو أحد المتعاونين مع هويل، وكان يعمل في معهد ماكس پلانك للدراسات الفيزيا ـ فلكية في (Garching) في ألمانيا، أشار إلى أن عداداً من الأجرام السماوية أعطى منذ العام 1970 إنزياحات نحو الأحمر تبدو أنها لا علاقة لها بالبعد عن الأرض.

قال آرپ في العام 1991: «هناك نقطة يحاول فيها سحرتنا [الانفجاريون] إظهار براعتهم في الشعوذة عندما ينتقلون بخفة من علاقة هَبُل بين الانزياح نحو الأحمر والمسافة إلى سرعة التمدد الانزياحية. أما الآن فهناك خمسة أو ستة أصناف من الحالات التي تخرق هذه الفرضية الأساسية المطلقة. إنها تفضح اللعبة لإدراك كيف أن مشاهدات هذه الحالات الحاسمة مُنعت من التلسكوب وكيف أن مناقشتها واجهت محاولات مستميتة لقمعها».

إن للعديد من الكويزرات إنزياحاً نحو الأحمر كبيراً إلى درجة أنها تبدو كأنها على حافة الكون. إستناداً إلى آرپ، إن بعض هذه الكويزرات وُجد في الجوار من المجرات القريبة [منها] مع انزياحات صغيرة نحو الأحمر. فإذا كان الكويزر مرتبطاً بالمجرة، فإن الجرمين لا يمكن أن يتحركا بسرعتين مختلفتين جداً. وهذا يعني، كما يعتقد آرپ، أن انزياحاتها نحو الأحمر ـ وربما كل الانزياحات نحو الأحمر ـ تنجم عن ظاهرة هي غير التراجع [التمدد] السريع.

كما أن الانزياح نحو الأحمر قد ينجم عن تقلص بعض

الأجرام السماوية. ويعتقد آرپ أن الكويزرات ذات الانزياح العالي نحو الأحمر قد تكون متقلصة بالفعل وليست متراجعة. وهناك إحتمال آخر هو أن أنواعاً معينة من الضوء تنزاح نحو النهاية الحمراء في الطيف عندما تنتشر في الفضاء. وقد أشار إلى هذا الميكانيزم أميل وولف (Emil Wolf) من جامعة روشستر (Roshester) في العام 1987 وتم التثبت من ذلك فيما بعد.

ويقول آرپ: عندما يؤكد أنصار الانفجار الكبير على أن «الكون المتمدد... حقيقة إرصادية تم التثبت منها»، وعلى أن هناك «مجموعة كاملة من المشاهدات يعزز بعضها البعض الآخر»، و«أن الأدلة التي تأتي سوية... يعزز بعضها البعض الآخر على نحو جميل»، عندما يؤكدون ذلك، فإنهم يتغاضون عن حقائق إرصادية تراكمت منذ 25 عاماً.

ويقول: «بديهي، إذا غض المرء النظر عن المشاهدات المتناقضة، فبوسعه الادعاء بأن لديه نظرية «جميلة» و «مذهلة». بيد أن هذا ليس علماً».

ويتساءل جون بوزلو: تُرى كم سيكتب لنظرية الانفجار الكبير من عمر؟ حتى نهاية القرن [العشرين]؟ عشرون عاماً؟ خمسون؟

ويقول: في الألفية التالية [يقصد الحالية] قد ينظر العلماء والناس الآخرون إلى هذه النظرية مثلما ننظر إلى كوزمولوجيا أرسطو. ويؤكد: في الوقت الراهن، تبقى نظرية الانفجار

الكبير پاراديماً (paradigm) علمياً لا يختلف عن سفر التكوين التوراتي. . . أسطورة عن الخليقة مذهلة لكنها تبسيطية وزائفة علمياً.

لقد اعتبر العلماء الانفجار الكبير حدثاً بلا سبب. لكن أرسطو أكد، في القرن الرابع ق.م.، أنه ليس هناك شيء كحدث أول. فإذا حدث حادث، كالإنفجار الكبير، فإن بوسع المرء أن يتساءل: «ولِمَ لم يحدث قبل ذلك الأوان؟».

والجواب الوحيد سيكون: «لم تكن الظروف مؤاتية بعد». لكن ما معنى أن تكون الظروف مؤاتية أو غير مؤاتية؟ فلا بد أن يكون هناك حدث أسبق. أما ستيفن هوكنغ فقد اقترح حلاً ساذجاً لهذا اللغز بتجنب مسألة الحدود في قوله بعدم وجود حدود، ولو لم يكن مثل هذا الاقتراح صادراً عن عالِم في مستوى هوكنغ لسُفِّه في الحال، كما يقول جون بوزلو.

لكن نموذج الانفجار الكبير بدأ يواجه المزيد والمزيد من الإشكالات مع المشاهدات الفلكية الأخيرة، التي أظهرت على الصعيد الكوني والمجراتي أن الجاذبية كانت العامل الأكبر. وبكلمة أخرى، إن نظرية الانفجار الكبير فشلت في تقديم تفسير مقنع كيف أن المادة انتظمت في تجمعات من المجرات وتجمعات فائقة أو كبرى (superclusters). ذلك أن الكون لكي يتشكل في هيئة تتماشى مع المشاهدات الراهنة، ينبغي أن تكون 90 في المئة من مادته في شكل مادة دكناء

غامضة، غير منظورة، وغير معروفة، وهائلة الكتلة إلى حد يصعب تصديقه.

وفي حساب الفلكيين، أن عمل الجاذبية وحدها ينبغي أن يستغرق زمناً في حدود مئة بليون سنة لتكوين تجمعات من المجرات الفائقة قطرها إثنان ونصف بليون سنة ضوئية، وهي التي اكتشفت في أوائل التسعينيات من القرن العشرين على أيدي الراصدين الأميركان والألمان. وهذا الزمن يعادل على الأقل خمسة أضعاف ما تحتمله نظرية الانفجار الكبير، التي تقدر عمر كوننا في حدود 15 بليون سنة. وسنعود إلى هذا الموضوع بمزيد من التفصيل.

الكويزرات (Quasars)

في الستينيات من القرن العشرين، عندما وجّه الفلكيون تلسكوباتهم البصرية لأول مرة نحو الأجرام الجديدة التي اكتشفتها التلسكوبات الراديوية، التقطت الآلات الكبيرة في مرصد پالومار صوراً لعدد من هذه المجرات الراديوية (أي التي تبث اشعاعات راديوية). وظهرت على نفس هذه الصور نجوم غريبة الشكل بلون أزرق غريب. كانت شيئاً لم يُرَ من قبل. فتصورها معظم الفلكيين نجوماً غير معروفة في مجرة درب التبانة. وفي العام 1963 حلل مارتن شميت (Marten Schmidt)، وهو فلكي أميركي من أصل هولندي، الضوء المنزاح نحو الأحمر لواحد من هذه الأجرام الزرقاء. وفي

الوقت نفسه تقريباً قاس فلكي آخر، هو جيسي غرينشتاين (Jesse Grennstein) الانزياح نحو الأحمر لجرمٍ آخر.

كان انزياحهما نحو الأحمر عالياً إلى درجة توحي بأن شميت وغرينشتاين اكتشفا نوعاً جديداً من الأجرام السماوية. فظهر أنهما يقعان على مسافة بعيدة جداً عن الأرض ويتراجعان بسرعة. ولأن أحداً لم يعرف ما هما، أطلق عليهما (quasi stellar radio sources) (مصادر راديوية شبه نجمية)، واختصرت بـ (quasars).

أثارت هذه الأجرام مجموعة من الأسئلة. في المقام الأول، كيف تُصدر ضوءاً بهذا اللمعان؟ إن كويزراً قوياً يمكن أن يكون أسطع من درب التبانة كلها بمئة مرة، لكنه لا يتجاوز حجم منظومتنا الشمسية. فمن أين جاءت هذه الطاقة؟ هذا، وإن الكويزرات تقع في أبعد موقع من الكون، بعضها على بعد أكثر من عشرة بلايين سنة ضوئية ويتحرك بمعدل 90 في المئة من سرعة الضوء.

وفي أواخر الثمانينيات، استعمل شميت، و (Gunn)، وشنايدر (Schneider) تلسكوب پالومار الكبير فعثروا على عشرة كويزرات جديدة تبعد زهاء 14 بليون سنة ضوئية عن الأرض. كان أحد هذه الكويزرات، ويدعى (pc 1158-4635)، أبعد جرم سماوي شوهد. وكان لهذا الكويزر أكبر إنزياح نحو الأحمر، وهو 4,73. ويعتقد النظريون أن جرماً بهذا المقدار من الانزياح ينبغي أن يتحرك بسرعة تعادل 93 في

المئة من سرعة الضوء. وهناك، على أية حال، خلاف بين علماء الفلك حول انزياح الكويزرات نحو الأحمر، وفيما إذا كان لها نفس خصائص انزياح المجرات نحو الأحمر. ويعتقد بعض الفلكيين أن الضوء المنزاح نحو الأحمر لا علاقة له بالسرعة، وهذا يدعو إلى التفكير في إيجاد تفسير آخر.

وإذا فكرنا من منظور الانفجار الكبير، فإن هذا الكويزر كان موجوداً عندما كان حجم الكون 18 في المئة فقط من حجمه الحالي، و7 في المئة من عمره الحالي، أو عندما كان عمره بليون سنة فقط.

وقد أدهشت أنباء اكتشافه علماء الفيزياء الفلكية في العالم عندما نشرت في تشرين الثاني/نوفمبر من العام 1989. لقد ذُهلوا، ذلك أن كويزراً على هذا البعد وبمثل هذا القرب من فجر الزمن [من منظور الانفجار الكبير] لا يمكن أن يوجد، لأن (4635 + 1158 pc) لم يترك سوى زمن قصير جداً من النموذج الحالي لنشوء الكون للانتقال من الانفجار الكبير إلى التشكيلات النجمية كالمجرات.

وقال شميت: «يبدو أن الكويزرات مرتبطة بنشوء المجرات. وهذا الكويزر يعني أن الأجرام التي هي بحجم المجرات تكونت عندما كان الكون أصغر عمراً مما كنا نتصور. إنه يطرح تساؤلات جادة بشأن النظريات المتعلقة بنشوء المجرات والكون».

واعترف إدوين تيرنر (Edwin Turner) ـ أحد النظريين

الكبار في جامعة برنستون ـ بأن «هذه الكويزرات ذوات الانزياح العالي نحو الأحمر، إلى جانب التجمعات الهائلة من المجرات التي نشاهدها، أشبه بملزمة (كماشة) تضغط على جانبي نظرياتنا». وأكد: «أن الكماشة تزداد ضغطاً إلى حد أنها على وشك أن تحطم كل النظريات الراهنة. لا أشعر أننا نعمل في ميدان نفهمه تماماً. إنه لوضع مزعج تماماً. نحن النظريين نشعر بحالة من الاحباط حقاً عندما تخذلنا الأجوبة».

عالم المجرات العجيب

قبل مئة وثلاثين عاماً، لاحظ علماء الفلك أن مجموعات من مئة بليون نجمة أو أكثر تشكل المجرات، وأن هذه المجرات منفصلة عن بعضها البعض الآخر بمساحاتٍ فارغة أكبر. وفي الثلاثينيات من القرن العشرين، أظهرت الأرصاد أن المجرات تتجمع سوية في مجموعات، بعضها يشتمل على ألف مجرة.

ثم بات معروفاً في أوائل السبعينيات من القرن العشرين أن هذه التجمعات الكروية مترابطة مع بعضها بأواصر أكبر، وصارت تدعى مجموعات مجرّيّة كبرى. وفي حين أن عرض المجرات مجرد مئة ألف سنة ضوئية، وأن عرض المجموعات المجرية ليس أكثر من عشرة ملايين سنة ضوئية أو نحوها، فإن عرض المجموعات الكبرى قد يبلغ مئة مليون سنة ضوئية من الفضاء.

وهناك نظريتان حول تشكّل النجوم، والمجرات، والمجموعات المجرية. الأولى ويطلق عليها من الأسفل إلى الأعلى، تذهب إلى أن النجوم تكونت في البدء، ثم المجرات، ثم مجموعات المجرات. أما النظرية الثانية فتسمى من الأعلى إلى الأسفل، وتذهب إلى أن المجموعات المجرية تشكلت أولاً، ثم المجرات، ثم النجوم. لكننا إذا افترضنا أن الكون وجد منذ الأزل، وسيبقى إلى الأبد، فهل سيبقى معنى لطرح مثل هاتين الفرضيتين؟

على أية حالة، يقال: إن بضعة ملايين من السنين تكفي لتشكل النجوم. أما المجرات فإن بليون أو بليوني سنة يتطلبها تشكلها. وأما مجموعات المجرات فأكثر من ذلك. وعندما اكتُشفت المجموعات المجرية، ظهرت في الساحة الفلكية إشكالات، وواجه علماء الكونيات في الثمانينيات من القرن العشرين صعوبات في التغلب عليها. فقد كانت هذه الأجرام من الكِبَر بحيث يصعب الاعتقاد بأنها تشكلت في بحر عشرين بليون سنة (وهو أكثر من عمر الكون كما تزعم نظرية الانفجار الكبير).

وليس من الصعب معرفة السبب. فعلماء الفلك يستطيعون من ظاهرة الانزياح نحو الأحمر في المجرات أن يعلموا ليس بُعدها فحسب، بل على العموم أيضاً سرعة حركتها بالنسبة لبعضها البعض الآخر. ولنتذكر، أن الانزياح نحو الأحمر يدل على سرعة حركة ابتعاد الجرم عنا. والانزياح نحو

الأحمر يزداد مع المسافة، وكذلك مع سرعة الجرم الذاتية أيضاً، بالنسبة إلى الأجرام المحيطة به. وبالوسع فرز هاتين السرعتين. واتضح أن المجرات لا تتحرك أسرع بكثير من زهاء ألف كيلو متر في الثانية، وهذه السرعة تُعادِل واحداً من ثلاث مئة من سرعة الضوء.

وفي العام 1986 اكتشف الفلكي الأميركي برنت تلي (Brent Tully)، العامل في مرصد هاواي، تكتلات مجرّية هائلة. ولاحظ أن كل المجرات تقريباً التي تقع على بعد بليون سنة ضوئية عن الأرض متركزة في أشرطة هائلة من المادة طولها حوالي بليوني سنة ضوئية، وعرضها ثلاث مئة مليون سنة ضوئية، وسمكها مئة مليون سنة ضوئية.

وكان رد فعل معظم علماء الكونيات لأرصاد «تلي» رفضها بالكامل. لكن الوضع أصبح متعذراً الدفاع عنه. ففي أثناء العام 1987 حلل تلي معطياته بعناية، مؤكداً أن من غير المحتمل إلى حدٍ كبير أن تحدث عملية تجمع المجرات مصادفة من تجمعات مبعثرة تلقائياً، أو نتيجة لأخطاء في حساباته.

في السبعينيات من القرن العشرين طرحت الفلكية ڤيرا روبن (Vera Rubin) أدلة حول حركة المجرات لا تتفق مع تمددها وفق ميكانيزم هَبُلْ [المزعوم] الذي بات متعارفاً عليه. ومع أنها كانت من بين أنصار نظرية الانفجار الكبير الأوائل، إلا أن الشك بات يساورها: هل تتحرك المجرات بصورة

أخرى غير المتعارف عليها، أي غير ابتعادها عنا؟ أتراها تتحرك حركة دورانية هائلة حول الكون برمته، على نحو ما تفعل النجوم في دورانها حول المجرة؟ كانت ڤيرا روبن شابة، أصغر من أن يُتاح لها العمل في التلسكوبات الكبيرة، فضلاً عن حساسية الدوائر العلمية من كونها أنثى (حتى في أميركا). وقدمت رسالتها العلمية «دوران الكون» إلى الجمعية الفلكية الأميركية. فاعتبر كل أعضاء الجالية الفلكية تقريباً هذا العنوان متواقحاً بالنسبة لخريجة لا يتجاوز عمرها الثانية والعشرين. ففي المقام الأول أن معلوماتها كانت شحيحة جداً (عن 108 مجرات فقط). وثانياً، أن كورت غودل (Kurt Godel)، الرياضي العالمي الشهير في معهد الدراسات العليا في پرنستون وزميل وصديق آينشتاين، كان يعالج موضوع دوران الكون. فكيف تجرؤ هذه الأنثى الشابة على الإقدام على مشروع كهذا؟ وهكذا رُفضت رسالتها العلمية حتى بعد أن غيرت عنوانها. كان ذلك في أوائل الخمسينيات. (مع ذلك سوف نرى أن كل شيء في الكون يدور).

لكنها في الستينيات أصبحت أول امرأة سُمح لها باستعمال التلسكوب في مرصد پالومار الشهير قرب سان دييغو. وفي العام 1965 اشتركت في العمل، في معهد كارنيغي في واشنطن، مع كينت فورد (Kent Ford) الفيزياوي ومصمم الآلات الفلكية.

وسبقت الاشارة إلى أنه تحت إدارة مارتن شميت في مرصد پالومار، رصد الفلكيون أبعد الأجرام السماوية في الكون. فاكتشفوا كويزرات، تبعد بلايين السنين الضوئية، وكانت يومئذٍ أبعد الأجرام المكتشفة. وكانت تبتعد بسرعة تعادل 90 في المئة من سرعة الضوء.

وعملت ڤيرا روبن مع كينت فورد في رصد الكويزرات، مثلما كان كل فلكي تقريباً يفعل. كانت تلك أياماً اتسمت بالمنافسة الشديدة. لهذا عادت ڤيرا روبن مع فورد إلى موضوعها الأول، حركة المجرات بصورة مستقلة عن التمدد الكوني.

في أواخر الستينيات وأوائل السبعينيات لم تكن المجرات القريبة موضع اهتمام معظم الفلكيين، لأنهم كانوا مسكونين بهموم أخرى (بما في ذلك موضوع الكويزرات). بيد أن عدداً قليلاً من الفلكيين لاحظ ما يمكن أن يُعتبر علاقة ضعيفة بين إنزياح طيف هذه المجرات نحو الأحمر ومسافاتها. ومع ذلك، لم تكن هذه مدعاة للقلق. فقد كان الجميع يعتقد بأن هذه الفوراق كانت نتيجة لأخطاء تقنية.

ومنذ رسوخ الاعتقاد بأن الكون ماضٍ في تمدده، ظن الفلكيون أن المجرات التابعة لما يسمى بالمجموعة المحلية تتجول في الفضاء على هواها، كما يبدو. كانت هذه المجرات تبدو كأنها تتحرك بصورة مستقلة عن التمدد (الكوني) العام، واعتبر الفلكيون هذه الظاهرة حركة غريبة.

ولاحظ الفلكيون أن بعض هذه المجرات التابعة للمجموعة المحلية يتحرك باتجاهنا بدلاً من الابتعاد عنا بتأثير جاذبية مجرتنا (درب التبانة) الكبيرة. وقد اعتُبرت هذه الحركة الغريبة لهذه المجرات ضعيفة لا تنطوي على أهمية تذكر. إذْ لو كانت هذه الحركة باتجاهنا قوية لأظهرت إنزياحاً نحو الأزرق في الطيف اللوني. لكن الواقع غير ذلك.

وفي السبعينيات قاست ڤيرا روبن وكينت فورد الحركات الغريبة لهذه المجرات المتجولة. وذات يوم اكتشفا شيئاً مثيراً للانتباه. لم تكن للمجرات القريبة وحدها حركة إضافية على نحو ملحوظ، بل إن مجرة درب التبانة نفسها تتحرك بسرعة خمس مئة كيلومتر في الثانية لا علاقة لها بالتمدد الكوني. وكانت هذه الحركة، بدلاً من ذلك، لها علاقة بمجموعة من المجرات البعيدة، وكانت على نحو أكيد أكثر غرابة مما كان الفلكيون يتصورونه.

لكنْ سرعان ما تعرض فورد وروبن للانتقاد. ونصحهما الفلكيون المتنفذون بالتراجع عن بحثهما... وانكفأت ڤيرا روبن عن عملها، خشية أن يُستغنى عن خدماتها.

على أية حال، واصل فورد وروبن أرصادهما للمجرات القريبة. فلاحظا أن النجوم والغازات في أطرافها تتحرك بنفس سرعة أمثالها التي في المركز. وبدا هذا أشبه بالاستحالة طبقاً لقوانين الجاذبية في الفيزياء. (ذلك أننا نعرف أن الكواكب، مثلاً، في منظومتنا الشمسية، القريبة من

الشمس تتحرك بصورة أسرع من الكواكب البعيدة عن الشمس).

فهل هناك خطأ ما؟ ما الذي يشد المجرات بعضها إلى البعض؟ وأدركت ڤيرا روبن أن الجاذبية هي القوة الوحيدة التي لها مثل هذا التأثير الشديد ليجعل المجرات متماسكة فيما بينها رغم سعتها الكبيرة. وحيثما تكون هناك جاذبية، فلا بد من وجود كتلة بشكل من أشكال المادة.

فما هي، علماً بأنها غير منظورة. ومهما يكن من أمر فقد توصلت ڤيرا روبن وكينت فورد إلى أن هناك مادة إضافية، مادة مجهولة من أصل غير معروف، في كل مجرة من المجرات التي رصداها. ولعل ما هو أكثر غموضاً، أن هذه المادة المجرّية الخفية كانت على الأقل عشر مرات أثقل من النجوم المضيئة التي يستطيعان رؤيتها بواسطة التلسكوب. يبدو، اذن، أن زهاء تسعين في المئة من المادة في الكون لم يُحسب لها حساب في الماضي.

في العام 1977 أُطلقت مناطيد مزودة بأجهزة قادرة على قياس التغيرات الدقيقة جداً في أشعة المايكروويف الكونية. وأدهشت النتائج الجميع تقريباً. كانت الاشعاعات منزاحة قليلاً باتجاه النهاية الحمراء للطيف في جانب واحد من السماء، وقليلاً باتجاه النهاية الزرقاء في الاتجاه الآخر من السماء.

كانت النتيجة لا مفر منها: إن الأرض، والمنظومة

الشمسية، كانت تنطلق بسرعة في اتجاه الخلفية الشعاعية ذات الانزياح الأزرق. وهذا يعني أن مجرة درب التبانة برمتها تتحرك حركة لا علاقة لها بالتمدد الكوني العام. ثم أثبتت الحسابات التالية على أن مجرة درب التبانة لم تكن وحدها في هذه المسيرة عبر الفضاء. كانت المجموعة المحلية كلها، المؤلفة من زهاء ثلاثين مجرة، تتحرك بنفس الاتجاه. وكانت السرعة أكبر حتى مما ذكرها فورد وروبن، ليست خمس مئة بل ستمئة كيلومتر في الثانية (حوالي 2% من سرعة الضوء).

ويُستفاد من المعلومات الطيفية أن مجرة درب التبانة تتحرك في الفضاء، باتجاه معاكس تقريباً للاتجاه الذي أشار إليه فورد وروبن.

وقد طُرحت آراء مختلفة لتفسير ذلك، من بينها عامل الجاذبية. هل هو ثقب أسود هائل، كيان كثيف في جاذبيته بحيث أن الضوء لا يستطيع الإفلات من قبضته الجبارة؟ أم أنه أبسط من ذلك: مجموعة من المجرات المجهولة كبيرة إلى درجة أنها تسحب مجموعتنا المحلية من المجرات كلها من مسيرتها الطبيعية في هروبها بعيداً مع بقية الكون؟ (بمقتضى نظرية الانفجار الكبير).

واطلق الفلكيون إسم **الجاذب الكبير (Great Attractor)** على هذا الساحب الغامض. وتجند العديد من الفلكيين لرصد هذا الجاذب الكبير، مع دراسة سرعات المجرات التي قد يكون لها تأثير على مسيرتنا في الكون. وراحوا يقيسون

الانزياحات نحو الأحمر لمئات المجرات، وهو أمر يتطلب القيام بأرصاد وحسابات معقدة.

وفي العام 1987 أعلن فريق من علماء الفيزياء الفلكية، بعد رصد أربع مئة مجرّة في منطقتنا من الكون، عن نتائج هزت عالم الفيزياء الفلكية: أن كل مجرة قريبة، بما فيها الأعضاء في مجموعات مجرّية ومجموعات فائقة الحجم عملاقة، تنطلق في سرعة تتراوح بين ست مئة وسبع مئة كيلومتر في الثانية نحو نقطة في السماء تبعد زهاء 300 مليون سنة ضوئية خلف مجرة الهايدرا ـ قنطورس. وأُطلق على هذا الفريق اسم: الساموراي السبعة... وقام هؤلاء الساموراي السبعة بحساب كتلة هذا **الجاذب الكبير** فكانت زهاء عشرات العشرات من الآلاف المؤلفة من المجرات.

وفي العام 1989 أعلن إثنان من الساموراي السبعة، هما ألن دريسلر (Alan Dresler)، وساندرا فبير (Sandra Faber)، أن هذا **الجاذب الكبير** يبدو أنه عبارة عن مجموعتين هائلتين شديدتي الكثافة جداً من المجرات يبلغ طولهما ثلاث مئة مليون سنة ضوئية عبر الكون خلف الهايدرا ـ قنطورس. وبواسطة تأثيرهما الجاذب، أمكن حساب كتلة هاتين المجموعتين الفائقتين بما يعادل عشرة آلاف ترليون ضعف كتلة الشمس، أو زهاء عشرين ألف مرة ضعف كتلة مجرتنا درب التبانة. ويبدو أن هذا كان جاذباً من شأنه أن يجذب كل الأجرام الجاذبة الأخرى.

ويبدو أن مجرتنا، درب التبانة، تتعرض إلى جذب أو سحب من اتجـاهات شتى بحيث يصعب تصور كيف سيكون مستقبلها. وبدأ الفلكيون يعتقدون أن هناك جواذب كثيرة تفعل فعلها في ذهاب وإياب كل مجرة في جوارنا الكوني. وطُرح عدد من الاسئلة: هل إن **الجاذب الكبير** نفسه يتحرك في اتجاه جاذب كبير آخر؟ لقد اكتشفت ڤيرا روبن مع كينت فورد أن هناك كميات هائلة من المادة غير المضيئة، والقوية في جاذبيتها في كل مجرة.

وبين هذه التشكيلات العملاقة كانت هناك مفاجأة أخرى: إمتدادات هائلة من الفضاء الفارغ خالية من أية مادة تقريباً. وقُدر أحد هذه الفراغات بما يعادل قطره 300 مليون سنة ضوئية. واعتبر معظم الفلكيين مثل هذه الخلاءات العملاقة تمثل شذوذات محلية لا معنى لها في المخطط الهائل لتطور الكون.

وفي الثمانينيات بدأ جون هكرا (John Huchra) بالعمل على مسح زهاء ثلث السماء على بعد 250 مليون سنة ضوئية. وتُعتبر هذه مسافة متواضعة نسبياً. فقد كانت هناك أمائر لتبعثر مجرات بصورة غير متساوية. وفي العام 1985 بدأ القيام بعملية مسح أكثر انتظاماً لمعرفة كم مجرة توجد في حجم معين من الفضاء، وهي مسألة ظلت موضع اهتمام في علم الفلك الحديث. وعمل جون هكرا مع العالِمة الفلكية مارغريت جيلر (Margaret Geller)، واكتشفا بنياناً كونياً طوله

500 مليون سنة ضوئية على الأقل وسُمكه 15 مليون سنة ضوئية. ولم يستطيعا تحديد حجمه بصورة مضبوطة لأنه تجاوز حافة مسوحاتهما، لكنهما أطلقا عليه إسماً، على أية حال، هو **السور العظيم**. وقدرت مارغريت جيلر أنه قد يكون مؤلفاً من أسوار أخرى أكبر: نظام من آلاف المجرات منتشر عبر السماء على هيئة منطاد متداعٍ، ذاك هو السور العظيم، الذي يمكن اعتباره أكبر بناء متماسك شوهد حتى الآن في الكون.

لقد صُعق الباحثون النظريون. كان هذا التحدي الأخير لحساباتهم الرياضية أكبر مما يمكن تصوره وهائلاً في كتلته بحيث يتكون بفعل الجاذبية المتبادلة بين مجراته فقط. وأسوأ من ذلك، هناك مؤشرات إلى أن السور العظيم قد يكون مجرد واحد من سلسلة من مُلاءات مجرّية عملاقة مصفوفة الواحدة بعد الأخرى في تركيب يشبه قرص العسل بفراغات حجمها 400 مليون سنة ضوئية فيما بينها. ومن الطريف والمحير في آنٍ معاً أن مخطط جيلر ـ هكرا شمل أقل من واحد بالألف من حجم الكون (المنظور طبعاً). وقد اعترفت جيلر بأن هذه التغطية كانت صغيرة، لكنها كانت تعلم أنها كانت ترى مخططات غير متوقعة في توزع المجرات. وأكدت: «هناك شيء أساسي مفقود في نماذجنا. فنحن لا نعرف كيف يمكن تكوين تشكيلات هائلة في إطار الانفجار الكبير».

كما كشف فريق من الراصدين الأميركان، والبريطانيين، والمجريين النقاب عن تشكيلات أكبر. لقد شخُص هذا الفريق إلى أعمق أعماق الفضاء في اتجاهين متعاكسين، فاحصاً بدقة «حُفراً» ضيقة فقط في الفضاء. وكان المخطط الاجمالي يمتد عبر رُبع محيط الكون المنظور، وهي مسافة تزيد على سبعة بلايين سنة ضوئية. وبدا أن المجرات تتحرك بسرعة بطيئة جداً بالنسبة لبعضها البعض الآخر، ليس أكثر من خمس مئة كيلومتر في الثانية. وبهذه السرعة، يبدو أن النسق من الفراغ والهيكل استغرق على الأقل مئة وخمسين بليون سنة ليتشكل، ويعادل سبعة أو ثمانية أضعاف السنين التي استغرقها الانفجار الكبير منذ حدوثه حتى الآن.

بلبلة؟

وهكذا، فإن كتلة ڤيرا روبن من المادة المجرّاتية المفقودة، إلى جانب السور العظيم الذي اكتشفته مارغريت جيلر مع جون هكرا، مع التشكيلات المجراتية الهائلة الجديدة، لم يكن بالامكان مشاهدتها، لو كانت النظريات التي طرحت بشأن الانفجار الكبير صحيحة.

وفي أوائل الثمانينيات، أصبح نموذج المادة السوداء الباردة رائجاً بين علماء الكونيات وعاملاً مهماً في نشوء المجرات. وكان مجترحوه هم مير ديڤز (Mare Davis)،

وجورج ايفستثيو (George Efstethiou)، وكارلوس فرينك (Carlos Frenck)، وسايمون وايت (Simon White). وبعد ظهور التقارير المبكرة لأرصاد جيلر ـ هكرا التي أكدت وجود تكتلات مجراتية كبيرة، بدأت الشكوك حول المادة **الدكناء** الباردة تطفو على السطح. لكن أنصار النموذج لم يتراجعوا، بالطبع.

وكان كارلوس فرينك يعتقد أن السور العظيم، الآلاف المؤلفة من المجرات، كان «هراء». فهو يرى، مع آخرين، أن المشاهدات لم تُغطِّ سوى بقعة ضيقة من السماء، وهذا لا يصلح أن يجعلنا نقفز إلى تعميم أوسع من ذلك: «إنه ليس تحليلاً إحصائياً».

وأبدى نظريون آخرون شكوكهم حول القفز إلى استنتاجات قاطعة من رسوم بيانية متأنقة تم رسمها بواسطة الكومبيوتر (الحاسوب). فقد أعاد جيم پيبلز (Jim Peebles) النظر في قناعته السابقة بالانزياحات نحو الأحمر التي توصل إليها جيلر وهكرا. وقال في ندوة نوبل لعام 1990 في السويد: «إحذروا من الأسوار العظيمة».

مع ذلك، يبدو أن نموذج المادة **الدكناء** الباردة لم يعد قادراً على تفسير نشوء المجرات في إطار هذا الزمن والمدى الفضائي. ومما زاد الطين بلة بالنسبة لنموذج المادة **الدكناء** الباردة، أن كويزرين إثنين تم اكتشافهما في منتصف العام 1991 قدما تحديات جديدة للمحاكاة الحاسوبية. لقد اكتشف

أَحَدَهما ريتشارد ماكماهون من جامعة كيمبردج، ومايكل إِرْوِنْ من مرصد غرينتش الملكي. وكان أكثر الأجرام لمعاناً في الكون، بما يعادل ـ في لمعانه ـ عشرة مرفوعة للأس 15 من الشموس. فكان هذا اكتشافاً صاعقاً. ذلك أن لمعان هذا الكويزر الفائق (الذي يُعرف رسمياً برقم BR 1202-07) وبُعده يشيران إلى أن بعض المجرات ينبغي أن تكون موجودة عندما كان الكون عمره سبعة في المئة من عمره الحالي، أو ربما أقل من بليون سنة عمراً (طبعاً وفق نظرية الانفجار الكبير). فكيف يمكن تفسير ذلك. إن نموذج المادة **الدكناء** الباردة غير قادر على تفسير كيف أن تموجات المادة البدائية، اذا وُجدت أصلاً، كان بوسعها أن تنمو بهذه السرعة لتكوين مثل هذا الكويزر.

واكتشف (Schmidt) و (Gunn) كويزراً آخر باستعمال تلسكوب پالومار ذي الخمسة أمتار. وكان إنزياحه الأحمر 4,9. وكان يُعتقد أنه أبعد جرم على الإطلاق. فإذا كان الانزياح نحو الأحمر صحيحاً، فمعنى ذلك أن الكويزر وُجد عندما كان الكون يعادل 6,7 من حجمه الحالي.

وعلى أية حال، كانت المجموعات المجرية الفائقة أكثر مدعاة للقلق. لكن بعض منظّري المادة **الدكناء** يرون أن سر الجاذبية الهائلة في هذه التشكيلات يعود إلى هذه المادة **الدكناء** الغريبة.

ويبدو أن النساء العاملات في ميدان علم الفلك أكثر ميلاً

إلى الجانب التطبيقي من النظري. فمارغريت جيلر ترى أن معظم الجهود النظرية كانت عبارة عن سفاسف. إنها تؤمن بصحة المعلومات التي تُضخ إلى دائرتها في كيمبردج من تلسكوبات أريزونا. وبقدر تعلق الأمر بها، يعود سبب فشل النظريات إلى كونها أهملت المعطيات، والقياسات، والأرصاد الحقيقية عن الكون. إن عيب النظريين هو أنهم كفوا، ببساطة، عن الاهتمام بما يجري في هذا الميدان. وقالت جيلر: «عندما أسمع عن هذه المادة **الدكناء**، فإنها تبدو لي أشبه بالأثير. ما هي؟ وأين هي، هذه المادة التي تقدم تفسيراً لكل شيء؟».

البحث عن مخرج

بعد أن لم يعد من السهل الطعن في الأرصاد التي دعت إلى الاعتقاد بوجود «الجاذب الكبير» و «السور العظيم»، والكويزرات، إلخ، عمد علماء الكونيات إلى طرح أفكار جديدة، تستند إلى قوانين فيزيائية جديدة تماماً، لردم الثغرة بين المشاهدات وتنبؤات نظرية الانفجار الكبير. وأصبح ذلك ظاهرة معروفة في علم الكونيات: مع كل إشكال تُطرح فرضية جديدة.

إن وجود تجمعات مجرّية فائقة يُعتبر تحدياً جدياً للانفجار الكبير، لكنه ليس الوحيد: هناك مسألة المادة **الدكناء** (dark (matter) التي لها علاقة وثيقة بهذا الموضوع (كحلٍ محتمل)، لكن مسألة وجودها تبقى رجماً في الغيب، رغم أن كثيراً من العلماء باتوا يتحدثون عنها كشيء مفروغ منه.

ولعل المادة **الدكناء** أكثر الأشياء مدعاة للحيرة في علم الكونيات التقليدي. فمعظم الكوزمولوجيين يذهبون إلى أن 99 في المئة من الكون غير المنظور، معتم، لا يبث إشعاعاً قط. والكون الذي نشاهده ـ النجوم، والمجرات، وما إلى ذلك ـ لا يشكل سوى واحد أو اثنين في المئة من الكل. أما البقية فشكل من أشكال المادة غريب ومجهول، جسيمات افترضتها النظرية لكنها لم تُشاهد أو تُرصد.

طُرحت هذه الفكرة في أوائل الثمانينيات وأصبحت تُعتبر ركناً أساسياً من كوزمولوجيا الانفجار الكبير الحديثة.

وحتى قبل موضوع تشكيلات التجمعات المجرّية الكبرى أدرك علماء الكونيات أن هناك صعوبة أمام تشكل حتى المجرات. وعلى أية حال تفترض نظرية الانفجار الكبير أن هذه الأجرام تنمو بفعل قوة الجاذبية من تكتلات صغيرة، تدعى تموجات (Fluctuations)، في الكون المبكر (عمراً).

وأدرك العلماء النظريون أن هناك مادة قليلة في الكون. وكلما كانت هناك مادة قليلة، فإن الجاذبية تكون ضعيفة، وبالتالي ستكون التموجات أبطأ في تكوين المجرات الكبرى. ومن ثم إذا كانت التموجات صغيرة جداً في البداية، فإن الأمر يقتضي وجود مادة أكثر لكي تنمو بصورة أسرع.

ولدى علماء الفلك وسيلة لمعرفة مقدار المادة التي نستطيع مشاهدتها. إنهم ببساطة يحسبون عدد المجرات. ومن خلال معرفة مقدار لمعان النجوم، يحسبون بصورة إجمالية كم هو مقدار المادة الموجودة في حجم معين من الفضاء، وتوصلوا إلى أن كثافة الكون تبلغ زهاء ذرة واحدة لكل عشرة أمتار مكعبة من الفضاء.

ورأى الكوزمولوجيون أن هذا ليس كافياً. فهم بحاجة إلى ما يعادل مئة ضعف هذا المقدار. فلكي تتشكل المجرات كنتيجة للانفجار الكبير، لا بد أن تكون هناك كمية من المادة في الكون يكون بوسع جاذبيتها أن توقف تمددها (طبقاً لنظرية الانفجار الكبير: أن الكون بما في ذلك مادته في حالة تمدد).

لكن هذا يتطلب كثافة تُعادِل حوالي عشر ذرات لكل متر مكعب. واتفق علماء الكونيات على التعبير عن كثافة الكون كنسبة إلى الكثافة المطلوبة لوقف التمدد، وهي نسبة أطلقوا عليها اسم الحرف اليوناني الأخير «أوميغا». فإذا كانت هناك مادة كافية لوقف التمدد، فإن أوميغا ستساوي 1. وقد اتضح، على أية حال، أن أوميغا تساوي حوالي 0,01، أو ربما 0,02؛ وهذا يُعادِل واحداً بالمئة من المادة المطلوبة لوقف تمدد الكون، وهو لا يكفي بأية حال من الأحوال لمضاعفة التموجات بالسرعة الكافية لتشكيل المجرات.

هنا دخلت المادة **الدكناء**. إذا كانت أوميغا تساوي 1

حتماً، أو قريباً من ذلك، فإن الجاذبية ستفعل فعلها بسرعة بحيث أن التموجات الطفيفة من شأنها أن تنمو إلى حجم مجرة في الزمن الذي تتطلبه نظرية الانفجار الكبير. وهكذا **افترض** النظريون ببساطة أن هذا كان صحيحاً. (أما إذا لم يكن الأمر كذلك فإن النظرية برمتها ستتهاوى). بيد أن الراصدين لا يشاهدون هذا المقدار من المادة، سواء بواسطة التلسكوبات البصرية أو الراديوية. ولما كان **ينبغي** لها أن توجد، وإن لم تشاهَد، فلا بد أن تكون «**دكناء**» وغير منظورة. وهكذا كانت المادة **الدكناء** «الرجل الصغير الذي لم يكن هناك»، على حد تعبير أريك ليرنر (Eric Lerner).

وهكذا، مثل الملكة البيضاء (في المرآة) في قصة لويس كارول. التي أقنعت نفسها قبل إفطارها، بالإيمان بالعديد من الأشياء المستحيلة، قرر علماء الكونيات أن 99 في المئة من الكون عبارة عن جسيمات افتراضية غير منظورة، كما يقول أريك ليرنر. لكن علماء الكونيات وجدوا عزاء في وجود دليل بأن بعضاً من المادة **الدكناء** يمكن أن يوجد. وإذا وُجد بعضها، فلم لا يوجد المزيد؟

بحثاً عن المادة الدكناء

كان الدليل في دراسة دوران المجرات، وحركات المجرات، في المجموعات والتجمعات الأكبر. فالمجرات

تدور مثل دولاب الهواء وتتحرك في التجمعات المجرية في مدارات أنشوطية. ولدى قياس مقدار الانزياح نحو الأحمر في النجوم أو الغيوم الغازية في المجرات، أو في مجرات المجموعات المجرية، يستطيع الفلكيون استنتاج سرعة دوران المجرات وسرعات المجرات نفسها. فإذا كانت المجرات والمجموعات المجرية مشدودة إلى بعضها البعض الآخر بواسطة الجاذبية، كما يعتقد الفلكيون، فإن مادة أية مجرة أو مجموعة مجرية يمكن التوصل إليها بواسطة قانون الجاذبية لنيوتن. وكلما كانت سرعات النجوم في مجرة ما، أو في مجرات المجموعات المجرية، أكبر، فإن القوة التي تشدها إلى المدار يجب أن تكون أكبر؛ وهذا أشبه بقياس قوة رامي المطرقة في الألعاب الأولمبية، من خلال قياس السرعة التي بواسطتها يستطيع تدوير المطرقة حواليه دون أن يطلقها. فكلما كان تدوير المطرقة أسرع، فإن هذا يدل على أن رامي المطرقة يتمتع بقوة أكبر.

ولاحظ الفلكيون أنه يبدو أن هناك مادة أكثر في المجرات، إذا قيست بهذه الطريقة، مما يمكن توقعها في النجوم. وكذلك يبدو أن هناك مادة أكثر في التجمعات المجرّية من المجرات التي تتشكل منها: من خمسة إلى عشرة أضعاف أكثر. ولعل هذه المادة الاضافية هي المادة **الدكناء**؛ التي تصورها الفلكيون، كما يقول أريك ليرنر.

(يتحدث علماء الفيزياء الفلكية عن المادة **الدكناء**، غير المنظورة، وعن شيء آخر مختلف، أُطلق عليه المادة المفقودة. وفي حين «يؤكد» الفلكيون أن المادة **الدكناء** موجودة، فإن المادة المفقودة ربما لا وجود لها. لقد افتُرض وجود هذه الأخيرة من قبل النظريين الذين يؤمنون بأن اوميغا يجب أن تساوي 1).

ولسوء الحظ، لم يكن هناك ما يكفي لجعل أوميغا تساوي 0,1، وهي كمية أقل بكثير من أن تجعل الكون مغلقاً، وتحل المسائل الأخرى التي تواجه نظرية الانفجار الكبير. بيد أن الكوزمولوجيين تصوروا أن هناك بعض المادة **الدكناء** على الأقل، لا تكشف نفسها بواسطة الجاذبية، كما جاء أعلاه.

وكان هذا أشبه بخيط رفيع تتعلق به نظرية عن الكون برمته؛ وفي العام 1984 إنقطع هذا الخيط، كما يقول اريك ليرنر.

لقد أخذ ماوري ڤالتونين (Mauri Valtonen) من جامعة تُوركُو في فنلندة، وجين بيرد (Gene Byrd) من جامعة ألاباما في الولايات المتحدة، على عاتقهما دراسة هذا الدليل عن المادة **الدكناء**. وبدآ بالتجمعات المجرية، حيث اعتقدا أن هناك مضاعفات واعدة. كان الانزياح نحو الأحمر في المجرات يُستعمل لغرضين: الأول، لقياس المسافة إلى المجرات، وهكذا لمعرفة اذا كانت جزءاً من المجموعة

المجرية؛ والثاني، لقياس سرعاتها في إطار المجموعة المجرية. على أن هناك احتمالاً ممكناً للخطأ: فالمجرة الأقرب إلينا من مجموعتها المجرية التي يبدو أنها تنتمي إليها يمكن أن تعتبر خطأً كواحدة من المجموعة المجرية المتحركة باتجاهنا، في حين أن المجرة البعيدة يمكن أن يساء تشخيصها كمجموعة مجرية تتحرك بعيداً. وفي هذه الحالة ستكون «متطفلة»، تبدو كجزء من المجموعة المجرية، بينما هي في واقع الحال بعيدة كثيراً عنها. وإذا كانت هذه المتطفلات (التي هي في الحقيقة ليست جزءاً من المجموعة المجرية) مشمولة ضمن الحسابات، فإن سرعاتها ستزيد من المادة الظاهرية للمجموعة المجرية، موحية بوجود مادة ظاهرية من حيث لا وجود لها، «مادة مفقودة»... وقد لاحظ ڤالتونين وبيرد أن هناك ما يشير إلى مثل هذا الشيء.

وقد لاحظ الفلكيون الظاهرة الغريبة الآتية: إن أكثر المجرات لمعاناً في كل مجموعة مجرية تبدو أنها تبتعد بصورة أبطأ من المجموعة التي تنتمي اليها، أي أن انزياح المجرة الأكثر لمعاناً كان دائماً أقل من معدل انزياح المجموعة المجرية ككل.

وأظهر ڤالتونين وبيرد أن هذا ينبغي أن يُتوقع إذا كان بعض المجرات الموجودة ظاهرياً في المجموعة المجرية، طفيلياً في واقع الحال، وليس عضواً حقيقياً في المجموعة.

هناك سبب آخر، كما لاحظ هذان الفلكيان، حول احتمال زيادة تقدير مادة المجموعات المجرية. ذلك أن المجموعات المجرية تميل إلى أن تكون تحت سيطرة زوج من المجرات الإهليليجية الثقيلة جداً. ويعتقد الفلكيون أن هذه المجرات تكاثرت مادتها إلى ما يُعادِل ألف مرة من وزن مجرتنا، وذلك عن طريق اجتذاب جارات أصغر. لكن بيرد وڤالتونين اكتشفا، باستعمال المحاكاة الحاسوبية، أن المجرات الصغيرة قد تعاني من مصير آخر: قد يتم الامساك بها في مجال جاذبية الزوج من المجرات الكبيرة ورميها بعيداً عن المجموعة المجرية بسرعة عالية.

وهنا كان مصدر آخر للخطأ. إذا شمل الفلكيون المجرات الهاربة كأعضاء في المجموعة المجرية، متصورين إياها أنها لا تزال مرتبطة بها بفعل الجاذبية، فهنا أيضاً سيغالون في تقدير جاذبية المجموعة المجرية وبالتالي مادتها، مثل قوة رامي المطرقة التي يمكن مغالاة مقدارها إذا قيست سرعة المطرقة **بعد** أن يرميها. فإذا شمل الفلكيون في حساباتهم المجرات التي انقذفت بعيداً من المجموعة المجرية والمجرات المتطفلة، فإن مادة المجموعة المجرية سيُغالى بها كثيراً. وفي الواقع، لاحظ ڤالتونين وبيرد أن هذين الخطأين مسؤولان عن **كل** «المادة المفقودة»: ليس هناك مادة دكناء في أزواج المجرات، ومجموعات المجرات، والتجمعات

المجرية. وعندما راقبا حركات التابعات الصغيرات، وجدا أن المجرات نفسها مساوية في الوزن للمادة المنظورة التي تتشكل منها.

وقد حظيت نتائج ڤالتونين وبيرد بتأييد العالِم الفلكي الأميركي شايا (E. Shaya) من جامعة كولومبيا. لقد قاس شايا سرعات ومواقع مئات المجرات في منطقة واسعة، ووزن كل المادة في التجمعات المجرية في الحال. فوجد أن قيمة أوميغا تساوي 0,03، وهي قريبة جداً من 0,02 القيمة التي توصل إليها بيرد وڤالتونين. وهنا أيضاً لا مكان للمادة **الدكناء**: حوالي نصف المادة يوجد في المجرات ونجومها الساطعة، ونصفها الآخر في الغازات المتوهجة المنجذبة بشدة إلى التجمعات المجرية والتجمعات الفائقة، الغاز الذي يمكن رصده بواسطة التلسكوبات الراديوية.

نُشرت هذه النتائج في مجلات علمية بارزة، ومع ذلك لم تُثر سوى القليل من الاهتمام، ولم تندَّ محاولات لدحضها. إنها تلغي بالكامل أي دليل عن المادة **الدكناء**، أي أن ما نراه في الكون هو ما هو قائم... لكنّ منظّري الانفجار الكبير يقولون، بدون المادة **الدكناء**، لا يمكن أن تتشكل المجرات، أو النجوم، أو الكواكب... لقد قال جون ماثر (John Mather)، بسخرية: «إذا كانت هذه النظريات صحيحة فلن نكون هنا». وجون ماثر هو أحد العلماء العاملين في

مشروع (COBE كوبي) (مستكشف الخلفية الكونية لتسجيل أدق الاختلافات في توزع المادة). معنى هذا أن التسليم بخطأ النظرية (نظرية الانفجار الكبير) يترتب عليه انهيار الاسطورة الكبرى، والإقرار بعبثية ولا جدوى الأبحاث القائمة عليها، باستثناء النتائج العلمية المفيدة التي تمخضت عنها هذه الأبحاث.

فما العمل؟ إن المؤمنين بنظرية الانفجار الكبير، وبينهم علماء كبار، لا يقرون بصحة المشاهدات والاستنتاجات التي لا تأتي في ناصر النظرية، وليسوا على استعداد لإعادة النظر في صحة النظرية. وقد أحيطت نظرية الانفجار الكبير بهالة من الدعاية منذ الخمسينيات والستينيات من القرن العشرين، وأصبحت نظرية مركزية ليس في عالم الفلك فحسب، بل وبالنسبة لكل النظريات الحالية حول بنية المادة والطاقة أيضاً. ومع ذلك كانت المشاهدات المتلاحقة تتعارض مع تنبؤاتها. هذه المشاهدات تقدم أدلة على أن الكون وُجد منذ زمن لم تكن له بداية ولن تكون له نهاية، على عكس ما تؤكد عليه نظرية الانفجار الكبير من أن الكون بدأ قبل زهاء 15 بليون سنة.

ومركز الثقل في نظرية الانفجار الكبير هو ظاهرة الانزياح الطيفي نحو الأحمر، التي أفضت إلى القول بتباعد المجرات، وبالتالي بتمدد الكون. وتمدد الكون دعا إلى

الاعتقاد بأنه كان أصغر فأصغر كلما عدنا إلى الوراء في الزمن، إلى أن كان حجمه صفراً. وهذا يأتي متماشياً مع الإيمان بخلق الشيء من لا شيء (خلق كل شيء، بما في ذلك المادة، والفضاء، والزمن، من لا شيء). لكن قوانين الفيزياء تتعطل عند نقطة الصفر هذه (التي اصطلح عليها القائلون بالانفجار الكبير بنقطة الفرادة)، حتى باعتراف المؤمنين بهذه النظرية. وهذا من بين نقاط ضعف النظرية.

لكن أغرب ما في الأمر أننا وقفنا على رأي بسيط جداً لتفسير ظاهرة الانزياح نحو الأحمر، يختلف عما يقول به المؤمنون بنظرية الانفجار الكبير، وعن آراء العلماء الآخرين المعارضين لهذه النظرية. وهو رأي لم يصدر عن متخصص في علم الفلك، بل هاوٍ، هو ديريك شفيلد (Derek Sheffield). وسأنقل رأيه هنا للاستئناس به على الأقل، لأننا لسنا مؤهلين بأي شكل من الأشكال للحكم على هذا الموضوع بكافة أبعاده. جاء في كتاب *(A Question of Reason)* ما يلي:

كل شيء في الكون يدور إما مباشرة أو بصورة غير مباشرة حول قوة أكبر أو أكثر هيمنة: القمر حول الأرض، والأرض والقمر حول الشمس، والشمس حول قوة مشتركة في مركز مجرتنا، ومجرتنا تدور سوية مع زهاء عشرين مجرة أخرى في ما يُعرف بمجموعتنا المحلية. وهذه المجموعة ينبغي في

دورها أن تدور حول مجموعة أخرى أكبر من المجرات، وهكذا إلى ما لا نهاية.

وقياساً على ذلك يُفترض أن كل شيء في الكون يدور حول قوة أخرى أكبر، وقياساً على ذلك، أن كل شيء يتحرك في شتى الاتجاهات! هناك إذن مجرات تتحرك، ليس فقط باتجاهنا وبعيداً منا، بل إلى أعلى وأسفل أيضاً! وهكذا، إن «الانزياح نحو الأحمر» لا يمكن أن يعني تراجعاً، بل يجب أن يكون له معنى آخر!

إذا كان «الانزياح نحو الأحمر» لا يعني تراجع المجرات، وببساطة لأن لا شيء في الكون يتحرك في خطوط مستقيمة، فما هو البديل؟ ينبغي أن يكون الجواب أنه حين ينتشر طول الموجة الضوئية إلى الخارج فينبغي أن يفقد طاقته. لنأخذ الموجات التي تنتشر إلى الخارج من مركز بركة عندما تُلقى حصاة في مركزها. إن المسافة بين الموجات لا تتغير. فإذا ترجمنا هذا إلى الأجرام المتحركة في الكون، فإن هذا يعني أنه إذا عُرف طول موجة ضوئية، فإنه لن يتغير بصرف النظر عما يحدث للمصدر الأصلي.

وإذا عدنا إلى موجات البركة، سنرى أنه كلما اقتربت دائرة الموجة المتسعة باستمرار من نهايات البركة، فإن علم التموجات يصبح أكثر ضحالة، أي أنه يعني خسارة في الطاقة أو إضعافاً في طول الموجة. وهكذا، إن الانزياح نحو

الأحمر يعني أن الإضعاف في طول الموجه تَسبَّبَ عن المسافة وليس عن سرعة التراجع، أي أن «الانزياحات نحو الأحمر» تحدث بالفعل، وذلك دلالة على نقصان في الطاقة. وهذا على غرار ما يحصل عند السماع. فإذا ضربنا على نوطة في البيانو، فإنها لن تتغير سواء كنا على بعد عشرة أقدام أو مئة قدم، إن الفرق الوحيد هو أنها ستكون أعلى على مسافة عشرة أقدام وأكثر خفوتاً على بعد مئة قدم. لا فرق في النغمة بل أضعف[3].

على أية حال، قد يكون علم الكونيات أكثر العلوم رجماً في الغيب. فليس ثمة يقينيات قاطعة في هذا الميدان، لأن الكون يبقى أكبر من أن يحاط به. لكن هذا لم يَحُلْ دون أن يحصل تقدم كبير في معارفنا عن الكثير من أسرار الكون، منذ الثورة العلمية الحديثة بخاصة، وبالذات منذ كوبرنيكوس، الذي برهن على بطلان النموذج البطليموسي القائم على مبدأ مركزية الأرض (ودوران الشمس والأجرام السماوية حولها)، ومن بعده اسحاق نيوتن الذي اكتشف قانون الجاذبية. وإذا كان القرن التاسع عشر قد قفز بالعلم خطوات حثيثة إلى الأمام، وحرره، بفضل منهجه العقلاني، من الأساطير

---

(3) Derek Sheffield, *A Question of Reason,* (The Book Guild Ltd. Sussek, England, 1992).

المتخلفة، فإن القرن العشرين، الذي حقق تقدماً هائلاً في شتى ميادين العلم، عاد ليكرس الأسطورة في واحدة من أهم النظريات الفيزيائية، نعني بها نظرية الانفجار الكبير.

في العام 1978، شن العالم السويدي هانس ألفن (Hannes Alfvén)، الحائز على جائزة نوبل في الفيزياء، حملة واسعة على منهج وفلسفة نظرية الانفجار الكبير. وأكد أن الانفجار الكبير عودة إلى كوزمولوجيا أسطورية في الأساس. وقال إن علم الكونيات تراوح، على مدى الألف عام، بين المقتربين الاسطوري والعلمي. يبدأ المقترب الأسطوري من افتراضات معينة حول «الشروط البدائية»، ثم يفسر الكون من تلك البداية. وتستند هذه الافتراضات إلى مرجع: ديني، أو فلسفي، أو رياضي، أو استيطيقي. أما المقترب العلمي، فعلى خلاف ذلك، يبدأ من مشاهدة الـ «هنا» والـ «الآن»، مستنداً إلى الأدلة المادية... ويقول ألفن: «إن الفرق بين الاسطورة والعلم هو فرق بين الإلهام الغيبي «المنطق لا يستند إلى شيء» (على حد تعبير برتراند رسل) من جهة، وبين النظريات القائمة على المشاهدة والتماسّ مع العالم الواقعي من جـهة أخرى». و «أن تحاول كتابة دراما كوزمولوجية ستفضي بالضرورة إلى الأسطورة. أما أن تحاول جعل المعرفة تحل محل الجهل في مناطق متزايدة السعة من الفضاء والزمن فهو العلم بعينه».

إن النظام البطليموسي، الذي يستند إلى الإقرار «الراسخ» بالسماء الثابتة، ومركزية الأرض، وضرورة الحركة الدائرية التامة (للكواكب)، هو كوزمولوجيا اسطورية. أما النظام الكوپرنيكي، الذي طوره كبلر وغاليليو، فنظام أمپريقي (قائم على التجربة): الإهليلج ليس أكثر جمالاً من الدائرة، لكنه مدار الكواكب.

ويقول هانس ألفن: «الانفجار الكبير اسطورة، أو ربما أسطورة رائعة، ترقى إلى الأسطورة الهندية عن الكون الدَوْري، والبيضة الكونية الصينية، وأسطورة الكتاب المقدس عن الخليقة في ستة أيام، والأسطورة البطليموسية، والعديد غيرها».

وهناك بدائل لنظرية الانفجار الكبير، لكنها لم تفرض نفسها بقوة في الساحة العلمية، ولم تلقَ الاهتمام الكافي بها، كما يفعلون مع نظرية الانفجار الكبير. ولعل من بين أسباب الإعراض عن هذه النظريات، التي سنتطرق إليها في المستقبل، أنها لا تقرّ بخلق الشيء من لا شيء.

هذا ولا يزال هناك الكثير من إفرازات نظرية الانفجار الكبير، وهو ما سنحاول التطرق إليه لاحقاً.

المصادر

1 - John Boslough, *Masters of Time,* (phoenix, 1993).

2 - Eric J. Lerner, *The Big Bang Never Happend,* (Simon and Schuster, 1992).

3 - Timothy Ferris, *The Whole Shebang,* (Weidenfeld and Nicolson, London, 1997).

4 - Carl Sagan, *Cosmos,* (Abacus, 2002, 1st ed. 1981).

5 - Joseph Silk, *The Big Bang,* 3rd Edition, (W.H. Freeman and co., New York, 2001).

6 - Michio Kaku and Jennifer Thompson, *Beyond Einstein,* (Oxford University Press, 1997).

7 - Derek Sheffield, *A Question of Reason,* (The Book Guild Ltd. Sussex, England, 1992).

ملحق الفصل الرابع

المعترض الخطير

هذا العالم الفلكي الذي يرهبه معظم علماء الفلك والفيزياء السائرين في ركاب المؤسسة العلمية الرسمية، ويحاربونه، هو هالتون آرپ (Halton Arp)، أخطر عالم فلك على وجه الأرض، بشهادة الفلكي وليم كوفمان. وسر خطورته يكمن في الأدلة التي قدمها ضد نظرية الانفجار الكبير (Big Bang) حول نشوء الكون. لكن الجالية العلمية الرسمية ترفض الاعتراف بهذه الأدلة، لسبب بسيط، هو أن الاعتراف (يترتب عليه سقوط العروش العلمية الحالية، وفقدانها أمجادها ومصالحها). لهذا فُصل هالتون آرپ من عمله، وهُمش، وحورب حتى من دور النشر.

تقول نظرية الانفجار الكبير: إن الكون كان قبل زهاء خمسة عشر بليون سنة بحجم الهباءة، وإن درجة حرارة هذه الهباءة كانت لانهائية، وطاقتها كانت لانهائية أيضاً، ثم انفجرت، وأخذت بالتمدد منذ تلك اللحظة حتى يومنا هذا.

وتؤكد هذه النظرية، المعتمدة في المدارس والجامعات العالمية، أنه لم يكن ثمة فضاء، ولا زمن، قبل لحظة الانفجار. وإن الفضاء هو الذي تمدد ويواصل تمدده الآن، ساحباً معه المادة. ومن بين أسانيد هذه النظرية القائلة بتمدد الكون، أن المجرات الكونية تعطي انزياحاً نحو اللون الأحمر (في الطيف الضوئي) عند رصدها. وبما أن الضوء المبتعد عنا يعطي مثل هذا الانطباع، أي إنزياحاً نحو الأحمر، فقد استنتج أصحاب هذه النظرية أن الكون مستمر في تمدده.

لكن هالتون آرپ اكتشف ما دعاه بـ «ظواهر ملغزة ومحيرة» لا تتماشى مع ما تذهب إليه نظرية الانفجار الكبير. فقد لاحظ أن هناك أجراماً سماوية متساوية البعد عنا، لكنها تعطي انزياحاً نحو الأحمر مختلفاً جداً. وبعد أن التقط صوراً فوتوغرافية بواسطة أكبر التلكسوبات، اكتشف أن العديد من الأزواج من نوع معين من الأجرام السماوية، التي تدعى كويزرات (quasars)، ذات الانزياح الشديد نحو الأحمر (وبالتالي يُفترض أنها تتباعد عنا بسرعة كبيرة، بمقتضى نظرية الانفجار الكبير، ما يعني أنها تقع على مسافات بعيدة جداً منا) مرتبط بمجرات لها انزياح واطئ نحو الأحمر، وبذلك يُعتقد أنها قريبة نسبياً. وكانت الصور الفوتوغرافية التي قدمها هالتون آرپ مذهلة في تعارضها مع نظرية الانفجار الكبير. لكن المؤسسة العلمية الرسمية رفضتها، وفصلت آرپ من عمله، لأن الاعتراف في صحة مكتشفاته يزعزع نظرية

الانفجار الكبير، وينسف الصرح الهائل الذي تأسس على هذه النظرية، بما في ذلك مصالح ومراكز اعداد كبيرة من العلماء المتمسكين بهذه النظرية.

وقال بعضهم: إذا كان آرپ على صواب (حول أن الانزياح نحو اللون الأحمر ليس بالضرورة مؤشراً على المسافة، أي التمدد)، وإذا تعززت اكتشافاته، فسيكون قد زعزع ـ بمفرده ـ علم الفلك الحديث برمته من أساسه. إذا كان مصيباً فإن أحد أعمدة علمي الفلك والكونيات الحديثين سينهار انهياراً لا مثيل له منذ أن أثبت كوپرنيكوس أن الشمس، وليست الأرض، كانت مركز النظام الشمسي.

وقال آخرون: إذا كان آرپ مصيباً (وهناك أدلة قوية تشير إلى أنه مصيب)، فإن الكون لا يعمل على نحو يتفق مع نظرية الانفجار الكبير.

وقال غيرهم: من الصعب إهمال الدكتور آرپ؛ فقد عمل مع أدوين هَبُلْ نفسه (أبرز عالم فلك في النصف الأول من القرن العشرين)، وكان من بين أبرز العاملين في مرصد مونت پالومار في أميركا.

وقد أصدر آرپ كتاباً بعنوان (Seeing Red)، ضمّنه كل آرائه واكتشافاته. وقال عن كتابه هذا إن غرضه من نشر هذا الكتاب هو طرح معلومات لا يمكن الوصول إليها بوسيلة أخرى. وقبل حوالي عشر سنوات ظهر كتابه الأول حول هذا الموضوع. كتب هذا الكتاب الأول بين عامي 1984 ـ

1985، لكنه لم ينشر إلا بعد عامين، بعد أن رفضه عدد لا يحصى من الناشرين. وبعد أن نشر، أصبح من بين العناوين والمواضيع التي ينبغي تجنبها بأي ثمن. ذلك أن معظم الفلكيين المحترفين لا يرغبون في قراءة أي شيء يخالف أو يناقض ما يعتبرونه صحيحاً. ويقول آرپ: «قبل أن يخيب ظني، حدث شيء رائع. صرت أتسلم رسائل من علماء في كليات صغيرة، في مختلف فروع المعرفة، ومن هواة، وطلاب، وناس اعتياديين. لقد أذهلني وأسعدني الهواة بصفة خاصة، لأنهم كانوا ينظرون بجد إلى الصور، وكانوا ملمين بخلفيات القصة».

وبعد عشر سنوات، ورغم موقف الجالية العنيد ضده، أصبح على يقين من أن الأدلة المستقاة من الرصد أصبحت كاسحة، وأن نظرية الانفجار الكبير انقلبت في واقع الحال رأساً على عقب. ويقول هالتون آرپ: «إن احدى فوائد هذا الكتاب - الأخير - هي أنه يستند إلى فرضية بسيطة، حول طبيعة الانزياح نحو الأحمر في المجرات. ولا شك أن كلاً من الطرفين في النزاع لديه وجهات نظر معقدة ومدروسة، يعتقد أنها مدعومة أمپريقياً ومنطقياً. مع ذلك لا بد أن يكون أحد الطرفين مخطئاً بصورة تامة وفاجعة. وتلك هي المسألة. وهذا هو سبب التشبث بموقفهم».

وفحوى كتابه يستند إلى الحقيقة التالية: لأن الأجسام المتحركة في المختبر، أو النجوم المزدوجة التي تدور إحداها

حول الأخرى، أو المجرات الدوّارة، كلها تعطي انزياحاً نحو الأحمر يتفق مع ظاهرة دوپلر، في أثناء تراجعها، فقد افتُرض في علم الفلك أن الانزياح نحو الأحمر لا يعني سوى تراجع الأجرام السماوية. لكن البرهان المباشر على هذه الفرضية لا يزال غير متوافر. وعلى مر السنين ظهرت متناقضات بهذا الصدد، ورُفضت. ويقول آرپ: «على أنني آمل أن يكون الدليل الذي أقدمه في هذا الكتاب مقنعاً لأنه يطرح براهين مختلفة كثيرة على الانزياح الطبيعي في العديد من المظاهر الفلكية: من النجوم، إلى الكويزرات، والمجرات، ومجموعات المجرات».

لذلك، يقول آرپ: سيثير الكتاب الحالي حفيظة وسخط العديد من العلماء الأكاديميين. وإن العديد من أصدقائي في المهنة سيستاؤون كثيراً. فلماذا كتبته؟... أولاً، ينبغي على كل امرىء أن يقول الحقيقة كما يراها، ولاسيما حول أشياء مهمة. وواقع أن غالبية الممتهنين يضيق صدرهم حتى بالآراء التي تبدو مخالفة لما يؤمنون به، يدعوك إلى الايمان بضرورة التغيير. وأصدقائي الذين يكافحون أيضاً من أجل أن يضعوا الأمور في نصابها يعتقدون في الغالب بأن تقديم الأدلة وطرح نظريات جديدة يكفيان لأن يحدثا تغييراً، لكن من غير اللائق توجيه نقد إلى المؤسسة التي ينتمون اليها ويثمنونها. بيد أنني لا اتفق معهم، لأنني اعتقد بأننا إذا لم نفهم لماذا يفشل العلم في تصحيح نفسه، فلن يكون بالإمكان إصلاحه.

الفصل الخامس

التناظر ـ اللاتناظر

«إن علم الكوزمولوجيا هو دراسة الكون برمته. وإننا لنتفق جميعاً على أن دراسة كهذه طموح جداً. أما الإدعاء، كما يفعل العديد من المؤمنين بكوزمولوجيا الانفجار الكبير، بأنهم امتلكوا ناصية النظرية، فيبدو لي ضرباً من الغطرسة»

فْريد هويل

التناظر(*)

كلنا مسكونون بهاجس التناظر (والتناسق). ولعل المجانين

(*) استعملت هذه الكلمة كمقابل لكلمة (Symmetry) الإنكليزية، التي تعني أيضاً: تماثل، تساوق، تناسق.

أكثرنا هوساً بهذا الهاجس. فأنا حين أرى شيئاً مائلاً أو معوجاً أو منحرفاً عن النصاب، أحاول إعادته إلى نصابه، بعد أن أتلفت لأطمئن إلى أن أحداً لا يراني أو يراقبني، خشية أن أبدو عُصابياً أو مجنوناً! فذات مرة، صححت موضع كتاب في مكتبة لبيع الكتب ربما كان زبون أعاده إلى وضعه بصورة مهملة، ولاحظتْ سيدة عجوز ما قمت به، فعلقت ضاحكة بشيء لا أذكره الآن.

فهل للتناظر علاقة بمفهوم التوازن؟ وإنْ كان الفنانون التشكيليون المعاصرون يفضلون كسر أو إلغاء التناظر لأنهم يرون فيه جمالاً جامداً، أو مفهوماً بدائياً للجمال.

ويبدو أن الطبيعة لا تؤثر أياً منهما على الآخر، أعني التناظر واللاتناظر؛ فنحن نعيش في عالم من التناظر واللاتناظر. ونشهد أمثلة كثيرة من الحالات المتعايشة واللامتعايشة منهما. (بالمناسبة، يقال: إن الماء متناظر، أما الجليد فغير متناظر).

على أن مفهوم التناظر في الفنون يبدو مختلفاً بعض الشيء عنه في الرياضيات، وفي الفيزياء. ويقال: إن العالم أو الكون مليء بالأمثلة على كمون التناظر، أي على تناظر ناقص.

في الفن والهندسة والطبيعة، يكاد كل امرىء يدرك التناظر في عمارة أو شكل أو تصميم هندسي عندما يبدو متماثلاً

حين يُنظر اليه من زوايا مختلفة، أو عندما يبدو متطابقاً من الجانبين. ويمكن ملاحظة ذلك في الزخرفة الاسلامية، وكاتدرائيات القرون الوسطى، وفيوغات (fugues) باخ، وفي رقاقات الثلج (هناك تناظر هندسي في الرقاقات عندما نراها في مكبر، لكن جزيئاتها متجمعة على نحو لا تناظري فيزيائياً).

أما في الرياضيات، فإلى جانب الهندسة، يتخذ التناظر معنى محدداً، حيث يقال: إن المعادلة تنطوي على تناظر إذا كانت مجاهيلها متناسقة، كما في المثال الآتي:

$$س^2 + 2 س ص + ص^2$$

وهذا يسري على الفيزياء أيضاً. لكن مفهوم التناظر في الفيزياء يتخذ معنى آخر أيضاً، أبعد من ذلك: التوحيد بين عناصر أو قوى مختلفة، في ظروف خاصة، ولاسيما عند ارتفاع درجات الحرارة إلى حد يتحقق فيه هذا التناظر، حيث تخضع هذه القوى إلى معادلة واحدة، بعد أن كانت لكل منها شروطها أو معادلتها. فالتناظر في الفيزياء يربط بين الأشياء التي تبدو غير متشابهة، كالفضاء والزمن (وكذلك المادة والطاقة). ويُعتبر العالم الاسكوتلندي جيمس كلارك ماكسويل من أوائل من تصدى إلى فكرة التناظر في الفيزياء عندما اكتشف الوحدة بين الكهربائية والمغناطيسية (والضوء أيضاً). يتحدث بعض الفيزيائيين عن دور آينشتاين في التوحيد بين الفضاء والزمن (وذلك من خلال اعتبار الزمن بُعداً رابعاً، إلى

جانب أبعاد الفضاء الثلاثة). لكن هناك من لا يتقبل هذه الفكرة بالأساس، نعني التوحيد بين الفضاء والزمن.

لقد توصل ماكسويل في العام 1865 إلى وضع معادلة رياضية تؤكد أن هناك تناظراً بين الكهربائية والمغناطيسية، أي أنهما شيء واحد (بعد أن أكد ذلك ميخائيل فاراداي بالتجربة). واستنتج ماكسويل أن الضوء ليس سوى شكل من أشكال الطاقة الكهرومغناطيسية، يتميز عن بقية الأشكال في طول موجته.

واذا كان الأمر كذلك مع القوتين الكهربائية والمغناطيسية، فلماذا لا يتحقق التناظر بين هاتين القوتين وقوى أخرى في الطبيعة؟ هكذا فكر العلماء، ولاسيما المؤمنون بنظرية الانفجار الكبير، الذين يعتقدون أن لحظة الانفجار كانت ظرفاً مثالياً لتناظر كل القوى في الطبيعة، أي عدم التمييز بينها. وبالتالي، إن سر التناظر في عالم الفيزياء يكمن في الحرارة (العالية جداً). فالحرارة أُم التناظر: عندما نسخن الثلج سيصبح ماءً متناظراً. وعند تسخين الأشياء الأخرى إلى درجات حرارة عالية جداً، تتوحد وتصبح كياناً متناظراً تسري عليه صيغة واحدة، أو معادلة واحدة. وهذا ما دعا العلماء المؤمنين بنظرية الانفجار الكبير إلى الاعتقاد بأن الكون كان في بدء «نشوئه» متناظراً، وذلك عندما كانت درجة حرارته لانهائية. وفي تلك الحالة تعود الذرات ومكوناتها إلى حالتها «الأولية» من الحساء، أو المجال، أو الطاقة ما قبل

الجسيمية. لأجل هذا يتطلع هؤلاء العلماء إلى نظرية التوحيد الكبرى، حيث تتوحد القوى الأربع في الطبيعة (والقوى الأربع هي: قوة الجاذبية؛ والقوة الكهرومغناطيسية التي تشتمل على الضوء أيضاً؛ والقوة النووية الضعيفة التي تسبب التحلل الاشعاعي النشاط؛ والقوة النووية الشديدة التي تجعل نوى الذرات متماسكة، وهي مسؤولة عن إطلاق الطاقة النووية). وإذا كان الجمال يتحقق في التناظر، فإن الجمال الفيزيائي المطلق يتحقق في الجحيم (أو الحرارة المطلقة)!

وعلى أية حال، خلف البحث عن التوحيد الذي كان في الصميم من الفيزياء النظرية الحديثة، كانت فكرة التناظر. وطرحت هذه سؤالاً آخر: لماذا توجد المادة. ذلك أن المادة وُجدت بعد تصدع التناظر، بمقتضى نظرية الانفجار الكبير. ويطمح علماء الفيزياء المؤمنون بهذه النظرية إلى إثبات النظرية التوحيدية الكبرى، التي تخضع فيها القوى الأربع في الكون، المشار إليها أعلاه، إلى قانون واحد، أو معادلة واحدة، ليبرهنوا من خلالها على أن المادة لم تكن موجودة أصلاً، ثم نشأت من الطاقة المطلقة الحرارة التي لم تتميز فيها بعد قوى الجاذبية، والقوة النووية الشديدة، والقوة النووية الضعيفة، والقوة الكهرومغناطيسية. لكن هذا حلم عصي على ما يبدو، وعلى نحو ما سنرى.

إن العالم الحقيقي الذي نراه اليوم ليس متناظراً جداً (فيزيائياً). فالقوى الأساسية الأربع تعمل بطرق مختلفة جداً

وبقوى مختلفة جداً. وأضعفها قوة الجاذبية: إن قوة التجاذب بين ألكترونين أضعف بنسبة واحد إلى عشرة مرفوعة للأس 42 من تنافرهما الكهربائي. لكن للجاذبية مدى لانهائياً، وهي جاذبة دائماً، لذا تظهر أهميتها على النطاقات الكبيرة. أما القوة الكهرومغناطيسية فأشد منها بكثير (على سبيل المثال، إن مغناطيساً صغيراً بوسعه أن يقاوم جاذبية الأرض برمتها عندما يجذب قطعة حديدية من على منضدة). والقوّة الكهرومغناطيسية جاذبة ومُنْفرة. بيد أن القوة النووية الضعيفة والقوة النووية الشديدة لهما مديات قصيرة جداً، حوالي واحد على عشرة ترليونات من السنتمتر، أو ما يُعادل قُطر نواة الذرة. وفي حين أن القوة النووية الضعيفة أضعف من القوة الكهرومغناطيسية بمئة مليون مرة، فإن القوة النووية الشديدة أقوى من الكهرومغناطيسية بألف مرة. ثم إن القوة الشديدة يمكن أن تكون جاذبة ومنفرة، أما القوة الضعيفة فليست هذه ولا تلك، سوى أنها تسبب تحلل الجسيمات النووية.

يُعتبر الانفجار الكبير العصر الذهبي للتناظر الكامل والطاقة الفائقة جداً. في البدء كان التناظر، كما يزعم الفيزيائيون الأصوليون: كانت كل الجسيمات والقوى شيئاً واحداً، وعندما أخذ الانفجار الكبير يبرد في الهنيهات الأولى، حدث اللاتناظر. أول الأمر انفصلت الجاذبية كقوة متميزة، ثم القوة النووية الشديدة، وأخيراً القوة النووية الضعيفة والكهرومغناطيسية. حدث ذلك كله في جزء طفيف جداً من

الثانية (بُعيد الانفجار الكبير). وكذلك كانت كل الجسيمات متماثلة في البداية في الكتلة والخواص الأخرى. أما الآن فهي مختلفة كلها.

في ضوء ذلك، إن توحيد القوى المختلفة لم يحدث إلا في الماضي، في درجات حرارة لا يمكن إجتراحها الآن مطلقاً. وهذه المقدمة المنطقية تتناقض كلياً مع القوة الكهرومغناطيسية التي تعتبر أكثر القوى التوحيدية نجاحاً، كما يقول أريك ليرنر (باعتبار أن القوة الكهربائية هنا متوحدة مع القوة المغناطيسية).

حتى الحرب العالمية الثانية لم يلمس أحد منذ جيمس كلارك ماكسويل أثراً لتناظر آخر في عالم الفيزياء (مرة أخرى نقول: إن التناظر، في الفيزياء، يعني عدم تغير أي نظام فيزياوي عندما يخضع النظام إلى تحول بصورة ما). بُعيد الحرب العالمية الثانية تجدد التفكير في مسألة التناظر في قوى فيزياوية أخرى. فقد تراءى لجن ننغ يانغ (Chen Ning yang)، وهو عالم صيني كان يعمل في أميركا، أن هناك حالة من التناظر أو حالة انتظامية (regularity) في القوة النووية الشديدة، في ما يتعلق بالشحنة: أي أن القوة النووية الشديدة لا تتغير حتى لو تغيرت الشحنة الكهربائية فيها. وناقش يانغ هذه الفكرة مع زميله روبرت مِلز (Robert Mills)، وطرحا لأول مرة إحتمال وجود تناظر أساسي بين القوى الأربع. وفي الوقت نفسه تقريباً كان شيلدون غلاشو

(Sheldon Glashow) يدرس للدكتوراه في الفيزياء في جامعة هارڤرد على يد العالم الأميركي المعروف جوليان شْوِنغر (Julian Shwinger). وكان شونغر يعتقد أن القوة الكهرومغناطيسية، والقوة النووية الضعيفة، قد تكونان، تحت ظروف معينة، ظاهرتين لتفاعل واحد. فاقترح على غلاشو أن تكون أطروحته حول هذا الموضوع. ففعل وانتهى منها في العام 1958. ومع أن أطروحته أهّلته لدرجة الدكتوراه، إلا أنها لم تحل المسألة.

وفي العام 1960 راجع غلاشو رسالته العلمية في كوبنهاغن، وطرح مقترباً رياضياً جديداً يبدو أنه يقدم تصوراً لوجود تناظر طبيعي جوهري بين القوة الكهرومغناطيسية والقوة النووية الضعيفة، إذا دُمجت القوتان معاً.

وفي عامي 1967 ـ 1968 لاحظ غلاشو، وستيڤن واينبرغ، وعبد السلام (العالم الپاكستاني) التشابه العجيب بين الفوتون (photon) (الوحدة الضوئية) وجُسيم (W) (اختصار لكلمة (weak)، الدالة على القوة النووية الضعيفة). ومن المعروف أن آينشتاين حاول بقية عمره التوحيد بين الضوء وقوة الجاذبية، لكن بلا طائل. ويبدو أن التوحيد الأكثر احتمالاً بكثير مما ذهب إليه آينشتاين، هو بين الضوء والقوة النووية الضعيفة. وسميت هذه الظاهرة بنظرية الكهرو ـ ضعيفة. ورغم نجاح هذه النظرية، وما سبقها من المحاولات التوحيدية، إلا أن النموذج القياسي لفيزياء

الجسيمات واجه إشكالات أساسية. فالنموذج لا يفسر، بذاته، لماذا تمتلك الجسيمات كتلة. لذلك إتكأ هذا النموذج على عامل آخر، هو ما يدعى ببوزون هِغز (Higgs boson)(*).

وبيتر هِغز فيزياوي نظري اسكوتلندي لم يكن معروفاً في البدء. كان يدْرس احتمال أن يكون الفضاء كله مشبعاً بمجال أشبه بالمجال الكهرومغناطيسي الذي يغمر المنطقة المحيطة بالمغناطيس الاعتيادي. بمقتضى نظريته، أن هناك جسيمات إفتراضية يمكن أن تعمل كعوامل في هذا المجال الكوني غير المكتشف.

وفي حدود العام 1964 لاحظ هغز شيئاً غير طبيعي: إذا أضاف معادلات مشابهة لمعادلات عبد السلام وغلاشو، إلى معادلات مجاله، فإن جسيمات معينة ستتصرف على نحو مثير. ستبدأ بكتلة مساوية للصفر في درجات حرارة عالية، ثم تستهلك رياضياً جسيمات أخرى في المجال وتظهر بكتلة عندما ينخفض مستوى الطاقة. وهذا يعني أن جسيمات (W) وكذلك جسيمات (Z) التي أطلق غلاشو هذا الاسم عليها ـ وليس الفوتون الذي بلا كتلة ـ ستتفاعل مع مجال هغز.

وفي العام 1967 اعتُبرت فكرة هغز مهمة جداً. وبصورة

(*) البوزون (boson): مشتق من اسم العالم الهندي (Bose)، وهو جسيم أولي، أو جزء من الذرة، أو ذرة.

مستقلة، أدرك واينبرغ وعبد السلام أنه إذا أضيف مجال هغز إلى المعادلات التي كانا يشتغلان عليها، فإن مشكلتهما ستُحل: ستعتبر القوة الكهرومغناطيسية والقوة النووية الضعيفة واحدة. وفوق هذا، يمكن أن يحل مجال هغز مشكلة أساسية أخرى. يمكن أن يضفي كتلة على جسيمات مثل الكواركات (quarks) واللپتونات (leptons)[*]. وسيقدم هذا إجابة لواحدة من أعمق المسائل في الفيزياء النظرية: لماذا توجد المادة بأية حال.

كان مجال هغز اللامنظور أشبه بالسحر، قادراً على إحتضان جسيمات لا كتلة لها، ثم يمنحها كتلة ويطلقها إلى الكون لحالها. ويكمن مغزى هذا السحر في قدرة المجال الفريدة على الحفاظ على تناظر الكون الطبيعي في درجات حرارة عالية جداً، كالذي يحدث في أثناء الانفجار الكبير، في حين أنه قادر على كسر التناظر في درجات حرارة واطئة. وهذا أشبه بالماء الذي يتحول من سائل إلى حالة جامدة عند انخفاض درجة الحرارة.

فعندما يكون الماء سائلاً، فإن جزيئاته التي تتألف من ذرتي هايدروجين وذرة أوكسجين تتحرك بسرعة، وتتجه كل منها في إتجاه سائب. وهذا تناظر طبيعي كامل، لعدم وجود

(*) الكواركات من مكونات نواة الذرة؛ واللبتونات جسيمات أولية لا تشترك في التفاعلات النووية.

إتجاه مفضل على سواه. أما إذا خفضنا درجة الحرارة إلى ما تحت درجة الانجماد، فإن مجموعة من الجزيئات ستصطف أو تنتظم في إتجاه واحد معين، وتجبر الأخريات على فعل الشيء نفسه. هنا تصدع التناظر، لأن كل الجزئيات في الجمد البلوري أصبحت تتجه في الاتجاه نفسه.

وهذا، بصورة تقريبية، مشابه لتصدع التناظر بواسطة مجال هغز. إن التحول في الهيئة الذي حصل عندما تحول الماء من سائل إلى جامد مشابه لما يُفترض أنه حدث في الهنيهات الأولى من عمر الكون (بمقتضى نظرية الانفجار الكبير). في حالة الكون، انطوى التصدع في التناظر على القوى الأساسية وجسيماتها الحاملة للقوة. فإذا كان هغز مصيباً، فإن الطبيعة في أعمق أعماقها قد تؤكد أنها كانت متناظرة على نحو رائع. بيد أن العالم اليوم غير متناظر إلى حد كبير. فماذا جرى في غضون ذلك؟

يبدو أن مجال هغز حقق هذه المهمة في أثناء انتقال الكون من طاقة عليا إلى واطئة. وهذا يعني، بمقتضى حسابات واينبرغ وعبد السلام، أن التناظر بين القوة الكهرومغناطيسية والقوة النووية الضعيفة تصدع في لحظة هبوط درجة حرارة الكون إلى زهاء مئة بليون ألكترون ڤولت. ويُفترض أن هذا تم، حسب رأي القائلين بنظرية الانفجار الكبير، في اللحظة التي كان فيها عمر الكون جزءاً من ترليون من الثانية. فإذا كان بالوسع اجتراح طاقة كهذه في معجِّل

(accelerator)، فبالإمكان خلق تناظر طبيعي بين القوة الكهرومغناطيسية والقوة النووية الضعيفة في لحظات عمر جزيئات (W) و (Z) الخاطفة.

وقد كان لعمل واينبرغ وعبد السلام سحر كبير على الجالية الفيزيائية في مرحلة السبعينيات من القرن العشرين. ووجد غلاشو، الذي أرسى الأسس لهذا العمل، نفسه كمن اغمط حقه. بيد أن الثلاثة نالوا جائزة نوبل في العام 1979.

في غضون ذلك، بدا أن مجال هغز كأنه يلعب دوراً أساسياً في تأريخ الكون. ومع أن هذا المجال لا يزال غامضاً، وغير منظور، وافتراضياً بحتاً، إلا أنه هو وجسيماته النظرية المرافقة له أصبح مسؤولاً عن المادة كلها في الكون.

والعثور على جسيمات هغز من شأنه أن يعزز الفكرة القائلة بوجود تناظر بين القوة الكهرومغناطيسية والقوة النووية الضعيفة. كما أن اكتشافاً كهذا قد يعني أن التفاعل بين هاتين القوتين يمكن أن يتسع إلى عالم من الطاقة الأعلى حيث يشمل التناظر القوة النووية الشديدة، وربما حتى قوة الجاذبية.

كان الخازوق كبيراً، على حد تعبير جون بوزلو، والتكاليف المالية هائلة. فقد صرف آلاف الناس ملايين الدولارات في محاولة للعثور على جسيمات هغز في أثناء الثمانينيات من القرن العشرين. وقد ترأس برتن ريختر (Burton Richter) فريقاً من جامعة ستانفورد (في الولايات

المتحدة)، وأعاد بناء معجل خطي (linear accelerator) لغرض العثور على بوزون هغز (أي جُسيم هغز).

وفي المعجل الأوروبي الكبير (CERN) (في جنيف) ترأس صامويل تنغ (Samuel Ting) فريقاً آخر. كما أن الظن بوجود مجال هغز كان أحد أسباب التفكير في إنشاء معجل هائل في تكساس (في التسعينيات، لكن الكونغرس لم يوافق عليه لأنه يكلف 11 بليون دولار)، وهو معجل كبير يبلغ محيطه قريباً من طول الحزام المحيط بالعاصمة واشنطن (60 ميلاً).

لكن هذه المساعي كلها لم تحقق الغرض. فحتى التسعينيات، وحتى الآن لم يعثر أحد على أدنى أثر لمجال هغز أو جسيمه الشبحي. ولم يبق سوى الزعم النظري الذي يؤكد أنه يمكن العثور عليه.

وتصور بعض العلماء أن الوضع ربما يذكّر ببحث علماء الفيزياء في القرن التاسع عشر عن الأثير. ويقول جون بوزلو إن عدم العثور على مجال هغز يمكن أن ينطوي على مغزى ثوري مثل العثور عليه. وبهذا الصدد علق عالم الفيزياء الفرنسي پول لوكوك (Paul Lecoq) نصف مازح: «بدون [العثور على] جسيم هغز، يتعين على غلاشو، وواينبرغ، وعبد السلام، أن يتخلوا عن تلك الجوائز المتواضعة التي نالوها في السويد». وقال مارتينوس ڤلتمان (Martinus Veltman) في العام 1986 في مجلة (ساينتفيك أميركان): «إن السبب الوحيد لإدخال جسيم هغز هو جعل النموذج

القياسي متماسكاً رياضياً. . . إلا أن العيب الأكبر في جسيم هغز هو أنه لم يتم التوصل إلى دليل على وجوده حتى الآن. بدلاً من ذلك، أكدت معلومات عن دليل غير مباشر أن الجسيم المحير لا وجود له. حقاً، إن الفيزياء النظرية الحديثة تسد الفراغ باستمرار بالعديد من البدع. . .» مع هذا جاء في قاموس أوكسفورد العلمي: «لم يكتشف جُسيم هغز حتى الآن [1996]، بيد أنه يُعتقد أنه من المرجح أن يكتشف بواسطة المعجلات الأكبر في بضع السنوات المقبلة، ولاسيما أن أشياء أخرى تتعلق بالنظرية، مثل جسيم (W) وجسيم (Z)، اكتشفت».

لقد تحقق برنامج التوحيد في النظرية الكهرو ـ ضعيفة، التي توحد بين القوة الكهرومغناطيسية والقوة النووية الضعيفة. وقد تنبأت هذه النظرية بنجاح بوجود جسيمات جديدة، هي (W)، (Z) (التي نال عليها عبد السلام، ووواينبرغ، وغلاشو جائزة نوبل في العام 1979).

أما الذهاب أبعد من ذلك فيتطلب الذهاب أبعد مما يمكن اختباره بواسطة المعجّلات الأرضية. فالنظريات التوحيدية الكبرى (Grand Unified Theories) (GUTS)، التي تطمح إلى دمج القوتين النوويتين الضعيفة والشديدة مع الكهرومغناطيسية، تتطلب معجلاً يضم محيطه الأرض والمنظومة الشمسية والنجوم القريبة برمتها. أما إذا أردنا توحيد تلك القوى، مع قوة الجاذبية، أي توحيد قوى الطبيعة كلها في نظامٍ واحد

وقانونٍ واحد، وجعلها متناظرة، فإن ذلك يتطلب منا معجلاً بحجم مجرتنا، درب التبانة، على الأقل! وهنا ينزل علماء الفيزياء الجسيمية عند إرادة علماء الكونيات، لأن طاقات كهذه يُفترض أنها تحققت في الانفجار الكبير فقط. لذا، فإن النظريات التوحيدية الكبرى يمكن التحقق منها بصورة غير مباشرة فقط، من مشاهدة مخلفات الإنفجار الكبير الكونية.

لكن هناك أملاً ـ أرضياً، أو مختبرياً ـ أخيراً، قد يحقق الغرض. بدلاً من بناء معجلات متعذرة كهذه، فكر العلماء (أصحاب النظرية التوحيدية الكبرى) في وسيلة أخرى: حوّلوا أنظارهم إلى مسألة ما يُدعى بتحلل الپروتون (proton decay). فلربما يمكن تحقيق ذلك في المختبر. وقام النظريون بحساباتهم، فتوصلوا إلى أن عمر الپروتون يمكن أن يكون واحداً وبعده ثلاثون صفراً من السنين. لكن أحداً لن ينتظر هذا الزمن الطويل ليرى تحلل الپروتون. إن بالإمكان مراقبة واحد وبعده ثلاثون صفراً من الپروتونات لفترة ما قد تستغرق أسابيع أو شهوراً أو حتى أعواماً.

وفي أواخر السبعينيات وأوائل الثمانينيات من القرن العشرين أجريت التجارب في كل أنحاء المعمورة تقريباً. وكان القائمون بالتجارب متفائلين. ثم إنها تجربة مجزية، ترقى مكافأتها إلى جائزة نوبل. وهكذا وُضعت مكشافات (detectors) الپروتون في أعماق المناجم والأنفاق لعزلها عن الأشعة الكونية (cosmic rays) والتفاعلات الأخرى: في منجم

الملح في مورتون قرب كليڤلاند في الولايات المتحدة، وفي منجم للزنك (الخارصين) في اليابان، وفي منجم للذهب في الهند، وفي منجم في داكوتا الجنوبية. وبنيت مخابر في فجوات في أنفاق للسيارات في أوروبا... حيث جُهزت كميات من الماء (ما يعادل بركة سباحة) في بعض الأماكن، أو ألواح من الحديد زنتها 150 طناً (بما يعادل مئة مليون ترليون ترليون پروتون) في أماكن أخرى. وحتى بدايات التسعينيات لم يسجل أي مكشاف في هذه الأماكن كلها أي إشارة إلى تحلل الپروتون. بل أن التجارب أكدت أن الپروتونات لا تتحلل حتى لو ضربنا الزمن الذي تنبأت به النظريات التوحيدية الكبرى بمئة مرة. ويبدو أن الپروتونات باقية إلى الأبد.

لكن المتمسكين بهذه النظريات هزوا أكتافهم لا مبالاةً. واقترحوا زيادة الرقم الذي برهنت التجربة على بطلانه، ويتساءل بعضهم: لماذا لا يعترفون ببساطة بأن الپروتون ثابت لا يتحلل؟ لأن الانفجار الكبير يقول لنا: إنه **يجب** أن يكون هناك تحول بين الپروتون والپوزترون (وهو ألكترون بشحنة معاكسة، أي موجبة). أي أن الپروتون **يجب** أن يتحلل. بيد أن الپروتون بقي صامداً، صلداً، يأبى التحلل.

وهكذا، بات جلياً ـ في أواخر الثمانينيات ـ أن النظريات الموحدة الكبرى لم تكن صحيحة. بيد أن ذلك لم يغير موقف علماء الفيزياء الجسيمية وعلماء الكوزمولوجيا. فقد

عادوا إلى سبوراتهم وبرهنوا أن عمر الپروتون امتد إلى 10^{33} سنة (أي 1 وبعده ثلاثة وثلاثون صفراً من السنين)، أكثر من الحدود التي أشارت إليها التجارب.

ولم يقلق الكوزمولوجيون، على أية حال، لأن النظريين في حقل الفيزياء الجسيمية جهزوهم بمجموعة كبيرة من الجسيمات لسد ثغرة المادة المفقودة. وكان بعضها معروفاً، مثل النيوترينو الذي شوهد في التجارب المختبرية، والذي يبدو أنه ينتقل بسرعة الضوء، بما قد يعني أنه بلا كتلة. لكن نظريي الفيزياء الجسيمية يعتقدون أن له كتلة، ورأى بعض علماء الكونيات أن هذا الجسيم يمكن أن يشكل المادة المفقودة.

لكن نجمة فائقة الاستسعار (supernova) نسفت هذه الفكرة. فالنجوم الفائقة الاستسعار تنتج كميات هائلة من النيوترينو عند انفجارها. ولدى فحص النيوترينو المتدفق من نجم فائق الاستسعار تفجر في العام 1987 في السحابة الماجلانية السفلى، وهي تابعة لمجرتنا، استطاع العلماء الكشف عن النيوترينو المنطلق منها، مستعملين نفس الطريقة التي استعملت من أجل معرفة تحلل الپروتون. فتبين أن النيوترينو كان يصل في حزمة واحدة، تؤكد أنه ينتقل بسرعة الضوء وهو إما لا كتلة له أو له كتلة ضئيلة إلى درجة أنه لا يشكل وزناً يذكر في الكون. ثم فكر الكوزمولوجيون في جسيمات أخرى، افتراضية، اطلقوا عليها أسماء غريبة، مثل

(axions) (على غرار اسم أحد المنظفات التجارية)، و (photinos)، إلخ. لكن أياً من هذه لم يشاهَد في المختبر.

بعد ذلك أخذ علماء الكونيات المهمة على عاتقهم، طالما أن المختبر بات عاجزاً عن تعزيز الفرضيات المقترحة. وتمخضت جهود بعضهم عما يُدعى بالأكوان الرضيعة، وهي فكرة من نسج مخيلة ستيفن هوكنغ، صاحب كتاب (موجز تأريخ الزمن). وللعلم، إن حجوم هذه الأكوان الرضيعة أصغر من أن يتصورها العقل، وبالتحديد أن حجم الكون الرضيع لا يتجاوز الواحد على عشرة مرفوعة إلى الأس 33 من السنتمتر المكعب. وهذا الكون لا يعادل واحداً من مليون الترليون من قطر البروتون. وهذه الفقاعات الكونية الدقيقة تتعرض للانفجار الكبير، حال تشكلها، مكونة أكواناً تامة، مرتبطة بكوننا بثقوب دودية طولها (أو ربما عرضها؟) جزء من عشرة مرفوعة إلى الأس 33 من السنتمتر. وهكذا، من كل سنتمتر مكعب من فضائنا، تنبثق أكوان عددها عشرة مرفوعة إلى الأس 143 في كل ثانية، وكلها مرتبطة بكوننا بثقوب دودية دقيقة جداً، وكلها، بدورها، تلد أعداداً لا حصر لها من الأكوان، مثلما انبثق كوننا ذاته من كون سابق... إنها مخيلة مذهلة في فانتازيتها، ولا يضع حداً لها سوى فرض نوع من السيطرة على الحمل (النسل)، على حد تعبير أريك ليرنر!

كانت هذه النظرية محاولة لتفادي السؤال عما حدث قبل

الانفجار الكبير. فإذا كان بعض علماء الكونيات مقتنعين تماماً بربط الانفجار الكبير بعملية الخلق في التوراة، فإن آخرين، مثل ستيفن هوكنغ، لم تكن لديهم مثل هذه القناعة، وحاولوا تفادي أية بداية للزمن.

وقد حاول هوكنغ، قبل ذلك، في كتابه (موجز تأريخ الزمن)، حل هذه المسألة رياضياً مقارناً الكون ذا الأبعاد الأربعة بسطح الأرض ذي البعدين. هنا، سيصبح الزمن، كما يقول، أشبه بخطوط العرض: «إن ما قبل الانفجار الكبير» لا معنى له مثل قولنا «جنوب القطب الجنوبي». هكذا يقول ستيفن هوكنغ. الزمن، بالتالي، ليست له بداية ولا نهاية، مثل الدائرة، ومع ذلك فهو محدود في مداه. وقد سبب هذا التشبيه إرباكاً لا حدَّ له، لأن العديدين ممن قرأوا كتابه استنتجوا أنه تخلى عن الانفجار الكبير وكان يبشر بكون لا نهاية له في مداه، وهو ما لم يدعُ إليه على ما يبدو. ففي كثير من مواضع الكتاب، يشير هوكنغ نفسه إلى بداية ونهاية للكون. أما تشبيهه الزمن بخطوط العرض فهو ليس سوى لعبة لفظية للتقليل من المدلول اللاهوتي للبداية والنهاية.

ولا بد من الاشارة إلى أن هذه التصورات الكوزمولوجية لم تقترن بأي دليل من عالم المشاهدة أو التجربة. وعلى أية حال، إن نظرية الانفجار الكبير، حتى لو افترضنا وجود المادة **الدكناء**، لا تزال بحاجة إلى تفسير للمستوى الواطىء

للاتجانس المايكروويفز، أو تكوّن المجرات والنجوم، ناهيكم عن التشكيلات الضخمة من مجموعات المجرات. ومع ذلك بقيت نظرية الانفجار الكبير معتمدة في دراسات علم الكونيات كلها. وصار علماء الكونيات اليوم «يمضون على خُطى افلاطون في التركيز على الجانب النظري دون الاهتمام بالمشاهدة»، كما يقول (Alfvén).

وهكذا عادوا إلى تبني اسطورة رياضية عن الأصل تتكئ على العقيدة وحدها، وبذلك يصعب دحضها بالمنطق أو الأدلة الأخرى. وهناك اليوم أبحاث في علم الكونيات تستند إلى نظريات لم تخضع للفحص مختبرياً أو عن طريق المشاهدة، أو أنها لم تصمد أمام الفحص، ومع ذلك لا تزال تحتفظ بشرعيتها. إن الفرضيات الكونية في القرون الوسطى، القائلة بأن الكون نشأ من لا شيء، تعود اليوم إلى الواجهة في علم الكونيات الحديث.

الفصل السادس

المفاهيم والأشياء

أولاً: الحتمية اللاحتمية

منذ عشرينيات القرن العشرين ساد مفهوم اللاحتمية في الفيزياء، واتكأ عليه الفكر الفلسفي، فأسهم في إحداث بلبلة في صفوف المثقفين، لأنه أعطى دفعة قوية للفكر المثالي من خلال «لبوسه العلمي» هذا. ومبدأ اللاحتمية في ميكانيك الكم يقول: إنك إذا استطعت تحديد موقع الألكترون، فلن يكون في وسعك تحديد سرعته؛ واذا استطعت تحديد سرعة الألكترون، فلن يكون في مقدورك تحديد موضعه. وجاء في موازاة ذلك ما يُسمى بالمبدأ التكميلي الذي يقترن باسم العالم الدانماركي نيلز بور (1885 ـ 1962)، الذي يقول: إنك إذا أردت أن تكشف عن الطبيعة الجسيمية للألكترون، ففي وسعك أن تفعل ذلك؛ وإذا أردت أن تكشف عن الطبيعة الموجية للألكترون، ففي وسعك أن تفعل ذلك أيضاً. لكنك

لا تستطيع الكشف عن الطبيعة الجسيمية والموجية للألكترون في الوقت نفسه.

ليس ذلك فحسب، بل أن ميكانيك الكم الأورثوذكسي، أو ما يُدعى بمبدأ كوبنهاغن (مسقط رأس نيلز بور) لا يعترف بالحقيقة الموضوعية للأحداث وسيرورتها. إن الأحداث توجد من خلال مشاهدتها فقط. جون ويلر (J. Wheeler) يقول: إن الكون موجود من خلال مشاهدتي فقط؛ بمعنى أن الكون لا وجود له في غياب جون ويلر!

لكن هذا التفسير «الذاتي» للوجود لا يهمنا كثيراً، لأنه لا يمكن أن يُحمل على محمل الجد. إن ما يهم هو مبدأ اللاحتمية. فعند هايزنبرغ وبور، وهما من كبار علماء الفيزياء في القرن العشرين، أصبح مبدأ اللاحتمية منطلقاً لبناء صرح رياضي وفلسفي (أو ذريعة رياضية) لرفض الحقيقة المادية. وهنا أصبحت المشاهدة حجر الزاوية. ينبغي أن تفسر الفيزياء، كعلم مبني على **قياس** السيرورات، وأن أي تصور عدا ذلك لا يمكن الركون إليه. أي أن السؤال حول موضع الجسيم، أي أين كان قبل قياس موقعه لا معنى له. إن الجسيم يتجسد نتيجة لفعل المشاهدة. عند هايزنبرغ وبور، إن المشاهد (الراصد) لا يؤثر في ما يشاهده فحسب، بل إنه يخلقه (يجترحه). كان ذلك بالاستناد إلى «تجربة ذهنية» طرحها هايزنبرغ في العام 1927. لكن هذا التفسير لم يلق إجماعاً عاماً بين علماء الفيزياء، بمن فيهم علماء مهمون

أسهموا في تطوير ميكانيك الكم. بيد أن أحداً لم يستطع الرد بقوة على حجج نيلز بور، الذي كان يملك طاقة كاريزمية خارقة. ما كان في وسع أي امرئ أن يشك في أي شيء يقوله بور. إن المرء مهما أوتي من ذكاء وفطنة، يملك أن يشك في نفسه، وليس في بور الذي كان مجادلاً لا يبارى! (حتى آينشتاين، الذي نفخته المؤسسة العلمية كثيراً، لم يكن قادراً على إقناع بور بما كان يؤمن به، هو آينشتاين، من أن ميكانيك الكم مبدأ غير كامل، في أفضل الأحوال)... تجدر الاشارة هنا إلى أن تفسير هايزنبرغ وبور يأتي على مرام المؤسسة العلمية الرسمية، لأنه ينتصر للفكر المثالي، وحتى الغيبي.

والمشكلة هنا، على ما يبدو، يسري عليها المثل الآتي: «العين بصيرة، واليد قصيرة». ذلك أن كثيراً من العلماء كانوا يعتقدون أن هناك خللاً أو نقصاً في مبدأ كوبنهاغن الأورثوذكسي في تفسير ميكانيك الكم. لكنهم لم يستطيعوا تعزيز هاجسهم بالتجربة، لأن التكنولوجيا ظلت قاصرة على مدى عقود من السنين.

ثم قرأنا في كتاب جون غريبين (John Gribbin) «قطيطات شرودنغر»، الصادر في العام 1995، عن تجربة مثيرة أجراها باحثون يابانيون بالاشتراك مع فريق من العلماء الهنود، تثبت أن الضوء يمكن أن يتصرف كموجة وجسيم في الوقت نفسه. وهذا يعني نقضاً لمبدأ نيلز بور التكميلي الذي يذهب إلى أننا

لا نستطيع الكشف عن الطبيعة الموجية والجسيمية للألكترون أو الفوتون (أصغر وحدة ضوئية) في آن واحد. وكانت هذه التجـربة قد أجريت في أوائل التسعينيات من القرن العشرين. ولعلها كانت أول تجربة تنسف مبدأ اللاحتمية لهايزنبرغ وبور، وتقدم تفسيراً جديداً لميكانيك الكم. (وقد نقلتُ تفاصيل هذه التجربة ومرتسماتها في كتابي: الثورة العلمية الحديثة وما بعدها، الصادر في العام 2004). لكنني لم أقف - في حدود إطلاعي - على أي مصدر آخر يشير إلى هذه التجربة، وكأنها كانت رجساً من عمل الشيطان. بل أنني قرأت، بعد ذلك، في كتاب أو مصدر آخر، لا أذكره، غمزاً لكتاب (قطيطات شرودنغر)، المشار إليه أعلاه، يفيد بأنه كتاب عفّى عليه الزمن، ربما للتعمية على هذه التجربة بالذات، التي يمكن اعتبارها أهم ما جاء في الكتاب.

وفي العام 2001 تصدى شهريار أفشر مبدئياً لهذا الموضوع في تجربة في (معهد دراسات الكتلة المستحثّة شعاعياً)، وبعد ذلك أعادها في العام 2003 في جامعة هارفرد (الأميركية). ثم قدم نتائج بحثه في سمينار في أيار/ مايو سنة 2004 تحت عنوان (قراءة السلام على مبدأ كوبنهاغن: هل كان مؤسسو ميكانيك الكم مخطئين؟) وفي أواخر شهر أيار/مايو سنة 2005، القى أفشر محاضرات عن نتائج بحثه في عدد من الحلقات الدراسية في الجمعية الفيزيائية الأميركية في لوس أنجلوس. ونشر ورقته في عدد

من المجلات العلمية في أميركا وبريطانيا. تلتها تعليقات وردود فعل كثيرة، من عدد من العلماء شكك بعضهم في نتائجه. ثم رد عليها أفشر.

لكننا وجدنا أنفسنا في حال من الضياع بين تجربة أفشر، والطاعنين فيها. فنقرأ مثلاً (في الانترنيت): «على الرغم من أن تجربة أفشر لا تزال موضوع نقاش وتفسير، إلا أن جانباً لا يستهان به من الجالية العلمية يرى أن تجربة أفشر لا تنقض المبدأ التكميلي». وهذا يبقينا في العتمة. ثم أُخذ رأي جون غريبين، صاحب كتاب (قطيطات شرودنغر)، في تجربة شهريار أفشر، فجاء جوابه في جريدة \الانديبنديت اللندنية في 14 تشرين أول/أكتوبر سنة 2004:

«سيدي: إن تجربة شهريار أفشر التي تثبت أن الكيانات الكمية هي جسيم وموجة في الوقت نفسه مهمة حقاً ومثيرة للانتباه وممتعة، بيد أن هذه ليست أول مرة شوهدت فيها الطبيعة الثنائية للفوتونات (أصغر الوحدات الضوئية) مباشرة.

في تجربةٍ استنبط فكرتها ديبانكر هوم، من معهد بوزة في كلكتا، ونُفذت على أيدي يوتاكا ميزوبوتشي ويوشيوكي أوهتاكة في معهد الفوتونيات في هاماماتسو في أوائل التسعينيات، «ضُبطت» فوتونات منفردة تتصرف كموجة وجسيم في الوقت نفسه».

ها هو جون غريبين يظهر ثانية، ليس فقط ليذكرنا بالتجربة

الهندية ـ اليابانية، بل ويؤكد ضمناً أنها تدحض مبدأ بور التكميلي.

ثم نقرأ مقالاً بقلم هاري نيلسن، نشر في 13 تموز/يوليو سنة 2005، تحت عنوان (ضد تفسير كوبنهاغن لميكانيك الكم)، جاء فيه: «لسوء حظ هايزنبرغ، أن التقدم التكنولوجي الحديث أتاح للعلماء أن يؤكدوا أن مسار الجسيم ما تحت الذري شيء حقيقي تماماً. لقد باتت شائعة مشاهدة مسارات الجسيم في التجارب التي تُجرى في حقل فيزياء الطاقة العالية، حيث يمكن تحديد الموضع والسرعة في حدود أقل مما يقول بها مبدأ اللاحتمية». وجاء أيضاً: «لقد دافع هايزنبرغ عن موقفه ضد مثل هذه الأدلة في قوله: إن مبدأه عن اللاحتمية كان يتعلق فقط بمسألة التنبؤ بالمستقبل». لكنه قال أيضاً: «أما معرفة الماضي فهي ذات طبيعة ذهنية (تصورية) فقط... إنها مسألة اعتقاد شخصي فيما اذا كانت مثل هذه الحسابات التي تتعلق بماضي الألكترون يمكن إسنادها إلى أية حقيقة فيزيائية أم لا»... إن اعتراف هايزنبرغ بأنها مسألة اعتقاد شخصي يؤكد أنه يعترف بأن تفسيره المثالي لسلوك الجسيمات هو خيار أيديولوجي. وأن المهرب الذي تطرق إليه ـ وهو أن مبدأ اللاحتمية يتعلق فقط بمسألة التنبؤ بالمستقبل ـ «إنما هو تخريج بارع» كما يقول هاري نيلسن.

ثم قرأنا في ورقة أخرى، من إصدار العلماء العاملين في

معهد ماكس بلانك (Max plank) في برلين، نُشرت في 29 أيلول/سبتمبر سنة 2005، تحت عنوان (هل يمكن للألكترون أن يكون في موضعين في آن واحد؟) أن تجارب هذا الفريق من العلماء، بالتعاون مع باحثين من معهد كاليفورنيا التكنولوجي في باسادينا، أظهرت أن الطبيعة الجسيمية والموجية للألكترونات في جزيئات النايتروجين أمكن الكشف عنها في آن واحد. وهذا ينسف مبدأ نيلز بور التكميلي، الذي يؤكد أننا لا نستطيع الكشف عن الطبيعة الجسيمية والموجية للألكترون في الوقت نفسه، بل عن الطبيعة الموجية فقط، أو الجسيمية فقط. أو بكلمة أخرى، وكما جاء في الورقة: «هناك حالات تمّت البرهنة عليها من خلال التجربة تظهر فيها المادة كجسيم وموجة معاً». وجاء أيضاً: «في هذه المنطقة الانتقالية، يمكن التوسع في المبدأ التكميلي، والطبيعة الثنائية التكميلية، فيصبحان مبدأ للتعايش، للثنائية المتوازية؛ إن الطبيعة، في هذه الحال، لها طابع تكافؤ الضدين، لم يكن معترفاً به في السابق».

ويبدو أن هذا لا يختلف في شيء عن القول بالمبدأ الديالكتيكي (في الطبيعة)، لكن بتعبير آخر. أفلا ينبغي رد الاعتبار لهذا المبدأ أيضاً، بعد أن بات الحديث عنه سُبّة، أو تحجراً أيديولوجياً (بعد سقوط التجربة الاشتراكية)، وبعد أن أكد لنا ما بعد الحداثيين أن الديالكتيك أصبح حديث خرافة.

والآن، بعد هذا كله، ما قيمة الطعون في تجربة شهريار

أفشر، والتعامي عن التجربة اليابانية ـ الهندية، إذا كان معهدان علميان من أرفع المعاهد العلمية سمعة في العالم، نعني بهما معهد ماكس بلانك في برلين، ومعهد كاليفورنيا التكنولوجي في باسادينا، توصلا إلى النتائج نفسها التي تؤكد الطبيعة الجسيمية والموجية للكيانات ما تحت الذرية؟ ولماذا لا تعترف المؤسسة أو المؤسسات العلمية الرسمية بذلك على رؤوس الأشهاد؟ وإلى متى يبقى الإصرار على مبدأ اللاحتمية في الفيزياء ما تحت الذرية في الوقت الذي تعددت التجارب المختلفة لدحض هذا المبدأ؟

ثانياً: شيئية اللاشيء، ولاشيئية الشيء

(يأتي الفيزيائيّ، ويأتي الفنان، ويأتي الموسيقيُّ، ويأتي الكاتب، والشاعر، والساحرُ. يأتون إلينا من خلف الأسوار، يقولونْ: «كن، فيكونْ». فنصدقهم، إلاّ الفيزيائي، لأن مقولته تخرق قانون العلة والمعلول).

هذه قراءة في مواضيع عن الفيزياء البديلة، أو المنشقة عن المؤسسة العلمية الرسمية، التي لا تكاد تختلف عن المؤسسات الرسمية في السياسة، مثلاً. وفي مناسبة أخرى سأكتب عن الفيزياء والسياسة. لكنني الآن سأنطلق من موضوع المقتربات المختلفة في عالمي الفيزياء والرياضيات، وعن حدود كل منهما.

الفرق الرئيسي بينهما هو أن الفيزيائيين يتعين عليهم أن يتقيدوا بمبادىء منطقية معينة، إذا خرقوها فإنهم سينقلوننا إلى عالم المعجزات؛ في حين أن معادلات الرياضيين لا تُراعي، في الأعم الأغلب، ضوابط الفيزياء. وهذا يضعنا أمام وجهات نظر مختلفة اختلافاً كبيراً بشأن فهمنا لعلم الكونيات وتعاملنا معه.

هناك أشياء تتعذر على الهضم في دنيا الفيزياء الحديثة. إنها تتحدى المنطق والفطرة السليمة، وتستهين بهما. فبعض علماء الفيزياء يطلب منا أن نتخلى عن مبدأ السببية، ونؤمن باللامعقول. وصاروا يُمطروننا بنظريات تزداد غرابة وإفراطاً في الخيال، يوماً بعد آخر. فما هو وجه الخلل في الصورة، كما يتساءل توم ڤان فلاندرن، ويقول: «إن الجواب على ذلك هو أن الفيزياء تخلت عن مبادئها. لقد ربطت نفسها كثيراً بالرياضيات، التي هي ليست متقيدة بمثل هذه المبادىء. صحيح أن الرياضيات أداة مهمة جداً في تفسير الكون، بيد أن سرّ قوة الفيزياء على مدى التاريخ يكمن في الانضباط الذي تفرضه على الرياضيات من خلال الاحتكام إلى الطبيعة مباشرة. ونسيانُ ذلك يُضرّ بالفيزياء».

مبدأ السببية

يحيلنا هذا إلى مبدأ جوهري، هو مبدأ السببية. ومبدأ السببية يقول: «لكل سبب نتيجة»، أو «لكل علة معلول»، أو

بعبارة أخرى، «أن كل نتيجة لها عنصر شرطي، أو سبب مرتبط بها». أما لماذا ينطوي كل معلول على علة، فذلك لأن «السبب» هو ما يجعل النتيجة تحدث. فلو حصل تغير ما في الكون (أي نتيجة)، بغير سبب يجعله يحدث، فإن ذلك يوازي السحر، أو المعجزة، أو القوة الخارقة للطبيعة. لكننا نجد حتى إرادة القوة الخارقة لا تستطيع اجتراح معلول (= نتيجة) بدون وجود وسائل للتوصل إلى ذلك. «الوسائل» هي السبب، وهي تنطوي إما على قوة أو طاقة بصيغة ما.

إن المبدأ القائل «لا شيء يُجترح من العدم»، هو تعبير آخر عن مفهوم السببية، لأن اجتراحاً كهذا ـ من العدم ـ سيقدم لنا معلولاً بغير علة، أو نتيجة بغير سبب. وهذه حالة لها أهمية قصوى، لأن علم الكونيات المسلّم به الآن، يتبنى نظرية (الانفجار الكبير Big Bang)، التي تستند إلى سيناريو اجتراح الشيء من لا شيء، أي اجتراح المادة، والفضاء، والزمن، في الكون برمته من لا شيء، كخطوة أولى. لكن ينبغي القول: إن اجتراح شيء من لا شيء محظور في الفيزياء، لأنه يتطلب معجزة. فكل شيء موجود جاء من شيء وُجد قبله، سواء عن طريق النمو، أو التجزئة، أو تغير الشكل.

إن «المادة» و «الطاقة» يمكن اعتبارهما صيغتين مختلفتين لجوهر واحد، قابلتين للاستحالة من إحداهما إلى الأخرى. فنحن نستطيع تصور مادة تنفجر إلى هباءات صغيرة جداً

يمكن تسميتها طاقة. بيد أن جزءاً من تلك الطاقة يتألف من أجسام ذوات سرعات عالية. فمن أين جاءت تلك الطاقة؟ إن الأجسام مؤلفة من مقومات في داخل الذرات لها سرعات عالية. وهذه المقومات يمكن أن تتحرر بواسطة التفجير. وحتى لو لم نكن قادرين على أن نعرف بالضبط كيف يحدث ذلك، فإننا نملك أن نكون على ثقة بأن الطاقة لا تُجترح في الحال من لا شيء.

لكننا سندخل هنا أرضاً ملغومة، عندما تواجهنا حكاية اجتراح الجسيمات التلقائي من الفراغ. مع ذلك، أن هذا لا يخرق المبدأ، لأن الفراغ ليس خالياً تماماً من «الأشياء». إن ما يُدعى بـ «طاقة نقطة الصفر» هي طاقة الفراغ، وهذا يعني أن الفراغ يشتمل على عناصر صغيرة جداً إلى حد أننا لم نستطع اكتشافها حتى الآن عدا ما يُسمى بالتجارب المشابهة لتجربة كازيمير. وقد اعتبر كثير من العلماء أن هذا أشبه بخلق المادة من فراغ. لكن توم ڤان فلاندرن يؤكد أن المبدأ هنا لم يتغير، لأن المقومات التي منها تجترح الأشياء موجودة (سابقاً)، سوى أننا لم نستطع اكتشافها بعد، إن هذا لا ينفي وجود المادة.

لكن البعض يزعم أن ميكانيك الكم (فيزياء الذرة ومكوناتها) نسف مفهوم السببية، وإذا كان لها وجود فهو مقصور على العالم المرئي، عالم الفيزياء الكلاسيكية، فيزياء غاليليو ونيوتن. وأن مبدأ نيلز بور (Bohr) التكميلي يؤكد أننا

لم نعد نستطيع تقديم تفسير موحد، وموضوعي، ومستقل عن المُشاهد أو الراصد في الفيزياء. يذهب المؤمنون بميكانيك الكم الأورثوذكسي، إلى أننا عند التعامل مع الألكترون، والفوتون (أصغر وحدة ضوئية)، لا نستطيع الحصول إلا على حقائق جزئية. ذلك أن المبدأ التكميلي الذي يُنسب إلى العالم الدانماركي نيلز بور يؤكد أننا إذا أردنا الكشف عن الطبيعة الجسيمية للألكترون، فإننا نستطيع ذلك. وإذا أردنا أن نكشف عن الطبيعة الموجية للألكترون، فإننا نستطيع ذلك أيضاً. لكننا لا نستطيع الكشف عن الطبيعة الجسيمية والموجـية للألكترون في الوقت نفسه. لكن العقود الأخيرة شهدت محاولات (تجارب) لنقض المبدأ التكميلي، والبرهنة على إمكانية الكشف عن الطبيعة الجسيمية والموجية للألكترون، أو الفوتون، في الوقت نفسه. ولا تزال هذه المحاولات بحاجة إلى التثبت من صحتها، لكنها لا تلقى ترحاباً من المؤسسات العلمية الرسمية، لأنها تنسف الصرح الفلسفي الذي تتكىء عليه.

ثم إن العجز حتى الآن عن التوصل إلى تحديد سرعة وموقع الألكترون في آن واحد (وهو ما يدعى بمبدأ اللاحتمية) يختلف عن اللاسببية. إن وصول الألكترون إلى المكان الذي يصله يبقى خاضعاً لسلسلة من الأحداث. وهناك أمثلة عديدة في الطبيعة على أنظمة سببية لكنها لاحتمية. إن الزحلوقة التي تتزحلق إلى أسفل تل وعر تصل

إلى موضع في الأسفل يتعذر توقعه سلفاً. وإذا ابتدأت بالتزحلق من موقع مختلف اختلافاً طفيفاً، فإنها ستصل إلى موقع يختلف اختلافاً كبيراً في الأسفل. لكن عدم التنبؤ لا ينفي مبدأ السببية هنا.

ويمكن أن يحصل تغير في المواقع بين العلة والمعلول، كأنْ يؤثر المُشاهِد على المشاهَد، والمشاهَد على المشاهِد، لكن هذا لا يغير من حقيقة وجود الشيء. إنه لا يُجترح بفعل الرصد. إن المادة لها طبيعة موجية وجسيمية شيء محير فعلاً، لكنه ليس مبرراً للتخلي عن الإيمان بالواقع الفيزيقي للأشياء، كما يؤكد هاري نيلسن.

ملاءة الفضاء؟

مع «مُشمع» الفضاء ندخل مملكة (أليسْ في بلاد العجائب)، عندما يُشيأ اللاشيء. وذلك عندما يتحدثون عن تمدد الفضاء، في ضوء نظرية (الانفجار الكبير)، التي تزعم أن الكون كان كله قبل 10 ـ 20 بليون سنة بحجم الهباءة، أو الصفر، وبطاقة أو قوة لانهائية، خارقة، ثم انفجر، وبدأ بالتمدد منذ تلك اللحظة، التي تُدعى لحظة الفرادة (singularity). ثم نشأت المادة من حساء الانفجار، ومنها نشأت النجوم والكواكب والمجرات، ولا يزال الكون، بمقتضى هذه النظرية، في حال تمدد. وهنا يُشبّه الفضاء

المتمدد بالمنطاد المستمر في انتفاخه. وفي إطارٍ آخر، حسب تفسير نظرية النسبية لآينشتاين يشبّه الفضاء بمشمع، والنجوم بحصى جالسة على مشمع الفضاء هذا، وتبعجه، فتُحدِث في «المشمع الفضائي» إنبعاجات. هذه الانبعاجات «الهندسية» هي سبب الجاذبية، بمقتضى هذه النظرية. على سبيل المثال، إن الأرض تدور حول الشمس بفعل انزلاقها المستمر على المشمع الفضائي المنبعج بفعل الشمس. لكن المشمع ذو بُعدين (طول وعرض)، والفضاء ذو ثلاثة أبعاد، فكيف يصح مثل هذا التشبيه؟

هذا التفسير لا يتماشى مع المنطق السليم، ولا يلقى قبولاً عند كثير من العلماء، سنأتي إلى ذكر بعضهم. يقول المعارضون: إذا وُجد مثل هذا الشي، أي فضاء ـ زمن منحنٍ، وإذا كان قادراً على جعل الجسم يتحرك، فينبغي أن يكون هذا الشيء، أي الفضاء ـ الزمن مؤلفاً من شيء ملموس، أو «صُلب»، أي أن يكون قادراً على التأثير في جسم. وإذا كان الأمر كذلك، فإنه يتألف من حامل فعل آخر تم إحداثُه بواسطة حوامل ترجع إلى مصدر الجاذبية.

إنه لمن المعقول أن نعترف بأننا لا نعرف شيئاً عن مقومات «الفضاء ـ الزمن»، أي الأشياء التي يتألف منها «الفضاء ـ الزمن»، أو كيف ينتقل فيه الحدث. لكن من غير المعقول الزعم بأن «الفضاء ـ الزمن» لا يتطلب ارتباطاً بمصدر أو هدف الجاذبية. ولنعد مرة أخرى إلى مثال الحصاة

والمشمع الفضائي. لنفترض أن هذه الكُرية هي في حال سكون. اذا كانت في حال سكون، فينبغي أن تبقى في حال سكون ما لم تفعل قوة ما فعلها عليها. لكن يُطلب منا أن نتصور أن الكريّة هي في سبيل التدحرج نحو قاع المنحدر، وعلى هذا الأساس يُحدث «الفضاء ـ الزمن» التأثير الذي ندعوه جاذبية. إنه تفسير هندسي، ليس إلا. بيد أننا إذا ناقشنا هذا التفسير من منظور السببية (أي العلة والمعلول)، فإن مُلاءة المشمع أو المطاط، أو «الفضاء ـ الزمن المنحني»، إذا وُضعت في فضاء بلا جاذبية موجودة تحت الملاءة، فإن الحصاة ستبقى في مكانها على طرف المنحدر. إن وجود المنحني، حتى لو دخل الزمن في عملية الانحناء، ليس سبباً للحركة. إن «القوة» وحدها (حامل الزخم) قادرة على اجتراح الحركة. والقوة هي السبب، أو العلة.

لذلك يؤكد المخالفون لفكرة تمدد الفضاء أن هذه البدعة سخيفة، لأن الأشياء المادية وحدها يمكن أن يقال عنها منطقياً بأنها قادرة على التمدد. بهذا الصدد، أي حول فكرة تمدد الفضاء، كان للعالِمين البارزين، ستيفن واينبرغ، ومارتن ريس، رأي: إن الناس العاديين، وحتى علماء الفلك، يتحدثون عن الفضاء المتمدد. لكن كيف يمكن للفضاء، الذي هو خالٍ تماماً، أن يتمدد؟ كيف يتمدد «اللاشيء»؟ إنه «سؤال في محله»، كا يقول واينبرغ: «أما الجواب فهو: أن الفضاء لا يتمدد؛ يتحدث علماء الكونيات أحياناً عن الفضاء

المتمدد، لكنهم ينبغي أن يعرفوا شيئاً أفضل من ذلك». ويتفق معه مارتن ريس تماماً. «إن الفضاء المتمدد هو فكرة لا يُرتجى منها خير». لكن الفيزياء الرسمية تصر على أن الفضاء في تمدد مستمر.

هذا يعود بنا إلى المدى الذي يستطيع أن يتحرك فيه الفيزيائيون، لسوء حظ الفيزيائيين أنهم لا يستطيعون أن يكونوا مطلقي الحرية، مثل الرياضيين. إذا تمردوا على قيودهم، ابتعدوا عن الفيزياء، وأصبحوا رياضيين أكثر منهم فيزيائيين. لنأخذ موضوع الأبعاد، مثلاً. إن الرياضيين، هنا، أكثر حرية في التعامل معها. نحن نسمع عن الأبعاد المتوازية، والـ (hyper-dimentions)، والأبعاد الزمنية المضاعفة، وأكثر من ثلاثة أبعاد فضائية (من غير البعد الزمني)، إلخ. هذه أبعاد يستطيع الرياضي أن يتعامل معها. أما في عالم الفيزياء فهي لا تعدو أن تكون فانتازيا.

إن مشاهداتنا كلها، وتجاربنا كلها، تفسر تفسيراً كاملاً وتاماً بأبعاد الفضاء الثلاثة، والبعد الزمني، وبعد الكتلة. ورغم وجود العديد من النظريات عن الأبعاد الإضافية، فلسنا بحاجة إلى مقتضياتٍ نظرية لأي بعد عدا عن الأبعاد الخمسة التي هي جزء من واقعنا اليومي. لذا، ليس يستحسن نسيان مبدأ أوكام رازور (Occam's Razor) القائل بأننا لا ينبغي أن نطرح فرضيات أكثر من الحد الأدنى المطلوب. وهنا لا يتعين علينا أن نبتكر أبعاداً فيزيائية إضافية ما لم تتطلبها

الضرورة (الضرورة، وليس ما يأتي ملبياً لأهوائنا). إن الأبعاد الرياضية الإضافية شيء حسن، إذا حققت غرضاً، على أن لا تتعارض مع الحقيقة الفيزيائية، كما يقول توم ڤان فلاندرن.

ثالثاً: الزمان-الفضاء

لاحظ مايكل ريدهيد (M. Redhead) في تعليقه على كتاب فيزيائي للعالِم الأميركي لي سمولن (Lee Smolin)، صدر في العام 2002، وأن الفيزياء في أيامنا هذه تقترب أكثر فأكثر نحو الفلسفة، وحتى علم الجمال، وذلك بعد أن أصبح البرهان (المستمد من التجربة والمشاهدة) على النظريات الترقيعية لنموذج الانفجار الكبير، متعذراً في حدود الامكانات التكنولوجية الراهنة. أو بكلمة أخرى، أصبحت هذه النظريات أقرب إلى الميتافيزيقا منها إلى الفيزياء. ويقول: كان ولايزال هناك اتجاهان في الميتافيزيقا، صنّفهما بيتر ستراوسون (Peter Strawason) بـ «الوصفية»، و «التصحيحية». تسعى الميتافيزيقا الوصفية إلى الكشف عن كيف نفعل، أو أكثر طموحاً، كيف نتصور العالم الذي نجد أنفسنا في خضمه. أما الميتافيزيقا التصحيحية فتسعى، على خلاف ذلك، إلى التأكيد أن تفكيرنا الاعتيادي عن العالم، أو الواقع، خاطىء وبحاجة إلى تصحيح. كان من أشهر الفلاسفة التصحيحيين أفلاطون، ولايبنتز، وبيركلي، حائكو التأملات الميتافيزيقية الفانتازية.

أما الميتافيزيقا الوصفية فقد أعطاها كانط شحنة قوية، وأصبحت منذ ذلك الحين أقرب إلى الموضة، بعد أن اعتبر الكثير من فلاسفة العصر الحديث الميتافيزيقا التصحيحية فاقعة وبلا أساس.

أما اليوم فإن الميتافيزيقا التصحيحية عادت إلى الظهور ثانية وبنَفَس انتقامي، وذلك من خلال قناتها الفيزياء النظرية الحديثة. إنَّ الفيزياء الحديثة أصبحت ضرباً جديداً من «الميتافيزيقا التجريبية»، على حد تعبير أبنر شيموني. ويزيد الطين بلة أن النظريات الحديثة تنطوي على رياضيات معقدة جداً، قد تزيد النظريين غطرسة وتمسكاً بآرائهم، مستغلين عجز التجارب المختبرية الراهنة على أن تكون حكماً قاطعاً بشأن صحة أو بطلان نظرياتهم.

كنت أود أن أتحدث عن ظاهرة تشبيح المادة، وهي دعوى ميتافيزيقية، على ما يبدو، تلتقي مع نظرية الانفجار الكبير، التي تذهب إلى القول بغياب المادة، والفضاء، والزمن، في لحظة الفرادة (singularity)، أي لحظة الانفجار، أو نشوء الكون، كما يقول أصحاب هذه النظرية. لكن دعونا نستعرض بعض أحدث ما يُطرح من نظريات في علم الفيزياء. وسأبدأ بحكاية تشبيح الفضاء، والزمن، لأنها تبدو اكثر فانتازية:

إذا كان معظم علماء الفيزياء يفضلون الحديث عما بعد لحظة الانفجار الكبير، لأن القوانين الفيزيائية تتعطل في تلك اللحظة، كما يؤكدون، فإن ستيفن هوكنغ تصدى إلى البداية

ذاتها. بحث هوكنغ مع زميله، العالم جيمس هارتل، موضوع الانفجار الكبير، و«توصلا» إلى أنه في هذا الجحيم الكوني (من الحرارة) المقارب إلى الصفر في حجمه تنعدم الفوارق بين الزمن والفضاء، ويُصبح الزمن بُعداً فضائياً، أي أن الزمن «يتفضأ» على حد تعبير هوكنغ. وقد استند هوكنغ وهارتل هنا إلى الأعداد التخيلية، وطبقاها على مفهوم الزمن، وعند ذاك سيفقد الزمن طابعه الأساسي في جريانه الدائم باتجاه واحد (هو المستقبل)، أو ما يُسمى بسهم الزمن. وهذا الزمن الخيالي سيؤشر إلى الاتجاهين المتعاكسين. وتصور هوكنغ أن الزمن يرتد إلى الوراء في ظروف خاصة: يحدث هذا، كما قال، عندما يكفّ الكون المتمدد حالياً عن النمو ويبدأ بالتقلص. وقد أجفل هوكنغ بذلك زملاءه العلماء النظريين، عندما أطلق هذه الدعوى في العام 1985. لكنه تراجع فيما بعد عن هذا الكلام الذي لا يختلف كثيراً عن تهويمات المحششين.

على أن موضوع «تفضؤ» الزمن لم يتخلَّ عنه العلماء (أو بعضهم؟) وهذا ما طالعنا به العالم الأميركي بريان غرين، صاحب كتاب *(The Elegant Universe)*، بعد أن كلفته جريدة نيويورك تايمس بكتابة كلمة عن الزمن عند حلول العام 2004، فكتب تحت عنوان (الزمن الذي كنا نحسب أننا نعرفه):

في ومضات زمنية قصيرة جداً (حوالي واحد على عشرة

ملايين الترليونات الترليونات الترليونات من الثانية) ومسافة فضائية قصيرة جداً (حوالي واحد من بليون ترليون ترليون من السنتمتر)، تشوه اضطرابات ميكانيك الكم (فيزياء الذرة وما دونها) الفضاء والزمن إلى حد أن المفهوم التقليدي لليسار واليمين، والخلف والأمام، والأعلى والأسفل، والقبل والبعد يصبح لا معنى له.

ويقول بريان غرين: إن لدى العلماء قناعة بأنهم مشرفون على ثورة كبرى، ستكشف النقاب عن الطبيعة الجوهرية للزمن والفضاء. فالعديد من العلماء يعتقدون بأن هذه ستتمخض عن صياغة لقانون طبيعي جديد بكل معنى الكلمة سيُلزم العلماء على التخلي عن مصفوفة الفضاء ـ الزمن التي كانوا يتعاملون معها لقرون، مقابل «عالم» مجرد من الفضاء والزمن.

لكن بريان غرين يعترف بأن هذه الفكرة تنطوي على تحدٍ كبير، قد لا يهضمه المشتغلون في حقل العلوم التجريبية. مع ذلك يتصور هؤلاء القائلون بتشبيح الفضاء والزمن، أن الزمن والفضاء لن يكون لهما موقع في المعادلات الأساسية لهذا الموضوع. أو إن الزمن والفضاء سيُعتبران ظاهرتين ثانويتين، لا يظهران إلا في ظروف ملائمة (في عقب الانفجار الكبير، على سبيل المثال). ها نحن نعود إلى نموذج الانفجار الكبير الذي يعتبره بريان غرين ومعظم أفراد الجالية الفيزيائية منطلقاً أو مقدمة منطقية لكل شيء. ويقول غرين: ومهما بدا ذلك

خيالياً للعديد من الباحثين، بمن فيهم أنا، فإن إنسلاخ الزمن والفضاء من القوانين الجوهرية للكون يبدو لا مناص منه.

أمّا لي سمولن (Lee Smolin) فيذهب إلى ما يرقى إلى تشيؤ أو تجسيد الفضاء والزمن، وكأنهما كيانان ماديان. يقول في مقاله (ذرات الفضاء والزمن)، المنشور في عدد كانون الثاني/يناير العام 2004 من مجلة (ساينتفيك أميركان): في العقود الأخيرة، تساءل علماء الفيزياء والرياضيات فيما إذا كان الفضاء مؤلفاً من قطع منفصلة. وهل هو متصل (continuous)، كما تعلمنا في المدارس، أم أنه أشبه بقطعة قماش، منسوجة من خيوط منفردة؟ وإذا كان بوسعنا أن نتوصل إلى قياس قطع صغيرة بما فيه الكفاية من الفضاء، فهل سنرى «ذرات» من الفضاء، «حجوماً» لا تُختزل ولا يمكن تجزئتها إلى أي شيء أصغر؟ وماذا عن الزمن؟ هل تجري الطبيعة بصورة متصلة، أم إن العالم يمضي في سلاسل من خطوات دقيقة جداً، يتصرف على نحو أشبه بحاسوب رقمي (digital)؟

تتنبأ نظرية «جاذبية الكم الأنشوطية» (loop quantum gravity)، وهي من اجتهاد (لي سمولن)، بأن الفضاء يشبه الذرات: أي أنه مكوّن من مجموعة من الذرات. وتذهب إلى أن أصغر حجم فضائي منفصل ممكن أن يعادل مكعب المسافة التي تُدعى بالطول البلانكي (نسبة إلى العالِم الألماني (Plank) مؤسس ميكانيك الكم)، ويساوي جزءاً من عشرة

مرفوعة إلى الأس 99 من السنتمتر المكعب. وبالتالي تذهب هذه النظرية إلى أن هناك زهاء واحد وبعده، تسعة وتسعون صفراً من الذرات الحجمية في كل سنتمتر مكعب من الفضاء.

ومن المنظور الزمكاني للأشياء، إن لقطة (فوتوغرافية) للحظة زمنية معينة هي أشبه بشريحة مقتطعة من الزمكان... إن الزمن، بحسب هذا التفسير، لا يجري مثل النهر بل مثل تكة الساعة، بتكات تستغرق الواحدة منها جزءاً من عشرة مرفوعة إلى الأس 43 من الثانية.

ويتذرع العلماء بعجز التكنولوجيا الحالية عن قياس هذه الوحدات الفضائية والزمانية الصغيرة جداً... لكن لي سمولن يبدو متفائلاً: ليس من المستحيل أننا قد نرى في زمننا الراهن دليلاً عن الزمن السابق للحظة الانفجار الكبير. وبعد هذا يستدرك ـ في آخر المقال ـ قائلاً: مع ذلك، إن كل ما طرحتُه شيء نظري، فقد يكون الفضاء متصلاً، بالرغم من كل ما تحدثت عنه... (!).

وفي الثمانينيات من القرن العشرين اجتُرحتْ نظرية الأوتار، أو الأوتار الفائقة (super strings)، التي يُفترض ـ نظرياً، طبعاً ـ أن تضع حداً لسلسلة الدُمى الروسية الصغيرة من الجسيمات التي تشكل الذرة. بمقتضى نظرية الأوتار هذه فإن محتويات الكون ليست جُسيمات أولية (particles)، بل خيوط دقيقة جداً، ذات بُعد واحد (؟) أشبه بأشرطة مطاطية

متناهية الدقة، تتذبذب إلى الأمام والوراء. وتقول هذه النظرية إن الأوتار مقومات مجهرية فائقة الصغر تتكون منها الجسيمات الدقيقة التي منها تتكون الذرات. وطول الوتر، كما يزعم أصحاب هذه النظرية، أصغر بمقدار مئة بليون بليون مرة من نواة الذرة! ولا شك أن قياسه سيكون من باب المستحيلات في حدود طاقات أجهزتنا الحالية.

إلى هنا وكل شيء يتعلق بهذه النظرية قد يبدو محتملاً أو مقبولاً (في إطار الفطرة السليمة)، بيد أن الأمر يتجاوز هذا الإطار عندما يؤكد أصحاب هذه النظرية أنها تصحّ (تكون سارية المفعول) فقط في عالم مؤلف من ستة وعشرين بُعداً. (لنأخذ في حسابنا أن عالمنا أو كوننا يتألف من ثلاثة أبعاد، كما هو معلوم). ثم طرأ تغير على هذا العدد من الأبعاد، فاختُصر إلى عشرة، ثم إلى إثنين، ثم إلى ناقص بعدين! (وهنا ينصحنا خواو ماغويشو بأن نتشبث جيداً بكراسينا لئلا يستبد بنا الضحك فنفقد توازننا!) ثم استقرّ العدد أخيراً على أحد عشر بعداً.

ولقصور إمكانات التجارب المختبرية، التي باتت تكلف اليوم بلايين مضاعفة من الدولارت، أطلق العلماء النظريون العنان لمخيلاتهم. لهذا باتت الساحة العلمية تشهد في العقود الأخيرة الكثير من النظريات التي تبقى معلقة في الهواء، لأنك لا تستطيع دحضها في إطار الوسائل المتيسرة لديك، ولا تستطيع القطع في صحتها. من بين هذه النظريات

الجديدة، فضلاً عن نظرية الأوتار، نظرية تفترض وجود مادة أو طاقة غامضة في الفضاء الخالي تدعى «الجوهر» (quintessence)، وتفترض أن هذا الجوهر له خاصية مذهلة تجعل الكون يتسارع في تمدده: «إن معظم أشكال الطاقة، كالمادة والإشعاع، تجعل التمدد (الكوني المفترض) يتباطأ بسبب قوة الجاذبية. أما جاذبية «الجوهر» فهي مُنَفّرة (repulsive)، وهذا يُسهم في تسارع التمدد الكوني». هذه الطاقة أطلق عليها إسم «**الطاقة الدكناء**». ولعل هذه الطاقة **الدكناء**، كما يزعمون، ليست مجبولة من جسيمات بالمرة. وقد تكون طاقة فراغية، أي طاقة الفضاء الخالي.

ويعتقدون أن هناك إمكانية غريبة حول انبثاق الجوهر من فيزياء الأبعاد الإضافية (أكثر من أبعاد الفضاء الثلاثة المعهودة). ويتكئون هنا على نظرية الأوتار، التي تتنبأ بوجود عشرة أبعاد، أربعة منها هي أبعادنا الثلاثة المعروفة مضافاً إليها الزمن. أما الستة الباقية فينبغي أن تكون خفية. وهناك بديل آخر، هو تطوير لنظرية الأوتار، وذلك بإضافة بُعد آخر إلى العشرة، لتصبح الأبعاد أحد عشر. وهذا كله بعد الاحتكام إلى الرياضيات (وحدها) لإيجاد حل مفترض للتنسيق بين نظرية النسبية العامة حول الجاذبية، ونظرية ميكانيك الكم الذي يتعامل مع أجزاء الذرة.

وآخر ما طالعتنا به النظريات الفيزيائية الحديثة، ما يُسمى بنظرية «المعلومات في الكون المخطوط»، التي تزعم أن

الاستنتاجات النظرية حول «الثقوب السود» (يفترض أنها أجرام شديدة الكثافة إلى درجة أن الضوء لا يُفلت من جاذبيتها) تدعو للاعتقاد بأن الكون يمكن أن يكون أشبه بلوح مخطوط هائل! (وهذا في مقال حديث بقلم جاكوب بكنشتاين، نشر في آب/أغسطس سنة 2003 في مجلة ساينتفيك أميركان). يقول بكنشتاين (Bekenstein): لو سألت أيّاً كان مم يتألف العالم الفيزيقي، لا بد أن يُقال لك «من المادة والطاقة». مع ذلك تعلمنا من الهندسة (engineering)، وعلم الأحياء، والفيزياء، أن المعلومات هي من المقومات الأساسية أيضاً. فالروبوت في مصنع السيارات مزوَّد بالمعدن واللدائن لكنه لا يفعل شيئاً مفيداً بلا تعليمات جمة توجهه بالأجزاء التي يلحمها مع بعضها البعض الآخر، وما إلى ذلك. والرايبوزوم (ribosom) في الخلية في أجسادنا مزود بحامض أميني ليبني الهياكل الجسدية، لكنه لا يستطيع تركيب أي پروتين بدون المعلومات التي تأتيه من الـ (DNA) في نواة الخلية. وعلى غرار ذلك، علّمنا قرن من التطور في عالم الفيزياء أن المعلومات تلعب دوراً حاسماً في الأنظمة والسيرورات الفيزيائية. وهذا يذكرنا بعالم الفيزياء الأميركي جون ويلر (John Wheeler) الذي قال إن العالم الفيزيقي مبني من معلومات، مع طاقة ومادة كشيئين ثانويين (عرضيين)!

ويقول بكنشتاين: من دراسة خصائص الثقوب السود العجيبة، استنتج علماء الفيزياء الحدود القصوى للمعلومات

التي تنطوي عليها منطقة من الفضاء، أو كمية المادة والطاقة. ويُستدل من ذلك أن كوننا، الذي تؤكد لنا حواسنا بأنه ذو أبعاد فضائية ثلاثة، قد يكون «مكتوباً» بدلاً من ذلك على سطح ذي بعدين، أشبه باللوح المخطوط (hologram). وبالتالي، إن إدراكنا اليومي المألوف للعالم ككيان ذي أبعاد ثلاثة إما أن يكون وهماً كبيراً أو مجرد واحدة من طريقتين للنظر إلى الحقيقة.

فهل نستطيع تطبيق مبدأ اللوح المخطوط على الكون بصورة عامة، كما يتساءل بكنشتاين؟ ويقول: إن الكون الحقيقي نظام ذو أبعاد أربعة: إن له حجماً وبُعداً زمنياً أيضاً. فإذا كانت فيزياء كوننا هولوغرافية (holographic)، فستكون هناك مجموعة من القوانين الفيزيائية، تعمل في محيط من ثلاثة أبعاد من الزمكان في مكان ما، معادلة لفيزيائنا المعروفة ذات الأبعاد الأربعة. على أنه يعترف بأننا لا نعرف حتى الآن أن نظرية ذات أبعاد ثلاثة كهذه (يقصد بعدين فقط مضافاً إليهما الزمن) يمكن أن تمارس فعلها على هذا النحو.

في العام 1910 كتب ماكس پلانك، واضع أسس ميكانيك الكم، «[النظريون] يعملون الآن بجرأة لم يُسمع بها من قبل، واليوم لا يمكن اعتبار أي قانون فيزيائي لا يطاله الشك، إن أية حقيقة فيزيائية ينبغي أن تكون معرضة للنقاش. لكنْ يبدو على أية حال أن عصر الفوضى عاد مرة أخرى إلى عالم

الفيزياء النظرية». ويؤكد جون جيلوت ومانجت كومار في كتابهما (العلم والتراجع عن العقل)، الصادر في العام 1995: «أن مشكلة الفيزياء النظرية في أيامنا هذه هي أن معظم الأبحاث المعاصرة لا يمكن التأكد من صحتها (بالتجربة). لذلك قد تكون مضللة. ومن جهة أخرى، أن كثيراً مما يُدعى الآن فيزياء نظرية هو في الواقع رياضيات وليس فيزياء حقيقية. وهكذا، إن نشدان التماسك الرياضي آل إلى اتخاذ موقف مثالي وأفلاطوني في العالم».

لا أذكر من قال: «أيتها الفيزيقا إحذري من الميتافيزيقا»، لعله إسحاق نيوتن.

لعل أس المشكلة كلها يكمن في أن معظم الأبحاث النظرية في الفيزياء تنطلق اليوم من مقدمة منطقية هي نموذج الانفجار الكبير. وقد تثبت الأيام المقبلة أنها ليست سوى أخدوعة علمية كبيرة، لا تختلف عن بدلة الإمبراطور.

الفصل السابع

مبدأ النسبية

غناء الجوقة

أنت لا تستطيع أن تنشز، أو تشذ، عن الجوقة في غنائك. فعندما يرتل مرتل أو يغني مغن لحناً ما، وتقفو أثره الجوقة، لا حقّ لك أن تنشز، أو تغير في اللحن، إلا إذا كان ذلك في صلب العمل الموسيقي، كأنْ يكون الشيء المغنَّى عملاً پوليفونياً، أو كنترپنطياً، أي أنه ينطوي على أكثر من صوت (بمعنى لحن). لكن هذا غير وارد في العلم. فإذا رددتْ الجوقة الفيزيائية مثلاً ترتيلة النسبية لأينشتاين، فعليك أن تتبع الجوقة، أي أن تكون نسبانياً... وهذا ما كان عليه حال جون غريبين (John Gribbin). لكي يفهم النسبية، عليه أن يكون أو يصبح نسبانياً، وإلا سيبقى جاهلاً بتعاليمها، وخارج القطيع؛ وهو ثمن لا يملك أي فيزياوي أن يدفعه في عالمنا المنمّط هذا.

وجون غريبين نال درجة الدكتوراه في الفيزياء الفلكية من جامعة كيمبردج؛ وهو الآن زميل زائر في علم الفلك في جامعة (Sussex) وصاحب مؤلفات عديدة في الفيزياء، ترجمت إلى العديد من اللغات، ونال جوائز في بريطانيا والولايات المتحدة.

المحنة

يحدثنا جون غريبين عن محنته الفيزياوية في فصل من كتاب (أسطورة المادة)، ألّفه بالاشتراك مع العالم الفيزياوي النظري الأسترالي پول ديفز Paul Davies، (فصل جانبي: اعترافات نسباني). في هذا الفصل ـ الدراماتيكي ـ يحدثنا جون غريبين عن عذاباته التي ظلّ يعاني منها في تقبل ما تذهب إليه نظرية النسبية والنتائج والنظريات المترتبة عليها، مثل نظرية الانفجار الكبير، والثقوب السود. ولم يتخلص من هذه المحنة إلا بعد أن أذعن إلى الأمر الواقع، أي اعترف بصحة ما تقوله هذه النظريات بصرف النظر عن درجة قناعته بها، كما سنرى. ونحسب أنها محنة كل إنسان يرى الإمبراطور عارياً، لكي يتعين عليه أن يعترف بأنه يرتدي بذلة ليس أجمل ولا آنق منها.

يقول جون غريبين: «بدأ صراعي مع نظرية النسبية في العام 1960، عندما كان عمري أربعة عشر عاماً. كان عالم

الرياضيات ومؤلف الكتب العلمية الشعبية السير هيرمان بوندي مدعواً لإلقاء محاضرة خاصة على التلاميذ وذويهم في مدرستي بلندن. كان الموضوع «نظرية النسبية». أشهد أن عرض بوندي للموضوع كان شيقاً جداً. لكنني، لسوء حظي، وجدتني في حالة من الضياع التام بقدر تعلق الأمر بالتفاصيل التقنية. لقد تركتني أشكال بوندي عن الفضاء والزمن، وإشارات الضوء في ذهابها وإيابها، في حيص بيص».

بيد أن جون غريبين أصر على أن يركب الصعاب ويذللها. فعثر على كتاب من تأليف آينشتاين نفسه، بعنوان (معنى النسبية). لكن واحسرتاه، فرغم كل عبقرية آينشتاين كرياضي، إلا أنه كان كاتباً بائساً. ووجد غريبين الكتاب غير مجزٍ إلى حد يثير الدهشة. بيد أن الفكرة المركزية نفذت في الصميم، وهي أن سرعة الضوء تبقى ثابتة بصرف النظر عمّن يقيسها، وكيف يتحرك هو أو مصدر الضوء.

الإيمان بالمستحيل

حتى إذا واصل جون غريبين تعليمه، بدأ يفهم مختلف التنبؤات التي تطرحها نظرية النسبية الخاصة: ظاهرتا تباطؤ الزمن، وتقلص الأجسام، واستحالة تجاوز سرعة الضوء، وزيادة الكتلة عندما يتسارع الجسم، والمعادلة الشهيرة ($E = mc_2$) (الطاقة تساوي الكتلة مضروبة في مربع سرعة

الضوء)، التي تعبر عن تساوي الكتلة والطاقة (ربما مجازاً، لأن الكتلة تساوي الطاقة مقسومة على مربع سرعة الضوء).

ولئن سلّم غريبين بصحة هذه النتائج جميعاً، إلاّ أنه بقي يجهل ماذا تعني بالضبط. (ولم يكن هو الوحيد في حيرة من أمره بشأن هذه الأحاجي، فموضوع النسبية يبقى من أكثر المواضيع العلمية اعتياصاً على الإدراك، كما سنرى، ربما لعلة تتعلق بالنظرية نفسها).

في المرحلة الجامعية تلقى غريبين دروساً نظامية حول نظرية النسبية. وفي تلك المرحلة لم يتردد في التفكير ملياً في ظاهرة تباطؤ الزمن؛ ويُفترض أن هذه الظاهرة تحصل عندما يتحرك جسم بسرعة عالية، لنقلْ قريبة من سرعة الضوء. وفي سرعة الضوء تتوقف الساعة عن العمل، أي أن الزمن يصبح صفراً (وهذا هو الخلود بعينه! أي أنك إذا تحركت بسرعة الضوء، فإنك لن تهرم البتة، ولن يزداد عمرك لحظة واحدة). لكن هذه الظاهرة بقيت أشبه باللغز الغامض بالنسبة لجون غريبين (ولنا، كما أحسب). فلم يكن من المستغرب فحسب أن يقوم أحدهم برحلة فضائية ويعود ليجد شقيقه التوأم أكبر منه عشر سنوات مثلاً، بل أنه لأمر أقرب إلى اللامعقول. كيف يتصرف الزمن شيزوفرينياً مع شقيقين توأمين، فيصبح عمر أحدهما ثلاثين سنة، والآخر عشرين سنة، على سبيل المثال، مع أنهما وُلدا في ساعة واحدة؟ تصور جون غريبين

أول الأمر أن السرعة شوهت عمل الساعة، بحيث أن تباطؤ الزمن كان ضرباً من الاستيهام.

لكنه، هنا، اكتشف، على حد قوله، القصة الأساسية التي تعيق تقدمه، أو تكمن وراء تعثره الذهني، الذي بات يقلقه. لقد اكتشف أنه كان يتكيء في تفكيره على الفطرة السليمة (common sense)، والأفكار المسبقة عن الواقع، وهذا لا يؤتي أكله. في البدء، بدا له الأمر أشبه بالصدمة. فقد كان عليه أن يعترف بأنه لم يستطع تصور الزمن يجري بمعدلين مختلفين، وهذا يعني أنه لم يفهم النظرية. وهي نتيجة يتوصل إليها جميع البشر، الذين يعلمون جيداً أن طاقاتهم الإدراكية لها حدود. لكنه توصل إلى كيف يتعامل مع القوانين ويحسب الفوارق في عمل الساعات. واستطاع أن يتآلف مع ما يحدث بالفعل، لكن دون أن يعي لماذا ينبغي أن يكون الأمر كذلك. أي أنه طوّع نفسه على الاقتناع بصحة ما يقال. أي أنّ هذا المقترب البراغماتي (الذرائعي، أو العملي) لمجرد التحري عما هو مُشاهَد دون محاولة صياغة نموذج ذهني لما هو بالفعل، بشيء من الحس المجرد، يُدعى وضعية (positivism)[1]. ووجد فيه ضالته في فهم معظم ما تلهج به الفيزياء الحديثة.

---

(1) الفلسفة الوضعية: هي فلسفة أوغست كونت، التي تُعنى بالظواهر والوقائع اليقينية فحسب مهملة كل تفكير تجريدي في الأسباب المطلقة ـ قاموس المورد.

حتى إذا أزاح موضوع التباطؤ الزمني من طريقه، وجد أن سيدة المشكلات التي واجهته بعد ذلك فكرة الزمكان (الفضاء ـ الزمن) كمتصل ذي أبعاد أربعة. فلطالما كان يقرأ أن الزمن كان بُعداً رابعاً (بالإضافة إلى أبعاد الفضاء الثلاثة)، بيد أن هذه العبارة الجرداء، لم تعنِ شيئاً بالنسبة له، أي لم يستوعبها ذهنه. بل لقد بدت له شيئاً بعيداً عن الصواب، بكل بساطة. ذلك أن مداركه السليمة الأولية عن العالم تؤكد له أن الفضاء فضاء، والزمن زمن. (وهذا هو إدراكنا جميعاً، دون استثناء حتى بعض العلماء الذين لم يهضموا دمج الزمن بالفضاء، ونخص بالذكر منهم العالِم البريطاني البارز پول ديراك (Paul Dirac)، وربما حتى ستيفن هوكنغ (Stephen Hawking)، الذي يتعامل مع الزمن كبعد رابع، لكنه يذكّرنا أيضاً بأنه لا يستطيع أن يهضم ذلك، سواء أكان جاداً أم هازلاً). فعلى الصعيد النوعي، يختلف الزمن والفضاء بصورة أساسية، إلى حد يتعذر تصور الزمن كبعد رابع للفضاء. ذلك أن الفضاء هو شيء ممتد حولنا، أما بالنسبة للزمن فنحن لا نحس إلا بلحظة منه فقط. أي أن الزمن يجري، ويمر بنا بلحظات عابرة. أما الفضاء فهو يحتوينا بلا انقطاع، ونحن نستطيع الحركة فيه، وليس في الزمن، ربما في المخيلة أو الأدب فقط.

لكن جون غريبين يبذل قصارى جهده لأجل التكيف مع هذه الفرضيات الفيزيائية الجديدة، أو الحديثة، وإلا ما

العمل؟ أيعقل أن تستعصي عليه مسألة أقرها جميع الفيزيائيين، ربما بدون استثناء سوى الندرة، واعترفت بها كتب الفيزياء برمتها تقريباً؟

على أنه اكتشف، أو زيّن لنفسه أنه اكتشف، أن مشكلته تكمن في فهم العبارة القائلة بأن الزمن هو البعد الرابع حرفياً تماماً. ذلك أن النظرية لا تؤكد على أن الزمن هو بعد رابع للفضاء. بل إنها تعترف بأن الزمن مختلف فيزيائياً عن الفضاء. لكنها تعترف أيضاً بأن الزمن والفضاء مرتبطان سوية بصورة وثيقة في خواصهما بحيث أن من المعقول دمجهما لغوياً في أبعاد أربعة. (أهذا تحايل، أم ماذا؟) وفي كافة الأحوال إن عدم دمجهما سيكون من شأنه أن يُفسد علينا كل ما ترتبت عليه مقولات نظرية النسبية. على سبيل المثال، إن المسافة في إطار الأبعاد الأربعة بين حدثين على مسار نبض الضوء هي صفر، بصرف النظر عن بعدهما عن بعضهما البعض الآخر في الفضاء. هل استوعبتم هذا؟ المقصود هنا أن المسافة (الزمكانية) بين حدثين، لنفترض أنهما بعيدان عن بعضهما البعض الآخر، هي صفر في مسيرة نبض الضوء!

مع ذلك، يعترف جون غريبين بأنه حين واجه هذه الإشكالية، وجد نفسه في حيص بيص تماماً. كيف يمكن للمسافة بين موضعين مختلفين، أي بعيدين بعضهما عن البعض الآخر، أن تكون صفراً؟ لكنه سرعان ما وجد الحل لهذا الإشكال: ما إن أدرك أن الزمن ليس بعداً فضائياً، حتى

تبخر الإشكال، لأنه عند قياس المسافة ذات الأبعاد الأربعة بين نقطتين منفصلتين في الفضاء والزمن، يتعين، كما رأينا، أن نطرح الفرق الزمني من الفرق الفضائي، بحيث أنهما يلغيان بعضهما البعض الآخر في مسار ضوئي لينجم عنهما فاصل مقداره صفر. وهكذا تميّز الزمن عن الفضاء بفعل دوره السلبي في المسافة ذات الأبعاد الأربعة. أما إذا كنا نتعامل مع الفضاء وحده، فإن المسافة بين نقطتين مختلفتين لن تكون صفراً... هل اقتنعتم؟

تصور المحجوب

إلى هنا يبدو كل شيء على ما يرام (حتى لو كان ذلك رغماً عنا وعن جون غريبين). لقد شحبت أحاجي ومفارقات نظرية النسبية الخاصة، على أية حال، أمام تلك التي تستنهضها نظرية النسبية العامة. فقد سبق لجون غريبين أن واجه غرائب النسبية العامة عندما كان في مرحلة الدراسة الثانوية. فقد كان يعلم أنها نظرية عن الجاذبية، وأنها تتعامل مع مجال الجاذبية بلغة الفضاء المنحني، أياً كان ذلك. وقد حاول، دون توفيق، تصوّر الانحناء الفضائي. فهو يستطيع، بيسر، تصور هندسة قطعة مطاطية تشوه، لأن المطاط يتألف من مادة، أما الفضاء فهو فراغ ليس إلا. فكيف ينحني «اللاشيء»؟ وبالضبط أين ينحني؟ إن قطعة من المطاط يمكن

أن تنحني «في» الفضاء، أما الفضاء فهو ليس «في» أيما شيء! هذا ما يقوله جون غريبين؛ وأحسب أننا نشاطره حيرته هذه.

في هذه المرحلة توصل جون غريبين إلى انطباع بأن انحناء الفضاء يمكن أن ينعكس في جعل مسالك الكواكب تنحني حول الشمس. أي أن الأرض إنما تتحرك في مدارها الإهليلجي، كما يعتقد جون غريبين، ليس لأنها منجذبة بفعل قوة جاذبة من الشمس، بل لأن الشمس أحنت الفضاء في جوارها وأنّ الأرض ما عليها سوى أن تتبع المسار الأكثر استقامة في هذا الفضاء المنحني. ويبدو أن هذا يحل الإشكال، لأن مدار الأرض منحنٍ، ويعلم جون غريبين أنه حتى أشعة الضوء تنحني بواسطة الشمس. وهكذا، تصور أن هذا هو الحل. إن الفضاء المنحني يعني ببساطة أن الأجسام تتبع المسالك المنحنية. ما أبسط ذلك!

لكن إشكالاً جديداً ندَّ الآن. إن مدار الأرض مسار مغلق. وبمقتضى الصورة الذهنية التي رسمها جون غريبين في ذهنه، فإنّ هذا يعني أن الفضاء كان مطوياً تماماً هنا وهناك بطريقة ما، محتضناً المنظومة الشمسية بطريقة تعزلها عن بقية الكون. وهذا، يقيناً، غير صحيح. إن انحناء مدار الأرض بعيد جداً عن أن يكون بسبب انحناء الفضاء.

لكنّ جون غريبين سرعان ما يعترف بأن الخطأ الذي ارتكبه هنا كان دقيقاً. ذلك أن الانحناء المقصود ليس انحناءً

فضائياً، بل زمكانياً. وإن الفرق لكبير! ففي الإطار الزمكاني، ليس مدار الأرض إهليلجياً مغلقاً، بل شكل أشبه بنابض ملتف، يعرف باللولب.

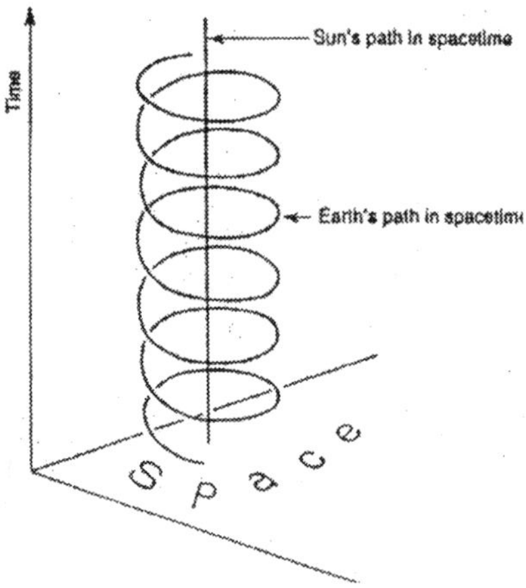

هذا المخطط يصور حركة الأرض في الإطار الزمكاني. الأرض هنا تسير في مسار لولبي في دورانها حول الشمس. ولأن الفواصل الزمنية ينبغي أن تُضرب في سرعة الضوء (وهو رقم كبير) لأجل مقارنتها بالمسافات في الفضاء،

Time
Sun's path in spacetime
Earth's path in spacetime
Space

فإن اللولب في حقيقته أطول بصورة كبيرة مما يبدو هنا في الصورة. ونحن نتساءل هل هذا التفسير فيزيائي فعلاً، أو من نسج المخيلة الزمكانية؟

هنا يشمل الانحناء الفضاء والزمن كليهما، وكلما دخل العنصر الزمني في الصورة، فإن نظرية آينشتاين تتطلب منا أن نضربه في سرعة الضوء. وهذا رقم كبير جداً، ويعني أن علينا أن نمطَّ اللولب مطاً هائلاً. وهكذا، مع أن المدار منحنٍ بصرامة في الفضاء، فإنه منحنٍ مسطح جداً في الزمكان. ويؤكد جون غريبين أن تصوره الأصلي كان ينطوي

على جانب واحد صحيح، مع ذلك. هو أنّ الانحناء يمكن تصوره في الواقع بدلالة المسارات التي تسلكها الأجسام المتحركة، بيد أن مساراتها ينبغي أن تصوَّر في الزمكان، وليس في الفضاء. ويبدو لنا أن هذا التخريج أشبه بخداع النفس ليس إلا. ذلك أننا سنرى أن محنة جون غريبين لن تعالج إلا بأعجوبة، أقرب إلى أن تكون ميتافيزيقية.

واستطراداً، نقول: إن هذا اللهاث وراء التجريد، والتبرؤ من المادة، أو الرغبة في اختزالها إلى صورها الأخرى فقط، كالطاقة، وحتى أكثر من ذلك تجريديةً، كالمجال (مجال الجاذبية، المجال الكهرومغناطيسي، إلخ). . . أعني أن هذا «التسامي» على المادة، يدفع علماء حتى من أمثال آينشتاين ـ وهو أكثر واقعية من غيره ـ إلى تبني المفهوم الهندسي للجاذبية، رغم اعترافه أيضاً بمجال الجاذبية. يقول آينشتاين: «لقد اختزلتْ النسبية قوة الجاذبية إلى خاصية هندسية للمتصل الزمكاني»، مؤكداً أن الجسم المادي، كالشمس مثلاً، يحني أو يبعج الفضاء كما تحني أو تبعج كرة البولنغ قماش المشمع فتحدث فيه فجوة؛ وهذه الفجوة المنحنية تجعل الأرض تدور حول الشمس. أي أن انبعاج الفضاء هو الذي يجعل الأرض تدور في مدارها حول الشمس. فأين هو المجال، إذن؟ نعتقد أن هذا التفسير ينطوي على محاولة لإلغاء أو تهميش فعل المادة التي لولاها أصلاً لما وجد حتى المجال (مجال الجاذبية هنا)، أو اعتبار دورها سلبياً، ما دامت الجاذبية تعني

أو تساوي انحناء الزمكان. ولربما يعكس هذا التفسير نزعة «تجاوزية»، وطمساً لدور نيوتن الريادي الكبير في اكتشاف قوانين الجاذبية، وتقزيمه بالمقارنة مع آينشتاين. هذا إلى أن مراجعة دقيقة لكتابات نيوتن تكشف أنه أشار بشكل واضح إلى مفهوم المجال. ففي إحدى رسائله المبكرة نسبياً قال: «إن سبب الجاذبية هو ما لا أزعم أنني أعرفه وبالتالي سيقتضي وقتاً أطول للتفكير فيه». وقد استغرق وقتاً طويلاً بالفعل في التفكير فيه. ففي سنواته الأخيرة، كان تصوره المفضل بأن هناك «عناصر فعالة تفعل فعلها على الأجسام وهي موجودة بشكل من الأشكال في الفضاء القائم بين الأجسام، أقرب على نحو واضح إلى الفكرة المتأخرة حول المجال من الفعل عن بعد».

فها هو آينشتاين يختزل الجاذبية إلى مفهوم هندسي بحت تقريباً، في قوله: إن «الجاذبية ليست قوة كسائر القوى الأخرى، بل حصيلة لحقيقة كون الفضاء ـ الزمن ليس مسطحاً، كما كان يُزعم سابقاً، بل «منحنياً» أو «منبعجاً» بفعل توزع الكتلة والطاقة فيه». وفي هذا الإطار أيضاً يقول ستيفن هوكنغ (Stephen Hawking) في كتابه (موجز تأريخ الزمن): «قبل العام 1915، كان طبيعياً التفكير بأن الفضاء والزمن ماضيان إلى الأبد. وهكذا، فإن الأجسام تتحرك، والقوى تتجاذب وتتنافر، بيد أن الزمن والفضاء ماضيان في سبيلهما إلى الأبد. أما الآن فإن الوضع مختلف. إن الفضاء

والزمن في نظرية النسبية العامة هما الآن شيئان ديناميكيان؛ فعندما يتحرك جسم ما، أو تفعل قوة ما فعلها، فإنهما يؤثران في انحناء الفضاء والزمن»... لكن هذا الكلام على انحناء الفضاء والزمن يبقى لغزاً محيّراً حقاً!

على أية حال، بدا لجون غريبين أنه حقق تقدماً في فهم نظرية النسبية. مع ذلك، بقيت هناك صعوبات جمة أخرى سيواجهها، عند دراسته علم الكونيات (الكوزمولوجيا). ولقد عُرف آينشتاين من خلال فكرته عن كون «مغلق لكنه غير محدود»؛ وهي فكرة أقضّت مضجع جون غريبين، لأنها شوشت عليه حساباته وتصوراته كلها. فهو لا يزال لم يتآلف مع الفكرة القائلة بأن الزمكان يمكن أن يكون منحنياً دون أن يكون منحنياً في أيما شيء! فقد كان يتصور أن الفضاء برمته قد ينحني بصورة تامة بحيث يلتئم ثانية في الجانب الأبعد من الكون. لكن هذه الصورة لم تكن مجدية. إذا نظرنا إلى سطح كرة، وقلنا إن ذلك سطح مغلق لكنه غير محدود (ببعدين) فهو شيء معقول جداً، بيد أن الانتقال من بعدين إلى ثلاثة لم يكن تصوره شيئاً بسيطاً كما يطرحه الكتاب. وعلى أية حال، إن سطحاً ذا بُعدين يمكن أن ينحني في فضاء ذي ثلاثة أبعاد، أما المنحني ذو الأبعاد الثلاثة ـ كما تزعم نظرية النسبية ـ ففي أي شيء ينحني؟ هكذا عاد إلى جون غريبين صداعه القديم.

وإنها لمحنة حقاً، لن يجد لها حلاً إلا في... ماذا تتصورون؟ القصص العلمية الخياليّة! فها هو يعترف بأن غرامه بقصص الخيال العلمي أنقذه من هذه المحنة. يقول جون غريبين: «عند قراءة القصص تجد نفسك دائماً في موقع الأبطال، وترى العالم غير المألوف بعيونهم، وتشاركهم تجاربهم. وحتى لدى قراءة المستحيلات، تستطيع أن تتصور كيف تحدث الأشياء». ويؤكد أنه لم يتردد في تقمص شخصية المسافر الزمني في قصة هـ. ج. ويلز (H.g.Wells)، رغم علمه بأن القصة ليست واردة من وجهة النظر الفيزيائية. فإذا كانت الرحلات الزمنية يمكن تصورها، فلمَ لا يمكن تصور كون مغلق؟

وتذكر قراره الذي اتخذه في عدم تصور واقع مطلق، وعدم الطموح في التمتع بنظرة إلهية للكون برمته من الخارج. بدلاً ن ذلك فكر في أن يكون منظوره أكثر تواضعاً عن رحّالة زمني متواضع يحاول استكشاف كونه المغلق. فماذا سيكتشف؟ حسناً، سيكون في وسعه السفر دائماً في الاتجاه نفسه ومع ذلك يعود إلى نقطة البدء. وتلك إحدى الخصائص الغريبة لكون آينشتاين المغلق لكنْ غير المحدود. ورغم أن جون غريبين لا يزال عاجزاً عن تصور كيف أن الفضاء يمكن أن يكون بهذه الصورة، إلا أنه يستطيع أن يتصور رحّالته الزمني قد مرّ بهذه التجربة. وبدا أن الأمر معقول. فليس ثمة عطب منطقي في هذا الحدث. وإذا كانت كل تجاربه

متماسكة هكذا، مهما كان بعضها غريباً، فإن تلك المجموعة من التجارب يمكن اعتبارها شيئاً مقبولاً.

وطبقت هذه الفلسفة نفسها على مسألة التمدد الكوني الشهيرة، أو الفظيعة (؟) فشأنَ الجميع، لم يستطع جون غريبين هضم أن الكون يمكن أن يتمدد إلى كل مكان، لأنه يبدو أن ليس هناك شيء يتمدد فيه (الكون). لكنه مع ذلك يستطيع أن يتصور ماذا يعني أن يشاهد الكون المتمدد من داخل. فقد تصور مشاهدين في المجرات البعيدة، يتطلعون إلى السماوات، وكل منهم يرى المجرات الأخرى تبتعد. ومرة أخرى، ليس ثمة خلل منطقي في هذه الصورة، حتى لو لم يستطع تصور كيف يحدث ذلك.

بيد أن أكثر المسائل استعصاء هي فكرة ما يسمى بالآفاق. فجون غريبين يعلم ـ ونحن نعلم معه أيضاً، من خلال قراءتنا ـ أنه كلما كانت المجرة بعيدة (عنا مثلاً) فإن تباعدها عنا يكون أسرع، وأنّ هناك مسافة معينة ـ تُعرف بأفقنا ـ لا نستطيع أن نرى خلفها مجرات بالمرة. ومنذ أن وقف غريبين على هذه الفكرة، ظل يخلط بين هذا الحدّ و «حافة الكون» التي يُشار إليها دائماً، وتصور أنه لا يمكن رؤية مجرات تشغل الفضاء خلف الأفق لأنه لا توجد مجرات هناك، بل فراغ لا حدّ له. وأخيراً صار يتصور أنه ليس هناك «حافة» للكون بالمرة؛ وأن كل الإشارات إلى مثل هذه الحافة كانت هراء باطلاً.

بيد أن هذا التشوش زال فقط ليحل محله آخر. فقد كان قرأ ذات مرة أن من المستحيل رؤية المجرّات خلف مسافة معينة، لأن تلك المجرات تتراجع عنا بأسرع من الضوء. وتذكر مرة أنه كان يجلس في كافيتريا الجامعة (مطعم اخدم نفسك) يتناقش حول الموضوع مع طالب زميل. «آه!» قال الزميل، «إن حدود سرعة الضوء هي نتيجة لنظرية النسبية الخاصة. أما في علم الكونيات فيتعين عليك استعمال النسبية العامة». لكن ذلك لم يكن مجدياً أيضاً، لأن أياً منهما لم يكن يتقن نظرية النسبية العامة في تلك المرحلة.

وحتى لو استعمل نظرية النسبية العامة، فإن ذلك لن يجيز رحلة بسرعة تفوق سرعة الضوء. ويبدو أن سبب هذا الاختلاط، كما يقول جون غريبين، هو عجزه عن التفكير بالحركة بغير الطريقة الأرسطوطاليسية القديمة. فعند غريبين، إذا كانت المجرة تتراجع عنا، ينبغي أن تتحرك في الفضاء. لكن هذا مفهوم خاطئ عن الفضاء كشيء في حالة سكون، مع أجسام مادية تمر خلاله مثل السمك الذهبي السابح في إناء ماء. إن هذا المفهوم غير صحيح بكل بساطة، كما أقنع جون غريبين نفسه. وقد استغرقه وقت طويل ليدرك أن تمدد الكون لا يعود إلى تمدد المجرات في الفضاء، بل إلى تمدد الفضاء نفسه، وبذلك تتسع الفجوات بين المجرات. وها نحن نعود إلى حليمة وحكايتها القديمة، وهي الحكاية نفسها التي طلب منا باحث فيزيائي أن نكرر العبارة الآتية ثلاث

مرات في اليوم: «إن تمدد الكون هو تمدد الفضاء وليس تمدد المجرات في الفضاء». ويبدو أن جون غريبين اقتنع بـ «صحة» هذه المقولة، وتركنا، نحن، نتخبط في جهلنا وغينا. مع ذلك، يؤكد جون غريبين أنه قرأ نموذج وليم دي ستر (de Sitter) الكوني، الذي لا ينطوي على شيء سوى الفضاء الخالي المتمدد. أي أنه خال من المادة تماماً (إنها صورة افتراضية على أية حال). ولم يكن جون غريبين من السذاجة، على أية حال، ليتقبل هذه الفكرة. فقد تعذر عليه أول الأمر محاولة تصور تمدد الفضاء، بيد أنه يبدو معقولاً تماماً، إذا تم تصوره (كالعادة) في إطار ما يراه المشاهدون فعلاً. في هذا الإطار، كما يقول جون غريبين، أن مشاهِدَين سيرى كل منهما الآخر ابتعد عنه بواسطة التمدد. وأنّ تراجعهما المشترك سيكون هو الواقع. ولن يهم إذا لم أستطع تصور كيف أن الفضاء، الذي لا يشتمل على أي شيء، يمكن أن يتمدد بهذه الطريقة، ما دامت نتيجة المشاهدة صحيحة.

وبعد أن تسلح بهذه الفكرة اقتنع بأن مسألة السفر بأسرع من الضوء لم تحدث. ذلك أن المجرات لم تكن تتحرك بالمرة. إنها، ببساطة، مشمولة بالتمدد العام للفضاء. وكفى اللّه المؤمنين شر القتال. وإن الانزياح الطيفي نحو اللون الأحمر، الذي علمنا بواسطته أن هناك تمدداً (كونياً، كما تقول النظرية)، لم يكن، كما قرأ جون غريبين مراراً

وتكراراً، نتيجة لظاهرة دوپلر (Doppler)، على غرار خفوت صوت صافرة القطار عندما يبتعد عنا مسرعاً. بدل ذلك، ينزاح الضوء القادم من المجرات القصية نحو الأحمر لأنه يأتينا عبر هاوية فضائية متمددة، وأن الموجات تتمدد في انتقالها. وبالتالي إنها تتمدد إلى درجة أن الموجات تتعذر على الرؤية، ذلك أن التردد واطئ جداً. وهذا يحدد الأفق. إن الكون خلفها موجود، لكنه محجوب عنا.

لغز اللانهاية

لم تنته محنة جون غريبين، بل تفاقمت أكثر. ولعل أكثر الأمور اعتياصاً بالنسبة له، كما يقول، طبيعة الانفجار الكبير الذي نشأ عنه الكون. ونظرية الانفجار الكبير (Big Bang) تقول: إن الكون كان قبل زهاء 15 بليون سنة هباءة بحجم الصفر أو تكاد، وانفجرت انفجاراً عظيماً، لأن طاقة وكثافة هذه الهباءة كانت مطلقة، لانهائية. ومنذ تلك اللحظة، التي تسمى لحظة الفرادة (singularity)، تمددت مادة الكون الهبائية هذه وأصبحت مجرات، ونجوماً وكواكب، بما في ذلك نحن البشر بعد مرحلة من التطور. ويقول جون غريبين هنا: إن تصوره الأول كان وجود كتلة من المادة رابضة في نقطة ما في الفضاء. وفي لحظة معينة، لسبب ما، تفجرت هذه الكتلة، ناثرة شظايا تتطاير بسرعة كبيرة، إلى أن أصبحت مجرات تتراجع. ثم أدرك الآن أن هذه الصورة خاطئة

بالكامل، لكنه، دفاعاً عن نفسه، أكد أن تعامله الأول مع نظرية الانفجار الكبير كان قبل أن يتم تفسير فكرة لحظات الفرادة (= لحظات الانفجار) الزمكانية بصورة واضحة جداً، على يدي روجر بنروز (Roger Penrose) وستيفن هوكنغ (Stephen Hawking)، في أواخر الستينيات (في القرن العشرين).

في تلك الأيام بدأ الناس المختصون بهذا الموضوع بالتوكيد أن الكون يرجع في أصله إلى لحظة فرادة زمكانية، كانت نقطة أصبح فيها الزمكان (انتبه، إنه الزمكان وليس شيئاً آخر) منحنياً إلى درجة قصوى (لانهائية) وحيث كانت القوانين الفزيائية متعطلة. ولم يكن ممكناً، على حد زعمهم، للفضاء والزمن، أو أي نفوذ فيزيائي، أن يستمر في حالة الفرادة، لذا إن مسألة ماذا وُجد قبل الانفجار الكبير لم تُثَرْ. ذلك أنه لم يكن ثمة «قبل»، لأن الزمن بدأ في لحظة الفرادة (أي لحظة الانفجار الكبير). وللسبب نفسه، ليس هناك جدوى، أو حتى معنى، في مناقشة ما الذي سبب الانفجار الكبير. . . وها نحن نعود إلى النغمة إياها، نعني حكاية حليمة القديمة: هناك لحظة نشأ فيها الكون (طبعاً مع الفضاء والزمن) من انفجار هباءة بحجم اللاشيء تقريباً، واتسع يوماً فيوماً (في بادىء الأمر حدثت عمليات وسيرورات مذهلة في أجزاء تافهة جداً من الثانية الأولى، كما يقول أصحاب النظرية،

ليس هنا مجال الدخول في تفاصيلها) إلى أن أصبح الكون على ما نراه اليوم كياناً هائلاً بكل مجراته ونجومه...

فيما بعد، حاول جون غريبين رسم صورة عن الفرادة (Singularity) من خلال تصور المادة كلها في الكون مهروسة في نقطة واحدة. لا شك أن هذه الفكرة بدت خيالية، لكنه استطاع تصورها. وكان حذراً ألا يقع في واهمة تصور المادة النقطة محاطة بالفضاء، على أية حال. لأن وجود الفضاء حول المادة يفسد عليه كل شيء. فهو يعلم، أو أقنع نفسه، بأن الفضاء ينبغي له أن يتقلص إلى نقطة أيضاً. ويقيناً إن هذا تطلب من جون غريبين الكثير من القدرة على ضبط النفس، لأن تصور الفضاء نقطة، ثم ينمو بعدئذ كما ينتفخ المنطاد، أو تصور عدم وجود فضاء في البدء، يتطلب حقاً قدراً هائلاً من خداع النفس. ولنقل أن جون غريبين أفلح في ضبط نفسه هنا، وتصور أنه استطاع أن يهضم أن الفضاء يمكن أن ينشأ من لا شيء ثم ينتفخ شيئاً فشيئاً.

ووجد أن هذه الصورة (النقطوية للمادة والفضاء على حد سواء، وللانحناء اللانهائي المطلق لهذه النقطة) جاءت على المرام لنموذج كوني مغلق من النوع الذي تصوره آينشتاين، ذلك أننا جميعاً، كما يقول، نستطيع تصور شيء نهائي (محدود) في حجمه يتقلص إلى لا شيء. لكنه يستدرك قائلاً إن هناك مسألة حقاً هي ماذا لو كان الكون لانهائياً فضائياً.

إذا كانت الفرادة الأولى مجرد نقطة، فكيف يمكنها أن تستحيل فجأة إلى فضاء لانهائي؟

ثم يحدثنا جون غريبين عن لغز اللانهاية، الذي يبهرنا دائماً. فهو لم يستطع قط أن يكوّن صورة واضحة عن الفكرة. ذلك أنها مسألة معقدة إلى حد ما، لأن هناك ما لانهايتين متقابلتين: هناك الحجم اللانهائي للفضاء، وهناك التقلص، أو الانضغاط اللانهائي، الذي تمثله لحظة الانفجار الكبير. فمهما قلصتَ فضاء لانهائياً، فهو لا يزال لانهائياً. من جهة أخرى، إن أية منطقة نهائية (محدودة) في فضاء لانهائي، مهما كانت واسعة، يمكن ضغطها إلى نقطة واحدة عند الانفجار الكبير. ليس هنا تعارض بين اللانهايتين ما دمت تحدد بوضوح عماذا تتحدث.

وجون غريبين يملك أن يقول ذلك كله بالكلمات، ويعلم أنه يستطيع أن يضعه في إطار رياضي، إلاّ أنه يعترف بأنه لم يستطع تصوره إلى يومه هذا.

ثم يقول جون غريبين إن الموضوع الذي لفت اهتمام العالم إلى نظرية النسبية وأسر مخيلته هو الثقوب السود (مع أننا نعتقد أن الكتّاب كثيراً ما حمّلوا نظرية النسبية ما لم يكن في حسبانها، بما في ذلك الثقوب السود، التي أظن أنني قرأت في موضع ما أن آينشتاين نفسه لم يفكر في أمرها). على أية حال، إن هذه الأجرام العجيبة لها خواص غريبة تثير الدهشة. فقد كان أول عهد جون غريبين بالثقوب السود

في أواخر الستينيات، ويومذاك كان يستطيع تصور الفكرة بأن جرماً كنجمة مثلاً يمكن أن يتداعى أو ينهار تحت وطأة جاذبيتها، وأن مثل هذه النجمة تستطيع اقتناص الضوء، وبذلك تبدو هذه النجمة سوداء، لأن الضوء لا يُفلت منها. لكنّ ما لم يستطع إدراكه، هو ماذا يحدث لمادة النجمة؟ إلى أين تذهب؟ بعض النظريات يذهب إلى أن لحظة فرادة (singularity) تحدث في داخل ثقب كهذا، لكنها لا تشترط أن المادة المتهاوية يجب أن تشهد حالة فرادة. وإذا سلمت المادة من لحظة الفرادة، فلن تعود من الثقب الأسود ثانية، لأن أي شيء لا يمكن أن يفلت من هذا الجرم. وهذا ينطوي على تناقض، كما يرى جون غريبين.

أما الجواب الذي قُدم له لهذا اللغز فهو أن المادة يجب أن تذهب إلى «كون آخر». وهنا وجد غريبين الجواب مثيراً جداً. لكن ماذا يعني بالضبط؟ وأين يقع هذا الكون الآخر؟ فلقد ألَمَّ غريبين بفكرة الفضاءات الممتدة، والفضاءات المغلقة، أما الفضاءات المتعددة فقد دوخته. يبدو أن هذه الفكرة ليست سهلة الهضم على أية حال. لكنه تذكر مرة أخرى موقفه الاستراتيجي في عدم النظر إلى الأمور بعين شمولية (عين إلهية)، وبدلاً من ذلك تصور ماذا يبدو هذان الكونان الموجودان جنباً إلى جنب.

واحتكم مرة أخرى إلى الأدب. تذكر أنه قرأ ذات مرة قصة قصيرة تدعى «الباب الأخضر»، جاء فيها أن رجلاً

يدخل من باب يُفضي إلى جنينة آسرة ومورثة للطمأنينة، شيء يذكّر بالفردوس. وعندما تركها، لم يعثر على الباب ثانية، وبقي عمره يبحث عنه. ثم ذات يوم يعثر على باب أخضر، ويدخل منه، ليهوي ميتاً. لا شك أن جنينة القصة لا وجود لها في الفضاء الذي نعرفه، كما يقول جون غريبين. والباب كان حلقة أو جوازاً إلى فضاء آخر. على هذا الغرار، كما توصل جون غريبين، ينبغي أن نتصور الثقب الأسود. فهو يستطيع الآن أن يتصور تجربة الرجل مع الباب، فلم لا يكون الأمر على غرار ذلك في حالة الثقب الأسود؟ بوسعك أن تجتاز الثقب وتخرج إلى مكان ما لا موقع له في فضائنا. ولم يجد جون غريبين حاجة أو ضرورة لأن يعرف أين يوجد هذا الفضاء الآخر، مكتفياً بأن تجربة المشاهد (بطل القصة؟) كانت متماسكة منطقياً، مع أننا لا نراها كذلك! فلو كانت متماسكة منطقياً، لكانت من بنات الواقع. أما أنها متماسكة أدبياً، فتلك مسألة أخرى. ونحسب أن لكل من الفيزياء والأدب شروطه الخاصة.

بعد رواية هذه القصة، يود جون غريبين، على أية حال، أن يحذر القارىء بأن المختصين لا يؤمنون بأنك تستطيع، في الواقع، المروق إلى عالم الثقب الأسود بمثل هذا اليسر. فأغلب الاحتمال أن المادة المتهاوية كلها تواجه بالفعل حالة فرادة، مع أن هذا لم تتم البرهنة عليه حتى الآن.

لكنه بعد ذلك اعتاد على التعامل مع عالم النسبية

العجيب. فقد باتت الأفكار عن انبعاجات الفضاء، والتشوهات الزمنية، والأكوان المتعددة أحاديث كل يوم في الحرفة الغريبة للفيزياء النظرية. لكنه يعترف، وهنا تسكب العبرات، على حد قول المنفلوطي، بأنه في واقع الحال إنما توصل إلى تفاهم مع هذه الأفكار بحكم العادة أكثر منه بحكم البديهة. ويعترف أيضاً بأن الحقيقة التي تطرحها الفيزياء الحديثة غريبة بصورة أساسية عن الذهن البشري، وتتحدّى كل قوى التصور المباشر. إن الصور الذهنية التي تستنهضها كلمات مثل «الفضاء المنحني»، و «الفرادة»، هي في أفضل الأحوال نماذج غير صالحة إلى حد كبير لإقناعنا . . .

إن للكلمات ضرباً من المعنى الزائف، لكأننا نلج من خلالها عالماً ضبابياً غائماً. ونحن إذْ نقرأ هذه الصفحات الفيزيائية الحديثة، لا نملك إلا أن نفترض «صحتها»، لأنها صادرة عن علماء، حتى لو تحدّتْ كل قوانا الإدراكية. وكما يقول جون غريبين: «يبدو كأننا لو كررنا فكرة ما بما فيه الكفاية، فمهما كانت مخالفة للبديهة، فإن الناس سيتقبلونها في آخر المطاف، ويعتقدون بأنهم يفهمونها». نعم، بالحرف الواحد. وهذا لا يختلف في شيء عن قولهم: «اكذب، ثم اكذب، حتى تصدق نفسك!» أهذا هو منطق الفيزياء الحديثة؟ (لنستثنِ، طبعاً، ما يمكن استثناؤه، وما يدخل في باب الفيزياء التطبيقية).

وربما، تبريراً لذلك، يقول جون غريبين: «إن الاقتناع بأنه ليس كل شيء في العالم يمكن إدراكه بالمخيلة البشرية إنما هو مدعاة للطمأنينة إلى حد كبير. إن نظرية النسبية لا تزال تنطوي على العديد من الأسرار التقنية بالنسبة لي، بعض معالم الدوران وموجات الجاذبية أجدها تتأبى على الفهم. مع ذلك، بعد أن تعلمت كيف أتغلب على المشاكل البسيطة سيكون بوسعي التصدي لمثل هذه المواضيع بلا وجل». وهنا يحاول جون غريبين الاستعانة بالرياضيات، كهادٍ لا يُخطيء على حد قوله، ليكون قادراً على استكشاف المناطق التي تقع خلف حدود مخيلته الجديدة ليتوصل إلى الأجوبة ذات المعنى حول الأشياء التي يمكن مشاهدتها.

لكن الرياضيات تفسر الواقع والفانتازيا على حد سواء، ولا يهمها أن تميز بينهما. أو أنها تتصرف مع الحقائق الفيزياوية على نحو تجريدي، كأن تعتبر القوانين الفيزياوية صحيحة ـ رياضياً ـ إذا كان الزمن موجباً أم سالباً، أي إذا كان متجهاً نحو المستقبل أو نحو الماضي. أي أننا نستطيع رياضياً ـ وليس فيزياوياً ـ أن نرجع إلى الماضي، بما يدعى ظاهرة الزمن الارتجاعي. وهذا هو الإشكال... أعني أن الرياضيات، مع كل شموليتها وتساميها، لا تلبي الحاجة أو تشبع الفضول هنا!

الفصل الثامن

نظرية النسبية: عودة إلى التاريخ

إبحث عن الضوء

نحن نعرف اليوم أن الضوء هو سيل من إنثيالات شبه جُسَيمية من الطاقة الكهرومغناطيسية. هذه الجسيمات تدعى فوتونات، ولا توجد الفوتونات إلا في حالة حركة، بسرعة يرمز لها باللاتينية بالحرف c (من كلمة celeritas، بمعنى سرعة). وتنتشر الفوتونات على هيئة موجات.

كان أرسطو (384 ـ 322ق.م) قد انتقد أمبذوقلس (حوالي 490 ـ حوالى 430ق.م) لأنه قال إن الضوء يتحرك، أي أنه يستغرق وقتاً في الانتقال من مكان إلى آخر. فلم يكن الضوء عند أرسطو سيلاً من فوتونات تتدفق من مصدر مضيء بسرعة محدودة، بل اعتبرها خاصية تكتسبها بيئة ما فوراً من المصدر المضيء، أشبه بالماء الذي يتجمد في كل أجزائه في آن واحد. وساد هذا المعتقد الأرسطوطاليسي

عدة قرون، إلى أن صححه الحسن بن الهيثم (حوالي 965 ـ حوالي 1039)، حين أكد أن حركة الضوء تتطلب فترة زمنية محدودة وإن كانت غير مدركة.

وواقعُ أن سرعة الضوء هائلة، وربما لانهائية، كان معروفاً منذ قديم الزمن. وقد حاول غاليليو في العام 1607 قياس سرعة الضوء بواسطة الفانوس، لكنه لم يوفق، لأن الضوء يقطع المسافات الأرضية في جزء صغير جداً من الثانية. لكن أولاف رومر الدانماركي (1644 ـ 1710) كان أول من أكد أن سرعة الضوء محدودة من خلال رصد خسوفات أقمار كوكب المشتري (بعد تحسن صناعة التلسكوب). فقد لاحظ رومر أن مدة خسوف قمر المشتري المسمى (إيو) كانت 11 دقيقة عندما تكون الأرض في أقرب نقطة إلى المشتري، و11 دقيقة أخرى عندما تكون في أبعد نقطة من المشتري. لذا تصبح المدة بين القراءتين 22 دقيقة. وهذه المدة تغطي المسافة المساوية لقطر مدار الأرض حول الشمس. ولأن رومر كان يعمل في مرصد باريس، حيث تمّ قياس قطر مدار الأرض حول الشمس لأول مرة، فقد كان يُفترض أنه كان على علم بهذه المسافة. لكنه لم يكلف نفسه مهمة تقسيم هذه المسافة على 22 دقيقة للحصول على سرعة الضوء. وفي أيام رومر كانت قراءة هذه المسافة تساوي 283 ألف كيلومتر. وبعد عام أو اثنين حقق كريستيان هويغنز (1629 ـ 1695)

هذه القسمة، بعد الاعتراف الكامل بجهود رومر. فكانت سرعة الضوء وفقاً لذلك 214 ألف كيلومتر في الثانية. وفي العام 1849 كان الفيزيائي الفرنسي فيزو (1819 ـ 1896) أول من قدم قياساً معقولاً لسرعة الضوء باستعمال المرايا (بدل الشخص الثاني، في تجربة غاليليو)، لأنها تعكس الضوء بلا إبطاء. وبعد فيزو طور الفيزيائي الفرنسي فوكو ميكانيك التجربة. واليوم تعتبر سرعة الضوء في حدود 300 ألف كيلومتر في الثانية. وقد تم ذلك عندما توصل العالم الاسكوتلندي اللامع كلارك ماكسويل (1831 ـ 1879) إلى وضع صيغة للمعادلات الرياضية للمجال الكهرومغناطيسي التي تقدم تفسيراً للكهربائية، والمغناطيسية، والضوء في نظام واحد موحد.

وللمقارنة، إن سرعة مركبة فضائية نموذجية هي في حدود 12 كيلومتراً في الثانية. وسرعة دوران الأرض حول الشمس تساوي 30 كيلومتراً في الثانية. وهذا يعني أن سرعة الضوء شيء لا يتصوره العقل، وهي ثابتة لا تتغير في الفراغ. فالفوتون (جُسيم الضوء) لا يمكن إسراعه أو إبطاؤه في الفراغ. فإذا وضعنا لوحاً زجاجياً أمام شعاع من الضوء، فإن سرعة الضوء في الزجاج تصبح أقل من سرعتها في الفراغ، لكنها تسترد سرعتها الأصلية بعد مرورها من اللوح الزجاجي.

النسبية والضوء

كان غاليليو (1564 ـ 1642) أول من تطرق إلى مبدأ النسبية. في كتابه الشهير (حوار حول النظامين العالميين الأساسيين). تحدث غاليليو عن مبدأ النسبية: في اليوم الثاني من أيام الحوار دعا سالفياتي (وهو أحد أبطال الحوار) صديقيه للقاء في غرفة فسيحة داخل سفينة. ثم قال لزميليه: «لنعلق سطلاً من السقف، تتساقط منه قطرات ماء في إناء آخر ذي عنقٍ ضيق». ثم طلب من الزميلين أن يقفزا إلى الأمام والخلف، ليرى ما هي المسافة التي يقطعانها. وذلك للمقارنة بين سفينة في حالة سكون وسفينة في حالة حركة. فلاحظ المتحاورون أن المسافة المقطوعة عند قفزاتهم بقيت نفسها سواء قفز المرء مع اتجاه حركة السفينة أو ضد اتجاهها. وأكثر من ذلك، لاحظوا أن قطرات الماء استمر تساقطها في الإناء التحتاني ذي العنق الضيق، ولم تسقط أية قطرة إلى أمام أو إلى خلف العنق، حتى لو قطعت السفينة مسافة في الوقت الذي كانت قطرة الماء في الهواء. (طبعاً كان غرض غاليليو هنا هو دحض الاعتراضات على حركة الأرض حول الشمس). ولو كان سيرانو دي برجراك اطلع على كتاب (الحوار) لغاليليو، لما تصور نفسه في العام 1656 أنه سيهبط في كندا، إذا قُذف من فرنسا إلى الهواء وبقي معلقاً في الفضاء بضع ساعات، وفي حسبانه أن

الأرض ستتحرك كل هذه المسافة في حين يبقى هو معلقاً في الهواء.

وبعد ذلك وضع نيوتن (1642 ـ 1727) القانون الآتي في سياق قوانينه عن الحركة: «إن سرعة الأجسام الموجودة في فضاء معين هي نفسها، سواء كان الفضاء ساكناً أو متحركاً بانتظام إلى الأمام في خط مستقيم». أي أن التجارب التي تُجرى على سفينة، مثلاً، وكل الظواهر المشاهدة على السفينة، ستكون متماثلة وكأن السفينة ليست متحركة. وهذا القانون يسري على الميكانيك الكلاسيكي ضمن الفرضية التي تعتبر السرعة القياسية لانهائية.

لكن الرؤية تغيرت بعد التوصل إلى معادلات ماكسويل حول المجال الكهرومغناطيسي التي تعتبر السرعة القياسية هي سرعة الضوء، ومع أن هذه كبيرة جداً، إلا أنها ليست لانهائية، بل محدودة. وهذا يعني، كما يرى علماء الفيزياء، أن السرعة القياسية المحدودة (سرعة الضوء)، التي تعتبر حقيقة أساسية في نظرية ماكسويل، يجب تطبيقها على علم الميكانيك أيضاً.

هنا بدأ الإشكال، ففي العقود والسنوات الأخيرة من القرن التاسع عشر بُذلت جهود كبيرة للتمسك بقوانين الميكانيك الكلاسيكي (السرعة القياسية اللانهائية)، وإنزال معادلات ماكسويل إلى مرتبة دنيا. لكن هذه الجهود باءت بالفشل، وفي العام 1904 كان العالمان الفرنسيان هنري بوانكاريه،

وبول لانجفان من بين العلماء الذين وجهت إليهم الدعوة لحضور المعرض الدولي في سانت لويس، في أميركا. وفي هذه المناسبة أعلن بوانكاريه عن أول تصريح واضح حول مبدأ النسبية، مع المبدأ القائل بأنه «ليست هناك سرعة تتجاوز سرعة الضوء». واعتبر بوانكاريه هذين المبدأين حقيقتين أمبريقيتين مستنبطتين من التجربة.

وفي العام 1905 نشر ألبرت آينشتاين (1879 ـ 1955) رسالته العلمية التي تؤكد الشيء نفسه، لكن في صياغة أخرى. لقد أكد بوانكاريه في العام 1904 أن سرعة الضوء هي أقصى سرعة قياسية. أما آينشتاين فقد قال في العام 1905: «إن الضوء ينتشر دائماً في فضاء فارغ بسرعة محدودة مستقلة عن حالة الحركة للمصدر المشع للضوء». وهما صيغتان لشيء واحد، رياضياً أيضاً. وعرفت هذه النظرية بنظرية النسبية الخاصة... وهكذا يمكن إيجاز أسس النسبية الخاصة في القانونين الآتيين:

1 ـ كل قوانين الفيزياء هي نفسها في أية إحداثيات من قصورها الذاتي (أي في حالتي السكون والحركة الثابتة على حد سواء).

2 ـ إن السرعة القياسية القصوى هي سرعة الضوء في الفراغ (قانون بوانكاريه)، أو أن سرعة الضوء هي نفسها في أي إطار من القصور الذاتي (أي سواء كان المصدر المضيء ساكناً أو متحركاً) (قانون آينشتاين).

والآن اذا ارتفعنا عن سطح الأرض الدوارة، فإننا سنبقى نتحرك بفعل القصور الذاتي بنفس سرعة دوران الأرض. ولدى هبوطنا فإننا سنعود إلى نفس البقعة التي ارتفعنا منها. ولن يتغير الحال إذا قفزنا داخل عربة قطار متحرك. فكل من الأرض والقطار يعتبر إطاراً إحداثياً، وهي فكرة أساسية في نظرية النسبية. إن إدراكنا الحسي يبقى ثابتاً إذا كان لدينا إطار إحداثي واحد. أما إذا كان هناك إطار إحداثي آخر يتحرك في سرعة ثابتة بالنسبة للأول، فبمقتضى نظرية النسبية إن الإدراك الحسي للفضاء والزمن في الإطار الثاني يختلف عنه في الاطار الأول. وهذان الادراكان الحسيان ليسا اعتباطيين، بل مرتبطان بقانون رياضي يدعى تحويلات لورنتس. وهذه التحويلات من الأهمية بحيث أن كل مبادىء نظرية النسبية الخاصة ما هي إلا تطبيقات لهذه التحويلات، أو بكلمة أدق لمجموعة بوانكاريه من التحويلات، التي تعتبر تحويلات لورنتس جزءاً منها، بل إن لورنتس ـ العالم الكبير، الذي كان آينشتاين ينظر إليه كأب ـ اعترف بأسبقية فويغت (Voigt) في موضوع التحويلات (الإحداثية)، ولم يكن راضياً بتسمية بوانكارية لها بأنها تحويلاته هو لورنتس.

الأثير

اعتُبرت التجربة المتعلقة بتيار الأثير التي قام بها ألبرت

مايكلسون وإدوارد مورلي في العام 1887 نقطة تحول بالغة الأهمية، حيث صُرف النظر عن دور الأثير في الفضاء في الفيزياء الرسمية. واعتُمدت الفرضية القائلة بـ «الفضاء الفارغ»، إلى جانب الفكرة القائلة بأن سرعة الضوء ثابتة. أما تجارب دايتون ميلر (Daytion Miller) حول تيار الأثير فقد هُمشت تماماً. إن تجارب وأبحاث ميلر، التي قام بها بين العام 1906 ومنتصف الثلاثينيات، تدعم بقوة الفكرة القائلة بوجود تيار أثيري للأرض المتحركة في محيط كوني... واليوم، على أية حال، لا يكاد يُذكر أو يُعرف عمل ميلر، شأن كل التجارب تقريباً التي قدمت نتائج إيجابية عن (وجود) الأثير في الفضاء. وتتبنى الفيزياء الحديثة اليوم بدلاً من ذلك تجربة مايكلسون ـ مورلي في العام 1887، الأقدم بكثير والأقل أهمية، باعتبارها «أثبتت أن الأثير لا وجود له».

وعندما كان دايتون ميلر لايزال على قيد الحياة، قدّم حلقات من الأبحاث تتضمن معطيات يُعتمد عليها حول وجود تيار للأثير قابل للقياس، ودافع عن اكتشافاته بنجاح أمام عدد من النقاد لا يستهان بهم، بمن فيهم آينشتاين. واستخدم مِدْخالات (interferometers) من ذوات الحزم الضوئية من الصنف نفسه الذي استعمله مايكلسون ومورلي، لكن أكثر حساسية، وبأحزمة ضوئية أطول بكثير... وعندما كان على قيد الحياة، لم يستطع النقاد الطعن في عمله. وقُبيل وفاته أهمِل وأهملت قياساته عن الأثير من قبل معظم الجالية

الفيزيائية، التي وقعت تحت سحر نظرية النسبية لآينشتاين. وبهذا الصدد قال آينشتاين: «إن رأيي في تجارب ميلر هو الآتي... إذا تمّ التثبت من النتائج الإيجابية، فإن نظرية النسبية الخاصة ومعها نظرية النسبية العامة، في صيغتها الحالية، ستصبح باطلة...».

لكن دايتون ميلر قال في 27 كانون الثاني/يناير في العام 1926: «إن المشكلة مع البروفسور آينشتاين هي أنه لا يعرف شيئاً عن النتائج التي توصلت إليها. لقد ظل يردد على مدى ثلاثين عاماً أن تجارب المدخال في كليفلاند قدمت نتائج سلبية. بيد أننا لم نقل قط أنها قدمت نتائج سلبية، وهي في الواقع لم تقدم نتائج سلبية. كان يتعين عليه أن يعترف بفضلي لأني كنت أدرك أن الفوارق في درجات الحرارة يمكن أن تؤثر في النتائج. لقد كتب إلي في تشرين الثاني/نوفمبر مشيراً إلى هذه النقطة. أنا لست من السذاجة فأنسى أن آخذ درجة الحرارة في الحسبان».

لكن تشبث آينشتاين والمؤسسة العلمية الرسمية بتجربة مايكلسون ـ مورلي وحدها، وإهمال بقية التجارب يتعارض مع المنهج العلمي في إثبات صحة أية نظرية. كيف تُعتمد تجربة واحدة (طعن البعض في دقتها) وتُهمل تجارب أخرى؟

مع ذلك لم يُحسم موضوع الأثير نهائياً حتى الآن، رغم أنه لا يزال مهمشاً تقريباً. فالأثير ـ وهو كلمة يونانية ـ شيء

افتراضي يُعتقد أنه يملأ الفضاء وموصلٌ للموجات الكهرومغناطيسية، كالضوء، وهو ربما يعتبر كياناً هلامياً بين الأجسام. وقد حاول آينشتاين تمييز عمله عن عمل لورنتس عندما أعتبر الأثير شيئاً «سطحياً». على أن لورنتس أكد في العام 1913 أن المسألة لا تعدو أن تكون معركة حول الكلمات «فلن يكون هناك فرق كبير لو أن المرء تحدث عن الفضاء أو الأثير»، وحتى آينشتاين الذي اعتبر الأثير في العام 1905، شيئاً «سطحياً»، أكد في العام 1920: «أن إنكار الأثير هو في آخر المطاف اعتبار الفضاء الخالي بلا خواص فيزيائية بأي شكل من الأشكال (. . .) وبإيجاز، يمكننا القول: إن الفضاء بمقتضى نظرية النسبية العامة له خواص فيزيائية، وفي هذا الإطار، إذن، يوجد أثير. وبمقتضى نظرية النسبية العامة إن الفضاء بلا أثير شيء لا يمكن تصوره، ذلك أنه في فضاء كهذا لن يتعذر أن يكون هناك انتشار للضوء فحسب، بل كذلك لن تكون هناك إمكانية لوجود مقاييس للفضاء والزمن (مساطر، وساعات)، ولا مسافات فضائية ـ زمنية بالمفهوم الفيزيائي».

مع ذلك لا يُعترف بالأثير في كتب الفيزياء الرسمية. لكننا نقف بين حين وآخر على أبحاث عن أشياء «تملأ» الفضاء، تحت مسميات مختلفة لم يُقطع في صحتها، مثل «الطاقة **الدكناء**»، و «الجوهر»، وما إلى ذلك.

مقومات النسبية

من مقولات نظرية النسبية أن سرعة الضوء ثابتة في كل الأحوال، سواء كان مصدر الضوء، وكذلك المشاهد، ساكناً أو متحركاً. (يُفترض هنا أن ظاهرة دوبلر لا تسري على الضوء. أي أن سرعة الضوء لا تزداد إذا كان مصدر الضوء متحركاً بإتجاهنا، ولا تنقص إذا تحرك بعيداً عنا). وتقول نظرية النسبية: إن الزمن يتباطأ كلما ازدادت سرعة الجسم، ويصبح صفراً إذا تحرك بسرعة الضوء. وأن الزمن المطلق لا وجود له ولا يمكن تحديده. وإن السرعة النسبية بين جسمين لا يمكن أن تتجاوز سرعة الضوء الثابتة حتى لو كان كل جسم يتحرك بسرعة الضوء. لكن هذه «الحقيقة» لا تزال موضع خلاف. فبعضهم لا يقتنع بأن سرعة الضوء تبقى نفسها إذا أُضيفت إليها سرعة أخرى، لأن هذا لا يستقيم رياضياً إلا إذا كانت سرعة الضوء لانهائية. ويُفترض أن تجارب دايتون ميلر وآخرين تدعم هذا التحفظ.

وتقول نظرية النسبية: إن الأجسام تتقلص إذا تحركت بسرعات كبيرة (مقاربة لسرعة الضوء مثلاً). وإن كتلة المادة تزداد إذا ازدادت سرعة الجسم (بما يقارب سرعة الضوء مثلاً). وإن الأحداث التي تحدث بصورة آنية بالنسبة لمشاهد في حالة سكون لن تكون آنية بالنسبة لشخص آخر متحرك. وإن الجاذبية ليست قوة، بل إنحناء في الفضاء ـ الزمن.

ومن المعروف أن هذه الاستنتاجات المتعلقة بنظرية النسبية الخاصة (ثبات سرعة الضوء)، وبنظرية النسبية العامة (تفسير الجاذبية من منطلق هندسي، على أنها ناجمة عن إنحناء الفضاء)، تنسبها المؤسسة العلمية الرسمية إلى آينشتاين، مع أن آينشتاين لم يكن سبّاقاً في التوصل إلى أي منها، كما سنرى بالتفصيل.

كل النظريات الجديدة، لها تأريخ، أي أنها لا تنبثق من العدم، بل هي حصيلة جهود متراكمة تجمعت على مدى من الزمن. وعندما طرح آينشتاين نظريته عن النسبية الخاصة في العام 1905، ثم نظريته عن النسبية العامة في العام 1916، كانت الجالية العلمية على علم بأنه لم يقدم شيئاً جديداً. وحتى عندما تبنت المؤسسات العلمية الرسمية صيغة آينشتاين فقد أطلقت عليها في البدء نظرية «لورنتس ـ آينشتاين»، ثم رفعت اسم لورنتس فيما بعد، وأبقت على اسم آينشتاين وحده، ربما بدعوى أن آينشتاين كان أكثر صراحة في تخليه عن مفهوم الأثير (وهو موضوع، كما رأينا، حُسم إرادوياً، ولم يحسم على صعيد التجربة). بل أن مما له دلالة، في هذا الصدد، أن آينشتاين لم يُمنح جائزة نوبل على بحوثه المتعلقة بنظرية النسبية، لأن الهيئة السويدية نفسها لم تكن على قناعة تامة بأن النظرية منزهة من المآخذ والطعون. بل أن روبرت شانكلاند (Shankland) وجه ملامة إلى دايتون ميلر

ـ بعد وفاة هذا الأخير ـ لأنه كان السبب، في رأيه، في حجب جائزة نوبل عن آينشتاين على نظرية النسبية.

ثم إن فرضية، التقلص الطولي للأجسام المتحركة في سرعات كبيرة، قال بها لورنتس وفتزجيرالد في العام 1892، كل منهما بصورة مستقلة عن الآخر (هذا مع العلم أن هذه الظاهرة لا تزال موضع جدل، لأنها لم تبرهن على صعيد التجربة). وأن فرضية الإبطاء الزمني (إبطاء الساعات عن الحركة في سرعات كبيرة جداً) كان قد قال بها لارمور (Larmor) في العام 1900، ولا تختلف عن صياغة آينشتاين المتأخرة عن هذا التأريخ. وأن زيادة الكتلة في الجسيمات المتحركة اكتشفت عن طريق التجربة على يد كاوفمان في العام 1901. وفي هذه الحالة لم تعد هناك حاجة للتنبؤ بها في نصوص نظرية النسبية، لأنها أصبحت حقيقة علمية منذ اكتشافها مختبرياً.

ويُزعم أيضاً أن نظرية النسبية هي التي أدخلت الزمن كبعد رابع إلى أبعاد الفضاء الثلاثة. لكن هذا غير صحيح أيضاً، لأن الكلام على الفضاء ـ الزمن كان معروفاً قبل ذلك بكثير. ولعل الفيلسوف والرياضي الفرنسي دالمبر (1717 ـ 1783) كان أول من تطرق إلى هذا المفهوم، في قوله: «كما سبق أن قلت، ليس ممكناً إدراك أكثر من ثلاثة أبعاد. على أية حال، تعرفت على رجل لامع الذكاء يعتبر الزمن بعداً رابعاً،

وأن حاصل ضرب الزمن في الشيء المجسّم، يمكن، في إطار ما، أن يكون ناتجه أربعة أبعاد». وتطرق الفيلسوف الألماني شوپنهاور بشيء من الإسهاب إلى موضوع الفضاء والزمن في كتابه (العالم كإرادة وتعبير)، وقال: «إن السببية توحد بين الفضاء والزمن». وقال أيضاً: «لهذا السبب نجد أن التواجد، الذي لا يمكن أن يكون في الزمن وحده، لأن الزمن ليس في مجاورة، ولا في الفضاء وحده، لأن الفضاء ليس فيه قبل، أو بعد، أو الآن، تحقق أولاً من خلال المادة». وذكر الشاعر والقاص والناقد الأميركي إدغار ألن بو (1809 ـ 1849) في مقال له أن «الفضاء والزمن شيء واحد». وتحدث الروائي البريطاني هـ .ج .ويلز عن الزمن كبعد رابع في روايته المعروفة (ماكنة الزمن) الصادرة في العام 1895. وكتب الفيلسوف الفرنسي هنري بيرغسون في العام 1888 ما يلي: «بكلمة، نحن نخلق لهم بعداً رابعاً للفضاء، ندعوه زمناً متجانساً. . .». لكن كتب الفيزياء تنسب إدخال الزمن كبعد رابع إلى هيرمان منكوفسكي (1864 ـ 1909)، أستاذ آينشتاين في مرحلة الدراسة الثانوية، مع أن آخرين سبقوا منكوفسكي في ذلك، من بينهم جوزيف لارمور في العام 1900. وقد اعترف آينشتاين: «والآن دعوني أقل بضع كلمات عن العمل الرياضي الرفيع الذي انطوت عليه النظرية، والفضل يعود بصورة رئيسية إلى الرياضي منكوفسكي

الذي غيبه الردى باكراً». لكن منكوفسكي أشار إلى البعد الرابع في العام 1907، مع أنه كان على علم بسبق بوانكاريه إلى ذلك (في سنة 1905).

أشهر معادلة في تأريخ العالم كله؟

حتى إذا انتقلنا إلى المعادلة الشهيرة التي تنسب إلى آينشتاين، ونعني بها ($E = mc^2$) (الطاقة تساوي حاصل ضرب الكتلة في مربع سرعة الضوء)، فإننا سنرى أن الرجل لم يكن صاحبها ولا مجترحها. وهذا ما أكده كثيرون، من بينهم آيفز: «آينشتاين لم يشتق العلاقة ($E = mc_2$)». وسأستعير كلمات كريستوفر جون بيركنيس في قوله: «يبدو أن الجالية الفيزيائية ووسائل الاعلام فبركت شخصية آينشتاين وعلى صدره المعادلة ($E = mc_2$). وصورت وسائل الأعلام والمؤسسات التعليمية هذه الصورة السريالية الهزلية كإله مطبوع على حب الخير يُطل علينا من فوق...». ويقول أيضاً: «إن التشكيك في آينشتاين، الإله، أو في نظرياته، أو أسبقية أفكاره التي رددها، أصبح خطيئة وهرطقة».

ثم إن معادلات ماكسويل تشتمل ضمناً على المعادلة ($E = mc_2$). كما إن بريستون، وجيْ تومسون، وبوانكاريه، وأومبرتو دي بريتو (De Pretto)، وفرتز هاز نهورل (إلخ، إلخ) طرح كل منهم بصورة مباشرة أو غير مباشرة هذه المعادلة، قبل سنة 1905، ثم نقح الفكرة ماكس بلانك

(مؤسس ميكانيك الكم) في عامي (1906 ـ 1908). ويحدثنا عالم، أو باحث، آثر أن يُبقي إسمه مجهولاً، عن قصة آينشتاين مع هذه المعادلة، ذاهباً إلى أن هذا الأخير لا بد أن يكون انتحلها من الصناعي الايطالي أومبرتو دي بريتو، لأن هذا الصناعي كان قد نشر مقالاً بالإيطالية ترد فيه هذه المعادلة ($E = mc_2$) في العام 1903، وأعاد نشره في العام 1904. ولكي يبرهن هذا البروفسور المجهول على أن آينشتاين كان على علم بهذا المقال، قدم لنا أدلة على إتقان آينشتاين اللغة الايطالية، فقد نال درجة عالية عندما قدم امتحاناً في هذه اللغة، وأن أباه دُفن في ميلان، التي عاش فيها آينشتاين عدداً من السنين في مرحلة متقدمة من عمره، وهذا يعني، في غالب الظن، أنه لم يكن يجهل هذا المقال الذي نُشر قبل ورقته العلمية بعام ونصف على الأقل. كما أن الدكتور أومبرتو بارتوتشي نشر في كتابه (ألبرت آينشتاين وأمبرتو دي بريتو، التاريخ الحقيقي لأشهر معادلة في العالم) مقال دي بريتو بالكامل. وفي هذا المقال أشار دي بريتو إلى الأبعاد المهمة لاكتشافه: إن كيلوغراماً من أية مادة يحتوي على طاقة تفجيرية هائلة. ومن المعلوم أن هذه المعادلة أصبحت بمثابة القاعدة النظرية للقنبلة الذرية.

النسبية العامة

مع أن آينشتاين يعترف بوجود مجال تحدثه الأجسام

الجاذبة، إلا أنه لا يعتبر الجاذبية قوة: «الجاذبية ليست قوة مثل بقية القوى، بل نتيجة لكون الفضاء ـ الزمن ليس مسطحاً، كما كان يُظن سابقاً، بل هو «منحن» أو «منبعج» «بفعل توزع الكتلة والطاقة فيه». ويشبه آينشتاين، والمؤمنون بهذا التفسير، الفضاء، بمّشمّع، اذا وضعت عليه كرة (ثقيلة)، فإنها ستسبب إنبعاجاً فيه. وإذا رمينا كريّة زجاجية صغيرة على المشمع، فإنها ستدور حول الانبعاج الدائري الذي أحدثته الكرة الكبيرة. على هذا النحو «تبعج» الشمس الفضاء، وتدور الأرض حول هذا الانبعاج الذي أحدثته الشمس. وهذا يسري على الأجرام السماوية كافة. وهذا هو ما تقول به نظرية النسبية العامة.

لكن هذا التفسير يبدو عصياً على الهضم. فكيف ينبعج الفضاء، وهو كيان لامادي، ولاسيما بعد أن جرّده آينشتاين من الأثير؟ وأعجب من هذا، الحديث عن انبعاج الفضاء ـ الزمن. وعلى أية حال، هناك شكوك قوية أيضاً حول أسبقية آينشتاين في نظرية النسبية العامة. فبعض الكتب والمصادر يتحدث عن أسبقية العالم الرياضي الألماني ديفيد هلبرت (1862 ـ 1943)، الذي نشر رسالته العلمية عن هذه النظرية (النسبية العامة) قبل آينشتاين. ومن المعروف أن آينشتاين استشار ديفيد هلبرت حول بعض التفاصيل الرياضية المتعلقة بنظرية النسبية العامة. وفي نفس الرسالة التي أرسلها إلى هلبرت في 18 تشرين الثاني/نوفمبر سنة 1915، أشار أيضاً

إلى مشاركة مارسيل غروسمان في معادلات المجال في بحثه وفي بحث سابق له. ثم حذف آينشتاين اسم غروسمان في رسالته العلمية التي نشرها في 25 تشرين الثاني/يناير سنة 1915. وطبقاً لرواية بيركينس أن هلبرت استاء من انتحال آينشتاين. وكتب آينشتاين إلى هلبرت في 20 تشرين الثاني/نوفمبر العام 1915 قائلاً: «لقد حصل سوء تفاهم بيننا».

وحول هذا الموضوع، أعني الفتور في العلاقة بين هلبرت وآينشتاين، ومنْ منهما انتحل، حقاً، من الآخر، رجعنا إلى مصادر أخرى متعاطفة، هذه المرة، مع آينشتاين، لنرى ماذا تقول بهذا الشأن. جاء في كتاب ايندرز روبنسون (Enders Robinson) (نسبية آينشتاين: بين المجاز والرياضيات): «مما يدعو للسخرية، أن الرياضي ديفيد هلبرت الذي استشاره آينشتاين حول مسألة النسبية العامة، أصبح مهتماً بالموضوع، وبالفعل توصل إلى معادلة المجال أولاً، وقدمها إلى الأكاديمية الملكية للعلوم في غوتنغن في العام 1915. وبعد ذلك بخمسة أيام قدمها آينشتاين أيضاً»، هنا إشارة واضحة إلى سبق هلبرت في نشر ورقته العلمية عن نظرية النسبية العامة. لكنْ يُفهم من كلام روبنسون وكأن هلبرت لم يكن على علم سابق بالفكرة أو الموضوع. فلنصغِ، على أية حال، إلى رواية أخرى تبدو أقرب إلى الحقيقة. جاء في كتاب ألبريخت فولزنغ (Albrecht Folsing) بعنوان (ألبرت آينشتاين)، ما يلي:

«لقد شغل ديڤيد هلبرت نفسه بهمة فائقة بالفيزياء لعدد من السنين، وقرأ كل شيء عن الألكترونات، والمادة، والمجالات، وفي هذا الإطار وجه دعوة إلى آينشتاين لزيارة غوتنغن عند نهاية حزيران/يونيو سنة 1915 ليلقي محاضرة عن نظرية النسبية. وأقام آينشتاين في منزل هلبرت، ويُفترض أن الأسبوع الذي أمضاه مع هلبرت تخللته نقاشات حول الفيزياء من أول النهار حتى نهايته. وواصلا نقاشاتهما كتابةً (. . .) وكان هلبرت يروم في الواقع شيئاً أكبر مما كان يفكر فيه آينشتاين: كان يفكر في نظرية عن عالم الفيزياء برمته، عن المادة والمجالات، عن الكون والألكترون، وبطريقة مبنية على نظام البديهيات [الرياضية].

«وفي تشرين الثاني/نوفمبر، عندما كان آينشتاين منصرفاً بكليته إلى نظريته حول الجاذبية، كان يتراسل مع هلبرت فقط، ويرسل إلى هلبرت أوراقه التي أخذت طريقها إلى النشر، وفي 18 تشرين الثاني/نوفمبر، شكره على مسودة لبحثه. ولا بد أن آينشتاين كان قد استلم ذلك البحث فوراً قبل تحرير هذه الرسالة. فهل اكتشف آينشتاين، بعد أن اطلع على ورقة هلبرت، الشيء الذي كانت معادلاته لا تزال تفتقر إليه، وبذلك «انتحل» صيغة هلبرت؟ إن هذا غير مرجح حقاً: فقد كان بحث هلبرت مشوشاً إلى حد كبير، أو في الواقع مرتبكاً، كما يقول فيلكس كلاي، كان بحثاً من الطراز الذي «لا يفهمه أحد إلا إذا ألمّ بالموضوع كله». بيد أنه ليس من

المستبعد تماماً أن بحث هلبرت جعل آينشتاين يقف على بعض الثغرات في معادلاته...».

بل أن السيد ألبريخت فولزنغ يكشف لنا سراً آخر مهماً، هو أن البحث الذي أفنى آينشتاين عمره من أجل تحقيقه، لكن دون طائل، استلم فكرته من هلبرت أيضاً. فعندما زار رودولف جاكوب هُمْ (Humm) آينشتاين في برلين في أيار/مايو سنة 1917، وهو طالب سويسري كان يدرس الرياضيات في غوتنغن، تطرق إلى مجادلات هلبرت في اشتقاق ميكانيك الكم من نظرية الجاذبية، فجاء رد فعل إينشتاين عنيفاً: «لعل ذلك غير ممكن، على رغم أن نظرية الجاذبية هي الأكثر عمومية. إن فكرة النسبية لا يمكن أن تؤُول إلى أكثر من الجاذبية ببساطة... إن فكرة إنشاء عالم من مخيلة المرء شيء جميل وقد تتمخض عن شيء... لكنه أبدى تحفظات حول مثل هذه المحاولات التي تهدف إلى إنشاء عالم من المخيلة. إنه لمن الشجاعة المفرطة أن تُبنى صورة ناجزة عن العالم القائم، إذا أخذنا في الاعتبار أنه لا تزال هناك أشياء كثيرة لا نستطيع حتى تصورها». وبعد ذلك ببضع سنوات تبنى آينشتاين نفسه مشروع هلبرت، مع أنه لم يلجأ إلى نفس وسائله، وشرع في العمل من أجل نظرية عن المجال الموحّد. وهو الجهد الذي ظل زملاؤه يلومونه على إضاعة الوقت من أجله بلا طائل.

ومفهوم الجاذبية في نظرية النسبية يختلف عما كان عليه

عند نيوتن. وتعتبر اليوم جاذبية نيوتن حالة خاصة من مفهوم الجاذبية في نظرية النسبية العامة.

وكان نيوتن قد تساءل فيما إذا كانت الكتلة (أي المادة) تتحول إلى ضوء: «أو ليست الأجسام الكبيرة والضوء قابلة للتحول من أحدهما إلى الآخر؟... إن تحول الأجسام إلى ضوء، والضوء إلى أجسام، ينسجم مع نهج الطبيعة، التي تسرها التحويلات، ترى لم لا تحوّل الطبيعة الأجسام إلى ضوء، والضوء إلى أجسام».

وتساءل أيضاً: «ألا يتعرض الضوء إلى الجاذبية؟» وقدر أن شعاع أي نجم يمر بالشمس ينحني بفعل جاذبية الشمس بمقدار 0,85 من الثانية من قوس الدائرة. لكن يوهان غيورغ فون زولدنر أكد في العام 1801 أن مجال جاذبية الشمس يحني مسار شعاع الضوء القادم من نجمه عند ملامسته الشمس بما يعادل ضعف الكمية التي قدرها نيوتن. وبدون الإشارة إلى زولدنر، كتب آينشتاين في العام 1915: «... إن شعاع الضوء الذي يلامس سطح الشمس ينبغي أن يتعرض إلى عملية إنحراف مقادرها 1,7 ثانية قوس بدلاً من 0,85» أي ضعف الرقم الذي اقترحه نيوتن. وهذا هو عين ما قاله زولدنر قبله بأكثر من قرن. لكن آينشتاين لم يشر إلى ذلك، مثلما أهمل الإشارة إلى العلماء الآخرين.

نخلص من هذا إلى أن نظرية النسبية لم تكن نتاج عالِم واحد، أو كما قال العالم ماكس بورن (الحائز على جائزة

نوبل في الفيزياء): «إن هذه النظرية لا ينبغي ربطها بإسم معين، أو بتاريخ معين». وإذا غضضنا الطرف عن مسألة الأسبقية والانتحالات، فإن هنري بوانكاريه، وهندريك لورنتس، وألبرت آينشتاين، وديڤيد هلبرت، هم الأركان الأساسية لهذه النظرية، يضاف إليهم آخرون كثيرون، نذكر من بينهم فويغت، ولانج، وفتزجيرالد، ولارمور، ولانجفان، وإيوتفوش، ومنكوفسكي، وزولدنر، ودي بريتو، إلخ.

ملحق الفصل الثامن

فيزياء بلا آينشتاين

في بداية عام الاحتفال بمئوية آينشتاين، في العام 2005، نشر هارولد أسبدن (Aspden) مقدمة تحت عنوان (فيزياء بلا آينشتاين: مراجعة بعد مئة عام)، ذكر فيها لماذا لا تستحق نظرية آينشتاين حول النسبية كل تلك الضجة التي طُبلت لها، وكيف أنها أعاقت العمل نحو فهم أفضل للكون، وللجاذبية. وجاء فيها أيضاً أنه لمن المحزن أن يكون نقد نظرية آينشتاين موضوعاً غير مرحب فيه في 2005، لأن آينشتاين اعتُبر بطلاً ينبغي تمجيده حتى الآن بعد أن أخذ عدد الطلبة المعجبين به بالتناقص. ثم إن نظرية آينشتاين لم تعد موضوعاً يمكن أن يستأثر بإهتمام الطلبة الطموحين، إذا أخذنا في الاعتبار أن مئة عام مرت عليها.

من الأركان الأساسية لنظرية النسبية الخاصة لآينشتاين، التي ظهرت في العام 1905، أن سرعة الضوء ثابتة، وأنها أقصى سرعة في الكون. لكن هذه الحقيقة بقيت موضع

تساؤل لدى البعض من العلماء. ما قولنا، مثلاً، في السرعة التي تنتقل فيها الجاذبية؟ شيء مذهل، لكنه لا يكاد يثير الانتباه. فمنذ نيوتن كان يقال: إن مفعول الجاذبية فوري، أو آني. فماذا يعني هذا؟ ألا يعني أن هناك سرعة تفوق سرعة الضوء بكثير؟ يقول: توم بيثل (Bethel): «إن أحداً لم يُعر هذا الموضوع اهتماماً حتى الآن، باستثناء مجلة علمية محترمة جداً نشرت مقالاً ستنسف خلاصته، إذا تم قبولها على النطاق العام، أسس الفيزياء الحديثة، ونظرية آينشتاين عن النسبية على وجه الخصوص. يذهب هذا المقال الذي نُشر في العام 1998، إلى أن السرعة التي يتم فيها مفعول الجاذبية ينبغي أن تكون عشرين بليون مرة ضعف سرعة الضوء على الأقل. إن هذا سيناقض نظرية النسبية الخاصة القائلة بأنه ليس هناك شيء أسرع من الضوء. وهذا الزعم عن المنزلة الخاصة بسرعة الضوء كان قد أصبح من الأشياء المسلّم بها بين المتعلمين في القرن العشرين».

كان كاتب هذا المقال، الذي أشار إليه توم بيثل، هو الفيزيائي والفلكي الأميركي اللامع توم ڤان فلاندرن. ولا شك أن مقاله هذا كان صدمة أو اختراقاً للعرف السائد في دنيا الفيزياء. فمنذ سنين، كان معظم محرري المجلات الفيزيائية السائدة يرفضون بصورة أوتوماتيكية أي مقال يطعن في نظرية النسبية الخاصة (لآينشتاين). لكن الانترنيت قضت على احتكار النشر، وشجعت بعض المجلات العلمية على أن

تفتح صدرها لبعض الآراء المعارضة و «المنشقة». فصار محبو الحقيقة العلمية يجدون ضالتهم في الانترنيت، لأن المجلات العلمية الرسمية لا تشفي غليلهم في طرح وجهات النظر المخالفة.

تزعم الفيزياء الحديثة أن آينشتاين صحح مفهوم نيوتن عن الجاذبية. نيوتن قال: إن سرعة الجاذبية فورية، أما آينشتاين فقد تبنى نظرية غيربر (Gerber) القائلة بأن سرعة الجاذبية تساوي سرعة الضوء (دون أن يعترف بأسبقية غيربر). مع ذلك، لاحظنا أن سرعة الجاذبية تفوق سرعة الضوء بكثير، وهي أقرب إلى تصور نيوتن. فهل ينبغي الاعتذار إلى نيوتن؟

أما لماذا يجب أن تفوق سرعة الجاذبية سرعة الضوء، فذلك وفق المنطق الآتي: (إذا كانت سرعة الجاذبية مثل سرعة الضوء، فلا بد أن يكون هناك تأخر ملموس في فعلها، ففي وقت وصول «جذب» الشمس إلينا، فإن الأرض ستكون «تحركت» مقدار 8,3 دقيقة (وهو وقت وصول الضوء من الشمس إلينا). وفي غضون ذلك لن يكون جذب الشمس للأرض في نفس الخط المستقيم لجذب الأرض للشمس. إن نتيجة عدم تطابق هاتين القوتين ستترتب عليها مضاعفة بُعد الأرض عن الشمس في غضون 1200 سنة. ومعروف أن هذا لا يحدث. إن ثبات مدارات الكواكب يؤكد لنا أن الجاذبية ينبغي أن تفعل مفعولها أسرع من الضوء بكثير. والإيمان بهذا

التفسير جعل نيوتن يقرّ بأن قوة الجاذبية ينبغي أن تكون فورية. والمعطيات الفلكية تعزز ذلك.

وفي السنوات الأخيرة أجريت تجارب تؤكد أن سرعة الجاذبية تفوق سرعة الضوء بكثير.

يقول توم بيثل «قد يبدو مستغرباً أن شيئاً أساسياً بالنسبة لفهمنا للفيزياء يمكن أن يبقى موضع نقاش». ويقول ڤان فلاندرن «إن أكثر الأسئلة المطروحة على بساط البحث ومازال موضع مناقشة هو: ما هي سرعة الجاذبية؟ والغريب أن هذا السؤال نادراً ما يطرح في صفوف الدراسة الجامعية، لأن معظم الأساتذة ومعظم الكتب الدراسية تتحاشى السؤال. إنهم يعلمون أنها سريعة جداً، لكنهم لُقنوا أيضاً بأن لا يجعلوا أي شيء يتجاوز حدود سرعة آينشتاين (أي سرعة الضوء).

لكن العالم الفرنسي لاپلاس أعطى في سنة 1825 حداً أدنى لسرعة الجاذبية، هو مئة مليون مرة ضعف سرعة الضوء، وذلك لتلافي الاضطرابات المتوقع حدوثها في حركة القمر لو كانت سرعة الجاذبية ابطأ من ذلك. ويبدو أنه كان أقرب إلى السرعة التي يقترحها بعض العلماء اليوم (ڤان فلاندرن مثلاً)، وهي عشرين بليون مرة ضعف سرعة الضوء. إن هذه السرعة هائلة جداً، لكنها ليست آنية، أو فورية، أو لانهائية. ولو كانت آنية لأصبح مفعولها أقرب إلى السحر، فهل تأتي هذه الحقيقة متعارضة مع نظرية النسبية الخاصة

لآينشتاين، التي تؤكد أن سرعة الضوء (300 ألف كم في الثانية) هي أقصى سرعة في الكون؟ يقول توم ڤان فلاندرن: «الجواب نعم، ولا». ويفضل فلاندرن القول إن نظرية آينشتاين كانت ناقصة وليست مجانبة للصواب.

إن عيب نظرية النسبية الخاصة لآينشتاين، التي تؤكد أن سرعة الضوء هي أقصى سرعة في الكون، تم تلافيه في نظرية النسبية الخاصة للعالم الهولندي لورنتس، التي نشرها في العام 1904، أي قبل نظرية آينشتاين بعام. وأن نسبية آينشتاين الخاصة لا تستطيع تقديم تفسير لسرعة الجاذبية التي تفوق سرعة الضوء (بكثير جداً، كما رأينا)، لكن نسبية لورنتس تستطيع تقديم هذا التفسير. وهذا دعا العديد من العلماء إلى اعتماد نسبية لورنتس بدلاً من نسبية آينشتاين. وعلى أية حال، كانت نظرية النسبية في بادىء أمرها تدعى نظرية لورنتس ـ آينشتاين.

وهناك طعون أيضاً في نظرية النسبية العامة لآينشتاين (نُشرت في عام 1916)، حول تفسيرها الهندسي للجاذبية، في زعمها أن الجاذبية تتسبب عن إنحناء الفضاء والزمن. هنا يشبَّه الفضاء ـ الزمن في نسبية آينشتاين العامة بمشمع ذي بُعدين، وإن وجود جرم كبير، كالشمس، في الفضاء ـ الزمن سيسبب إنحاءً أو إنبعاجاً في الفضاء ـ الزمن. وهذا يسبب إنجذاب أجرام أخرى أصغر، كالأرض، تجاه الشمس الجالسة في فجوة الفضاء. إن هذا يعني اعتبار الفضاء شيئاً

ملموساً أو صُلباً، كالمشمع. لكن الفضاء فراغ بحت لا يمكن أن ينحني وأن ينبعج. إن إنبعاجه يصعب تصوره أو هضمه. وهكذا نلاحظ أن الجاذبية في ضوء التفسير الهندسي لنظرية النسبية العامة ليست «قوة»، وليست قادرة على البث، لأن الجسم المجذوب يتبع مساراً منحنياً في «الفضاء ـ الزمن» من دون وجود قوة تفعل فعلها. وهذا يتعارض مع مبدأ العلة والمعلول. لأجل هذا يطالب عدد متزايد من علماء الفيزياء بإعادة النظر في نظريتي النسبية لآينشتاين.

المحتويات